# 再憶師友情

马国馨 著

天津大学出版社
TIANJIN UNIVERSITY PRESS

图书在版编目(CIP)数据

再忆师友情 / 马国馨著. -- 天津 ：天津大学出版
社, 2024. 9. -- ISBN 978-7-5618-7782-1

Ⅰ. Ⅰ267.1

中国国家版本馆CIP数据核字第2024QB4767号

ZAI YI SHIYOUQING

图书策划　金　磊　苗　淼
编辑团队　韩振平工作室
策划编辑　韩振平　刘　焱
责任编辑　王　尧
装帧设计　董晨曦

出版发行　天津大学出版社
地　　址　天津市卫津路92号天津大学内(邮编:300072)
电　　话　发行部:022-27403647
网　　址　www.tjupress.com.cn
印　　刷　廊坊市瑞德印刷有限公司
经　　销　全国各地新华书店
开　　本　700mm×1000mm　1/16
印　　张　21.75
字　　数　366千
版　　次　2024年9月第1版
印　　次　2024年9月第1次
定　　价　128.00元

# 目录

# 热血青年　建筑名师

　　2015 年 9 月 3 日是中国人民纪念抗日战争胜利 70 周年的日子。9 月 2 日习近平主席向 30 名抗战老战士、老同志，抗战将领，帮助和支持中国抗战的国际友人或其遗属代表颁发纪念章。这次纪念章发放的主要对象中有一类人是：曾在国民党军队参加抗战并

张德沛肖像（2013 年 9 月 25 日）

于解放战争时期及其以后参加革命工作（或入伍）以及回乡务农的健在的老战士、老同志。按此规定，北京市建筑设计研究院的张德沛总是完全符合条件的（估计建筑设计行业中符合这一条件的人不会太多）。虽然张总在 2015 年 7 月 23 日以 90 岁高龄仙逝，但颁发纪念章的规定中还有一条：2015 年 1 月 1 日后去世的抗战老战士、老同志也在此发放范围内。张总的老伴已在 9 月 15 日收到了纪念章和慰问金，这对去世和在世的人来说都是最好的安慰了。

　　我们平时都尊称张德沛先生为张总，实际上他在 1986 年离休之前并没有得到过院总建筑师的职务，倒是返聘以后才被聘为顾问总建筑师，于是我们平时都以"张总"称之。现在回想起来其中还有一段曲折的"故事"。

　　按张总自己所写的："我老家距台儿庄仅 20 余里，台儿庄战役时我才 12 岁，目睹日寇残杀我乡亲父老，陈尸遍野，血染大地。我当时义愤填膺，誓与日寇不共戴天。我跑到上海租界念书，不料日寇 1941 年又发动太平洋战争占领上海租界，我毅然只身投奔内地，经由安徽蚌埠徒步跋涉河南黄泛区，自洛阳西转，过秦岭剑门而入四川，暂寄读于四川绵阳第六中学。高中未毕业时，我即下定决心投笔

从戎参加抗日。"

张总是江苏邳县（现称邳州市）人，邳县地处山东沂水蒙山的沂蒙山地区。邳县大汉被称为标准的山东大汉，对外都自称山东人。张总也不例外，有着一米八几的个头与豪爽的谈吐。他爱吃辣，吃煎饼大葱，高兴起来还和我这山东老乡用山东土话"拉"上几句。他所说的台儿庄战役发生于1938年3月，战区司令李宗仁与日本矶谷师团和板垣师团激战一个月，歼敌逾万，但并没有阻挡住日军侵略的势头。1938年秋以后张总在上海南洋路滨海中学和威海卫路的民立中学读初中，1941年12月太平洋战争爆发后，国民政府才正式对日宣战，日军武装接收上海英美租界，解除美英海军陆战队武装，于是张总又于1942年初回到邳县和南京，并在南京同伦中学读高中。为了摆脱日寇的统治，他徒步经豫陕入川，到绵阳县第六中学续读高中时已是18岁血气方刚的青年了。

到1944年，日军同时在几条战线作战，已是强弩之末，但为了打通中国南北交通线，全力应付太平洋战争，日军又发动了最后的攻势，即"一号作战"的豫湘桂战役，使正面战场的国民政府军队遭受了战略上的大溃败。尤其是衡阳失守后日军向广西、贵州进犯，形势十分危急。国民政府面对重重压力，蒋介石发出了"一寸山河一寸血，十万青年十万军"的号召，要求广大知识青年参军入伍，保家卫国。当时的方案要求18~35岁的青年，接受过中等以上教育，身体健康者均可参加，服役年限为2年。为此还专门成立了青年训练总监部。经过动员，广大青年报国热情很高，到1944年底报名人数已达12.5万人，四川报名的有2.5万人，其中大中专以上的在校学生有1.55万人。最后这些共赴国难的青年中，11万人编成了青年军九个师另两个团，还有一部分被送进了英语训练班，之后到驻华美军去当翻译。张总就是在昆明经过两个月的培训后，从1945年7月起在昆明岗头村的鸿翔伞兵部队，做美军"飞虎队"的翻译人员，直到抗战胜利。鸿翔部队是1944年从第五集团军组建的一支特种部队，1945年4月扩编为陆军突击总队，由美军训练，当时的美军顾问有300多人，已不是当年真正的"飞虎队"了。张总也万万没想到青年时这半年多的经历后来给他带来了那么多的麻烦。

抗战胜利后，因错过了西南联大的招生时间，于是张总以复员军人身份考进了西南联大先修班。他说："本以为可以安心读书，但事与愿违，蒋介石公开发动内战并屠杀联大进步学生，聆听闻一多、张奚若教授的揭蒋演讲，使我彻悟蒋介石反人民的本质，随后我积极参加反对蒋介石的学生运动。迁回北京后入清华大学建筑（营建）系。当时我班同学一面努力学习，一面积极参加学生的正义斗争。我本来对建筑学一无所知，入学后经梁思成教授、林徽因先生和我们的启蒙老师吴良镛先生以及其他各位老师的讲教而入奥，并终生爱上了这门学科。"1946年蒋介石发动内战，次年又缩减教育经费，于是全国学生陆续游行请愿，清华地下党通过学生自治会组成罢课委员会，提出"反饥饿，反内战"的口号。5月18日清华的宣传队在校外宣传时，遭到国民党青年军士兵的毒打，同日蒋政府还颁布《维持社会秩序临时办法》，严禁十人以上的游行示威和罢工罢课，于是地下党和学生会决定组织"5·20"大游行，并发动学校中原联大的退伍军人参加，得到了他们的热烈响应。当时学生们在北大红楼广场集合，清华打头，北大殿后，中间是其他大学和中学队伍。据参加游行的自治会的邓乃荣同学回忆，为防止青年军歹徒滋扰："游行队伍最前面的是近百名清华退伍军人大队，他们全副美式戎装，头戴钢盔或船形帽，足蹬军靴，斜挂军用水壶，有人佩戴新一军臂章，有

1948年的建筑系师生（右二胡允敬，右三张德沛，右五朱自煊）

1947 年 5 月 20 日游行队伍在东四（摄影家张祖道摄）

人胸佩战功勋章，高举大旗昂首挺进，为整个游行队伍添光增色。"当时游行队伍举着三面大横幅："这三面大横幅皆由退伍军人擎举，建筑系的张德沛就是当时打门旗的同学之一，走在最前列的退伍军人都是彪形大汉，把清华学生自治会的同学保护在中间。"张总自己也回忆："1947 年'反饥饿，反内战'游行我是扛旗手。当时游行扛大旗的人都已经去世了。我那时个子高，身体壮，我扛第二个旗，那个旗子上写的就是'反饥饿，反内战'。"这些退伍军人高呼着口号："抗战军人专打日本""抗战军人不打内战"。张总在 1948 年还参加了党的外围组织"民主青年同盟"。

当时营建系的第一批学生共 15 人，同学们亲密无间，互以"玄武"相称。因为在中国建筑的方位中，北方的玄武是龟的神号，"长寿又稳健，位尊而谦恭，遇事不慌，和蔼可亲，踏踏实实走路，兢兢业业生活"（汪国瑜语），于是彼此称呼"玄武"相戏相传，以致最后连老师们都接受了这一绰号。一次梁思成先生来绘图教室，看见只有张总和另一同学，就打趣地问："怎么只有两只'玄武'在此？"

张总在校时参加阳光画社，并回忆"我的特长是画漫画"，同时爱唱英文歌

1950年第一届建筑系毕业生（第一排右三张德沛）与教职工合影

和跳舞。张总的绰号是"DERBY"，取其谐音与德沛相近。低班同学画表现图出了问题，都要请他来"救火"，因为那时大家都在一个教室里画图。同班同学回忆，张总当时曾在黑板上把每个同学的形象用漫画的形式勾画得惟妙惟肖，还曾参加学生会组织的识字班，到学校周边的村庄教无钱上学的农家子弟们识字。新中国成立前，在化学馆北面的围墙外，张总发现天上有架飞机在盘旋，就提醒同学们可能有情况，快到西校门时，张总大喊："炸弹下来了！"并提醒还在东张西望的朱自煊："快卧倒，炸弹还没落地呐！"后来炸弹就在不远处炸响了。在学校紧急防控时，因为梁、林二人身体太弱，行动不便，张总还和其他几位同学一起，睡在梁家客厅里，以防不测。后来他还在北京前门观看了解放军的入城式，并参加了在先农坛举行的北京市建党28周年的庆典和在天安门广场中华门前举办的开国大典。

张总在1950年毕业，全班同学中如期完成四年学业并顺利毕业的只有7个人。在他的毕业登记表中，班级的评语为："生活散漫，对工作思想性不够，因此有时会闹情绪病，工作急躁，领导能力不够。在学习上善于钻研，表现技巧好，工程课很好，解决技术能力很强，但是在学习上缺乏全面性，对自己思想改造不踏

9

1950年第一届清华大学建筑系学生与林徽因先生合影（右一朱自煊，右二黄畸民，右五林徽因，右六虞锦文，左一张德沛）

2000年时按老照片位置与梁再冰合影

实，今后当主动争取参加工厂工作，向工人学习，踏实改造自己。"梁思成先生代表校方写了三条意见："工程课程很好，政治学习不够深入，设计制图不够认真。"张总先分配到中直机关修建处，在1953年3月调入北京市建筑设计研究院。他的同班同学虞锦文和黄畸民后来也先后调入北京院。

到北京院以后，既有正规的"科班"训练，又有娴熟的设计技巧和经验，张总的才能很快就显露出来。张镈总建筑师在他的回忆录中，回忆从1953年起设计的友谊宾馆时谈道："我回忆起当年与我共事的同志，以感激之情记述他们的业绩""我首先物色了四个专业的负责人。建筑：孙培尧兼主持人，张德沛、王增宝……"对张总的表现和能力，张镈总写了长长的一段总结，"张德沛，新中国成立之前在西南联大建筑系读书，山东人，因好吃辣椒出名。他英文基础好，抗战期间曾被美军邀请至缅甸远征军中当翻译，为人豪爽，好歌。新中国成立后，他毕业于清华大学建筑系，是高才生，毕业后先分配到'中直'机关，参加过'新六所'和玉泉山中央首长官邸设计，后转入我院工作。他在建筑的艺术和技术以及技巧上造诣很高，在中国传统建筑手法上，得梁师指点，理解较深，也比较理解梁师和林徽因师对宋营造法式的推崇。我们有共同的看法，在五脊六兽上，放弃清式的吻兽形式，多从辽、金、宋等遗物的鸱尾上取其象形。1953—1954年北京苏联展览馆（现北京展览馆）建成，主塔石墙的设计取材于毕加索的和平鸽形象，用鸽的内涵替代吻兽。德沛同志也有同好，先做小样，然后和我一起到门头沟、琉璃渠的窑厂里与工人师傅共同雕塑成形。我们都很满意，于是大小吻兽均被改成不同尺寸的和平鸽形象。现场安装完后，先得到梁、林二师的高度赞扬，称我们是高徒。林乐义总建筑师也给予赞许。他们认为构图符合黄金比例规律。""后来，在俱乐部的外立面和内装修上，主要也以德沛同志为主。孙培尧的重点放在地下、地上厨房的上下分工、平面供应的基本要求上……"在张镈总回忆录里对同事的评价中，这可能是最长的一段了。

张德沛总在北京院是最有名的"全才"。他的业务能力十分全面，英语水平自不用讲，从建筑方案到施工图，从透视表现图到建筑理论，从设计到科研，从著书立说到建筑教学，都显示出他的才干，为建筑事业做出了重要的贡献。但在当时的政治环境下，20岁时那半年多的从军经历却成了他无法摆脱的政治"包袱"，也极大地影响了他的工作。这就出现了非常尴尬的局面：许多重要工程都要张总"出山"，要他出主意、想点子、做方案，但他不能当主要负责人，出头露面的事轮不到他，做完方案以后就没他的事了，总是充当"无名英雄"的角色。张总内心的不愉快和不舒畅是可想而知的。而到了"文化大革命"期间，还有人贴出大字报，说他是"重庆中美合作所的美军翻译""美国特务"，那种压抑更是难以想象的。尽管如此，张总还是一直默默地耕耘，努力做好每项工作，并由此获得了广大技术人员的尊敬。在业务上大家都愿意向他请教，听取他的指导意见。这种情况在改革开放以后当然得到了极大的改善。1988年竣工的首都宾馆工程也是张总研究国内外旅馆设计多年后得以发挥才干的重要工程，他在造型上利用新材料探索传统形式的表现动了不少脑筋，但很快他在1986年就离休了。虽然离休后出任院顾问总建筑师职务，也指导了许多重要工程，但终究是退居二线了，这对于充满创作热情、"终身热爱这门学科"的张总不能不说是个遗憾。

《大型宾馆调查报告（初稿）》书影

《旅馆》书影

我是在1965年才分配到北京院工作的，加上那时张总主要在三室和一室工作，我们在业务上没有直接的接触。所以我对张总的了解还是从他的几个科研成果开始的。至今我手中还保存着一本院里在1972年7月油印出版的《大型宾馆调查报告（初稿）》。我当时觉得这本书内容详尽，十分实用，于是到供应室去买，不想一下子就保存了四十多年。这是在1964年对宾馆的调查报告基础上补充修改而成的，报告没有署名，但我知道这是在张镈总指导下，主要由张德沛总执笔而成的。报告分为分级、总体选址、客房、厨房餐厅、门厅设施、后勤供应六部分，是为北京饭店新楼的扩建，而调研了前门、新侨、民族、和平等八个宾馆，对不同级别宾馆的面积指标，不同功能区面积的比例关系，都进行了分析比较。这应该是改革开放以前国内第一本有关宾馆设计的调查报告，在当时国家还没有正式颁布不同级别的面积定额指标以前，其参考指导作用是显而易见的。在1974—1975年间，院情报所又印发了一室的旅馆建筑科研小组关于旅馆设计一套四册的资料，这也是1972年尼克松访华，中美互设联络处后外交形势的需要。"国宾馆"工程虽然没有上马，但在张总领导下又进行了对国外宾馆的研究，虽然每本资料第一页都印着"古为今用，洋为中用""批判地吸收外国文化"的语录，但还是对欧洲各国和美国、日本的旅馆实例进行了深入分析，而总体架构正与1972年的调查报告一脉相承，实用性极强，因此一时洛阳纸贵，全国各设计院都很急需。我的一册资料就是某设计院的一位高工说了众多好话并做出承诺后借走的，借走之后就再也不还了。这些基础工作为后来北京院被建设部指定为旅馆设计指导单位奠定了重要基础。

由于当时的信息渠道很不通畅，原版杂志和书籍稀缺，所以张总利用自己的外文优势和赴美参加"中国对外贸易中心"工程和美国SOM事务所联合设计的机会，参观了一些工程，收集了许多资料并翻译整理出版。如1980年8月院技术室出版的《美国SOM建筑实录》就是由张总和寿震华合作，寿震华执笔完成的一本资料。这本书收集了SOM事务所设计的20个实例，包括商店、银行、超高层建筑、学校、体育中心等，开阔了大家的视野。

我和张总有直接接触的机会则是从1984年开始进行亚运会的可行性研究和北郊体育中心的设计以后。那时我对大型体育中心的设计一点经验也没有，除了查阅《建筑设计资料集成》中有关体育建筑的内容外，还是周治良院长给了我一本建筑工业出版社出版的《体育建筑设计》，这是以一室张总为首的研究小组1980年完成的对国内外体育建筑设计经验的总结，也是当时国内第一本正式公

1987年北京院部分清华建筑系同学合影（前排右七张德沛，二排右四、五为黄畸民、虞锦文）

开出版的设计专论，是体育建筑设计必读的参考书。后来在工程设计阶段，张总又是院技术领导小组的成员，对国家奥林匹克体育中心进行了众多关键性的指导并提出建议，使总体和单体的方案在当时工期极紧、造价不高的情况下迅速定案。张总还利用他渊博的知识和丰富的信息资源向我推荐了英国伦敦建筑出版社在 1981 年出版的《体育和娱乐设施设计手册》。全书共四分册，分别是冰上和游泳设施、室内运动设施、室外运动设施、体育项目资料。这可以说是体育建筑设计的百科全书了（这套书至今还没有中文译本），对我后来参与编写《建筑设计资料集（第二版）》和编制《体育建筑设计规范》都有极大的帮助。张总还曾送我一份他整理的长篇资料，是他没有发表的文章，内容是根据 SOM 事务所的资料整理的有关美国橄榄球场和棒球场的研究分析。虽然这些项目在中国开展有限，但也可看出张总注重调查、注重总结的习惯。记得那时我还在编写《丹下健三》一书，在写作中涉及丹下健三 20 世纪 60 年代中期受结构主义潮流的影响，这是由结构主义方法论形成的一种思潮，用瑞士语言学家索绪尔所创立的语言学的方法和原则来研究人文科学。我苦于找不到什么参考资料，在和张总提起这事以后，他很快找到一篇相关英文资料复印给我。张总就是那样热心帮助和提携年轻同志，他也是那种你不论提出什么有关建筑的疑难问题都能很快回答出来的人，是北京院里有名的博学专家。

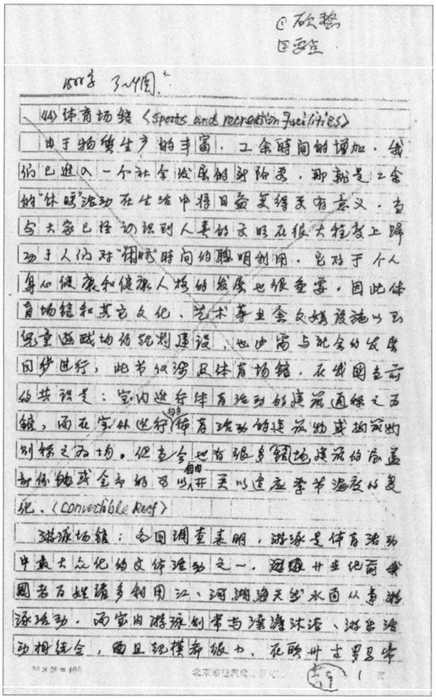
(14) 体育场馆 <Sports and recreation facilities>

由于物质生产的丰富，工余时间的增加，我们已进入一个社会发展的新阶段，那就是工余的"休暇"活动在生活中将日益显得更有意义。当今大家已经认识到人类的文明在很大程度上归功于人们对"闲暇"时间的聪明利用。它对于个人身心健康和健康人格的发展也很重要。因此体育场馆和其它文化、艺术等业余文娱设施以及儿童游戏场的规划建设，也必需与社会的发展同步进行，此书仅涉及体育场馆。在我国当前的共识是：室内进行体育活动的建筑通称之为馆，而在室外进行的体育活动的建筑物或构筑物则称之为场。但当今也有很多馆场建筑的屋盖部份或全部的可以开闭，以适应季节温度的变化。(Convertible Roof)

游泳场馆：各国调查表明，游泳是体育活动中最大众化的文体活动之一。游泳在世纪前我国老百姓请多利用江、河湖泊天然水面从事游泳活动。而室内游泳则常与浴池沐浴、游乐活动相结合，而且规模都很小，在欧洲古罗马常

图 9　张德沛手书书稿

后来在 2003 年时我俩还有一次短暂的合作机会。那时《中国大百科全书》要编撰第二版，当年张总曾是第一版中体育馆条目的撰稿人，这次第二版的条目设置中要求他撰写"体育场馆"和"体育馆"的条目，而且撰写人还加上了我。

张德沛肖像（2013 年 5 月 30 日）　　　　作者与张总合影

因为我知道此事较晚，张总已经做了许多工作，初步拟定了两个条目的文字内容，并且因为有的篇幅太长，他已写了两稿。后来他把稿子交到我手，我的主要工作就是按编写体例要求，压缩条目的字数。因为许多内容都不忍割爱，但按要求又不能超出字数，经过几稿以后，我们二人合作的条目才算完成。

　　进入新世纪以后，张总年事渐高，身体情况也不理想，好像心脏有点毛病，还经常要住院，但他常抽空到我的办公室来聊天。张总本来就是风趣健谈的人，过去院里也传说过他的一些趣事，现在无拘无束，海阔天空，张总说得兴起时嘴角处的白沫也顾不上去擦，还有几次聊得高兴，连吃中饭的时间都忘记了，还要我赶紧提醒他。有的时候张总是为正经事来的，有两次都是拿着他在土建学会的有关住宅层数和节约用地的论文，还有一些英文资料来和我讨论，还说要就此事和有关领导交换意见。还有一次是关于一些名词的提法、译法和我进行讨论，他还向我介绍他看过的一些文章。

　　在聊天时我也向张总提出过一些建议。我曾建议他把抗战时期的经历整理成文，因为这是难得的第一手资料。另外，他也是新中国初期建设活动的见证人（这些第一手材料都很有历史价值）。此前我也曾向胡庆昌总提过这一建议，等他想做这些工作时身体已不行了。当时张总说他眼睛不好，我还建议他可以用录音的方式，但这项工作也没有系统地进行，只有院杂志社的采访和一些电视片中片段的回忆。一次他提起视力不好，我还建议他最好去查一查，看到底是老年性的白内障还是黄斑性眼底病变，以便对症采取措施。还有两次张总到我办公室来，我

15

还顺便为他拍了照片，这也是他留给我十分珍贵的纪念了。

张德沛早年是投笔从戎、以身报国的热血青年，大学毕业以后，又把毕生的精力都贡献给了建筑事业，在建筑设计、建筑理论、建筑教育领域做出了许多的成绩。由于当时政治环境的影响，他的潜力远未发挥，他在建筑界的影响力也受到了限制，但在我的心目中，他是真正的建筑大师，是我的好老师，是我尊敬的老学长。在纪念中国人民抗日战争胜利70周年前夕他去世了，对真正参加过抗日战争的张总，我充满了崇敬和怀念之情，在记录下一些我所知的张总的为人做事的同时，也愿他一路走好。

2015 年 9 月 7 日

## 附录

2016 年 6 月底，接到朱自煊先生电话，因此前刚给朱先生寄去一本新出版的《环境城市论稿》作为向先生的汇报，同时也借此机会祝贺先生的 90 华诞。谈话中提及我曾为先生的同班同学张德沛写过一篇回忆文章，并将复印件给先生寄去。7 月 4 日上午接到先生回电，除了说看到文章之后感到很亲切，还谈到张总是十分活跃、热情的性情中人，并给我谈了几件他记忆中的趣事。

一是张总有一次画渲染图，打好了草稿正准备陆续上色，这时吴良镛先生来了，看了他的图后提了不少意见，这让年轻气盛的张总很不高兴，当场顶了一句："你看不好，那你来画画。"这让吴先生很下不来台。事后张总说："我费了很大劲，刚把最难弄的草稿画完，正在兴头上，他一来扫了我的兴！"

还有一次张总画完设计图，在图的下面留了一些空白准备添上各种人物，张总又是一时兴起，在上面画着蔡君馥在前面坐着三轮车，虞锦文在后面追（二人是前后班同学，后成为夫妻），还画了梁思成先生弯着腰走路的样子，从中也可

---

注：本文原刊于《中国建筑文化遗产》第 18 辑，2016 年 5 月。后分别刊于《南礼士路 62 号》和《难忘清华》，此次增加了插图。

张总在《梁思成全集》发布会上

看出张总的童心。

那时大家都在一个大教室画图，周维权先生刚转到建筑系来，看见张德沛总在那一面画图，一面唱着英文歌，后来唱得高兴，又一下子跳到一个条案上跳起了踢踏舞，跳完以后又下来接着画图，结果被周先生评论：这人是不是有精神病。

因为经济条件不好，在画水彩时张总没有水彩盒，他就把颜料都挤在一个大脸盆里作画。一次去圆明园西洋楼作画，因天气太热，张总就脱了上衣，光膀子在那画画，后来痔疮都犯了。

张总还爱丢东西。有一次他的钥匙不见了，他说我的钥匙就在裤子上，怎么会丢呢？实际上是他的裤子也不见了。

朱先生还说他有一次和张总打赌，说在冬天里敢不敢剃个光头，最后两人都在寒冷的冬日剃了光头。

朱先生是时下为数不多的与张德沛总同时代的人，又有将近70年的友谊，所以他的回忆也弥足珍贵，从另一个侧面反映出了张总更为鲜活的、不为人知的一面。我也向朱先生保证："这篇文章如有再版的机会，我一定会把您的回忆作为附录附在后面。"

# 求索不止的人生

感谢座谈会给我一个机会，可以汇报一下学习了《良镛求索》之后的亲身感受。在收到吴先生的书以后，当天晚上我就通读了一遍，因为自1959年入大学至今，受教于吴良镛先生已将近六十年。先生书中叙述的许多情节和我的成长过程是同步的，甚至是共

作者与吴良镛先生

时和亲历的，而书中也有许多自己并不知道的故事和内容，加上全书又是图文并茂，所以除了阅读的吸引力，还有许多亲切感。工程院的院士传记现在已经出版了三四十册，我也陆续读了一些，从中也学习到这些院士的许多事迹和精神，但是比较下来，还是吴先生这一册印象更为深刻。

先生在自序中提到，本书是"以求解之心面对严峻问题，以诚朴之心记录专业实践，并以期望探求之心展望未来"，是"近90年来的个人求索心得和反思，是对自己的内省、心得与认识，不表功，不盗名"。先生就是沿着这样的思路来解读他的人生之路。因为先生说过他的人生是由三个三十年所构成的，这也是自述中的三个主要部分，但对这三个三十年，我在阅读时关注的重点还是很不一样的。

第一个三十年我读得非常仔细，因为关于先生的家庭、童年、学习经历，到抗战、流亡，以及后来到美国匡溪留学等，虽然篇幅都不长，但都是过去从未听说过的，所以这些内容都非常吸引人。同时正因为了解到先生生于忧患的曲折

作者和吴先生在一起

经历，也就能更好地领会先生把张载的名句"为天地立心，为生民立命，为往圣继绝学，为万世开太平"时时挂在心上的忧国忧民之情。

第二个三十年我更关心和注意先生总结的人生感悟。这是我们国家建筑行业跌宕起伏、大起大落的时代，又是我们求学、工作时的亲历，从先生的字里行间我找到许多先生所透露的成功秘诀。如先生总结的"先行一步"。在抗战时期先生就受梁先生的"先行一步"启发，认为自己要"有对新鲜事物的敏感，洞悉时弊、胸负酝酿……"同时将此领悟用于思考治学的事业，要"思想先行"，又如先生总结的荀子名句"学莫便乎近其人"，说的是最方便的学习方法就是去接近名师和贤人，尤其在遇到困难或决定大方向时，如身边能有高明的老师和朋友来指点和引导，就可以"择其善者而从之"了；又如"贵在融汇，以少胜多"，这就是人们过去总结清华的"会通古今，会通中西，会通文理"的说法，这样才能像先生那样"集中在大目标，大概念下聚焦"；又如在组建教师队伍等人才问题上，先生主张"君子爱人以德"，从这点出发，先生总结了"得人"如汪坦先生

"行万里路，谋万家居"座谈会（2017年1月16日）

和关肇邺先生的例子，也有"失人"如傅熹年先生和英若聪先生。类似的感悟警句书中还有许多，如"复杂问题，有限求解""一致百虑，殊途同归"等等，都是很有指导性、启发性的，因时间有限不一一列举，有待我们进一步发掘领会。

第三个三十年就是先生退出行政工作以后全心投入探索创造的三十年，广义建筑学、人居环境科学等重要成果的开拓和推进，国家最高科技奖的获得（2012年），都发生于这三十年。这三十年是先生取得大丰收的"黄金时代"。记得先生曾对我提到过，他的主要成果都是60岁以后取得的；但不是所有的人60岁后都能取得这样的成就。先生坚持"一息尚存，求索不止"的信念，"心无旁骛，持之以恒"，最后达到"不忘初心，方得始终"的境界。这种治学态度、研究方法是值得我们终身学习的，这里就不再展开叙述了。

最后顺便也向清华大学建筑学院提两点建议，先生的自述由于篇幅有限，对人生经历和学术道路加以提炼、归纳和总结，许多地方只是点到为止，需要组织力量，全方位地深入发掘和总结，以利于后辈领会和学习。另外按照工程院对院士自传的体例要求，最后都附有生平年表和著作目录，尤其是年表要以时间为经

作者和吴先生在俄罗斯（2001年）　　　　吴良镛先生在座谈会上（2017年1月）

纬，全面细致地录述，这是细致而辛苦的基础工作。此前出版的《梁思成先生全集》中的生平年表我以为就不尽理想，因此不管是年表的简编还是长编，都要尽早着手整理。像我们班的蒋钟堉同学的父亲蒋天枢先生的重要学术贡献就是陈寅恪先生的年谱长编。希望学院通过这些工作使对先生的研究更加深入全面。

最后我想用在2012年参加清华"第二届人居科学国际科学论坛"同时兼庆先生九十大寿时的一首小诗作为结束。

人文求善科学真，艺术逐美苦觅寻。

业传四海拓广义，寿望九如颂德馨。

固本宁邦千载事，融环汇境万家春。

情系苍生栖诗意，秉烛探源解迷津。

注：本文选自《行万里路，谋万家居——"人居科学发展暨〈良镛求索〉》座谈会"文集》（中国建筑工业出版社，2017年12月），是作者2017年1月16日在座谈会上的发言。后载于《难忘清华》（2021年3月）一书，本次增加部分插图。后附一篇作者在2022年6月5日参加吴良镛先生人居思想科学贡献研讨会上的发言。

诗中"九如"语出《诗经·小雅》，指如山、如阜、如冈、如陵、如川之方至、如月之恒、如日之升、如南山之寿、如松柏之茂之意。而"秉烛"句是先生写《中国人居史》时的自谦之句，"我们只是点燃了一支小小的蜡烛"。最后再次祝先生健康长寿，谢谢。

2017 年 1 月 16 日

## 附：在吴良镛人居思想科学贡献研讨会上的发言

今天有机会参加吴先生的人居思想科学贡献研讨会，我非常高兴，能有机会在会上发表一点对先生人居思想的学习体会，是十分荣幸的。我利用这简短的时间汇报一下学习吴先生《中国人居史》一书的体会。因为时间关系从四点简要说明。

第一，《中国人居史》是吴先生在人居思想理论学术发展过程当中的一个重要成果。大家知道吴先生自 1946 年起，70 多年的学术生涯当中，在建筑教育、城市规划、建筑设计以及建筑学术的组织和国际交往等各个方面都做了很多的贡献。吴先生在晚年的时候出版了《中国人居史》，大家可能没注意到，《中国人居史》是在他 71 岁创造人居环境学以后，于 79 岁高龄开始研究准备《中国人居史》的写作。在吴先生 91 岁的时候，也就是 2013 年，完成了《中国人居史》的出版，这是一部 100 万字 560 页的鸿篇巨制。这是吴先生从建筑教育、建筑教学、城市规划、建筑设计领域向历史学的转身。这恰恰可以看出吴先生厚积薄发，在不断的探索过程当中所做的努力。记得吴先生跟我说过他的主要学术成果都是在 60 岁以后取得的。可实际上《中国人居史》这部百万字的巨作，是在他从 79 岁到 91 岁这十几年当中完成的。我觉得这体现了吴先生对学术的不断探索，不敢说衰年变法，也可以说是华丽转身。这个事情本身非常值得我们敬佩，也非常值得我们在这个问题上做进一步的探讨和学习。

第二，从《中国人居史》来看吴先生的历史感。习近平总书记曾经说过，历

《中国人居史》书影

史研究是一切社会科学的基础。重视历史是文明社会的一个非常重要的特点。吴先生从 79 岁开始进行《中国人居史》的写作，实际是对中国人居整个过程的不断总结，是要把中国人居的发展和中国文明社会的发展纳入世界文明史当中的一次非常重要的探索和努力。这是一个高屋建瓴的行动，所以从《中国人居史》的写作可以进一步看到吴先生的历史感，这个历史感是现在所讲的"四个自信"当中的一个非常重要的因素，就是把我们的中华文明发展纳入世界文明的道路当中，同时揭示中华文明在世界文明中的地位和贡献。

第三，通过《中国人居史》的学习，我们可以认识和学习吴先生的历史观。历史观是吴先生历史思维和历史方法的一个很重要的方面。进入新世纪以后，无论是梁启超先生的新史学，还是西方的法国年鉴学派、德国比勒菲尔德学派、美国克莱奥学派，都在思考新史学和传统史学如何能够在原有基础上有所突破、有所前进。吴先生的历史观，无论在历史思维，还是历史方法上，都表现出了新的观念。因为过去我们的历史学研究常常是集中在传统的政治史、朝代史、精英人物史方面，现在我们更注重的是人类文明的整个发展过程和社会的各个方面，注重人类社会各种活动的专业化和综合化的研究。所以，人居史的写作扩展了传统史学的研究领域，体现了当代史学研究的特征和热点。另外从方法上，过去的传统史学大都是局限于史料考据、校勘，现在有了新的手段和方法。这实际上是跨学科的研究，相比传统史学，这是一种新属性的、一种从叙述性转向分析解释性的更全面的史学。

吴先生在《中国人居史》的写作当中运用了跨学科的方法，将各种人文和社会科学和人居科学很好地结合在一起。例如和社会学的结合。社会学就是研究我

23

们的社会问题和如何改造社会的问题。它的分类比较多，比如民族社会学、宗教社会学、职业社会学、教育社会学、人口社会学、家庭社会学，而人居问题实际就是一个社会问题，所以本身就必须和社会学很好地结合起来。又如和历史地理学的结合。本书中涉及的历史地理、经济地理、文化地理，都是现在历史地理学的各分支，另外也是政治学、应用政治学的分支。吴先生在整个研究当中，他的历史观和历史思维、历史方法运用了当前很多非常新的前沿跨学科研究方法。当然这里面还涉及考古学、人类学等各个学科，这里就不再展开叙述，这是学习吴先生的《中国人居史》、理解吴先生的历史观的一个重要收获。

第四，2015年清华大学成立了人居科学院，清华大学是吴先生人居科学的诞生地。所以人居科学院成立以后，学院有责任把吴先生人居科学的理论进一步地传承与扩展、进一步地开拓与完善。在《中国人居史》的学习过程当中，我感到吴先生对今后人居科学院提出了更高的要求。

吴先生在人居史当中，特别提到了研究的几个层次，从天下到区域、到城镇、到街巷、到建筑，提出了研究的五大要素和五大层次。五大要素就是自然、社会、人、居住和支撑系统，吴先生思考的大框架都是非常关键的，对于我们人居科学的进一步研究很有针对性和指导性。但是，从人居史研究本身来看，五大层次和五大要素的各部分内容并不是特别均衡，我想这是由各种客观原因所造成的，有史料的问题，有研究区域的问题……像现在的研究还是比较着重于区域和城镇，对于居住最基本的单位的研究还可以再进一步推进。人居科学院可以把文献学术性继续传承和扩展下去，使先生提出的几个层次更加平衡和丰富。

其次，随着史学的发展、考古学的发展，新的资料和文献不断出现，这对于我们的研究而言是新的机遇和挑战。例如简牍的陆续发现。随便举一个例子，长沙五一广场在2010年发现了7 000枚简牍，里面对东汉时期的人居环境有非常详细的介绍，包括社会管理模式、司法模式、行政模式等，甚至交通、市场、移民等内容都有非常详细的介绍。随着考古学的发展，新的文献在不断出现，如何利用这些成果也是很重要的挑战。

另外，在古代人居环境的研究当中，过去我们利用正史资料比较多，但是从现在来看，如果要研究人居的环境和居住这些"俗而杂"的问题，更多的还要了解底层的老百姓的生活方式和想法，除正史以外，还要对野史、笔记等资料进行研究。如宋代非常有名的笔记小说，最近出版的北宋笔记小说大全有 477 种 102 册 2 200 万字，其中就有很多与历史、文学、宗教、文化、民俗等有关的资料，这些是我们历史研究的新资源。

还有，需要加强对近现代和新中国成立以后人居史的研究。吴先生的人居史里虽然也提到了但是这部分还不是重点。有学者统计过，从 2016 年到 2020 年间有关城市史的 745 篇论文当中，涉及新中国城市史研究的论文只占 10% 左右，就说明我们对近现代和新中国人居的研究力度还不够，所以这也是对我们人居科学院提出一个挑战。

另外，当前史学界也特别注重史学的普及和大众化。我们人居环境研究的成果需要为更多的主管领导、专业人士以及老百姓所了解，所以史学大众化实际也对我们提出了一个非常重要的挑战。在这方面，史学界曾提出过史学的文学化、图像化、平民化等，这些也都是使《中国人居史》中的思想和观点更进一步为社会所了解的非常重要的方面，这里就不进一步展开论述了。

这次只是汇报我学习《中国人居史》的一个简要的体会，应该说《中国人居史》是吴先生整个学术生涯当中非常重要的学术成果。这部百万字的巨作超过了吴先生以前任何一部著作，是毕生心血的结晶。所以在这次吴先生百岁寿诞的时候，一方面祝贺《中国人居史》所取得的成就，同时也祝吴先生健康长寿，不断有新的成果问世，谢谢大家。

2022 年 6 月 5 日

# 忆恩师和引路人

北京市建筑设计研究院有限公司原副院长、顾问总建筑师周治良先生于 2016 年 2 月 4 日去世，当时我正在美国，于是嘱同事代我在告别会上送个花圈。但后来我从照片上看到花圈的挽联上将我称为"好友"，真是把辈分搞错了。我是晚辈，周总不仅是我的老领

周治良先生

导、老前辈，细论起来，还是我设计生涯中的恩师、引路人。自 1983 年我从日本学习归来后筹备亚运会工程开始，经过亚运会、远东及南太平洋地区伤残人运动会等工程，到申办 2000 年夏季奥运会，前后有 11 年时间我都在周总的直接领导下工作。对我来说，这是一种缘分，更是极好的请教和学习机会。

最初我被分配到建院时，除了参加"四清"、接待红卫兵、在"文革"中担任护院队队员、去农村劳动外，主要在五室（后改为三室）做具体工程设计工作，和周总打交道的机会不多。1975 年我当了六室副主任以后，因为负责室里的科研、方案、审图等工作，与周总有些工作上的接触，到 1979 年周总担任副院长后，我们之间也没有太多交集。1981 年我去日本研修，同年 8 月遇到在东京大学做访问学者的清华大学王炳麟老师。当时日本的《玻璃和建筑》杂志正要出一期有关中国建筑的增刊，在向王老师约稿，于是他让我和柴裴义写一篇介绍中国住宅情况的文章。我们手头没有现成的资料，只好向建院求援，当时周总还兼任院技术室主任，给我寄来了许多有关北京住宅的资料，除标准住宅和前三门住宅外，

作者与周总在日本（1982 年）　　　　　　　　周总在日本东京（1982 年 11 月）

还有团结湖、左家庄等小区的图片和资料，一下解决了大问题！我和柴裴义就根据这些材料，在日本编辑本多先生的帮助下，完成了题为《住宅的现状》的论文，这也是我们在国外发表的第一篇文章。

记得该期杂志上，还有王炳麟老师介绍国内剧场的文章和路秉杰老师等人的文字。

1982 年 11 月，周总来日本考察，住在赤坂的东急旅馆，距我上班的草月会馆很近。于是我们向他汇报了在日本的工作情况，同时还见到了正在日本一桥大学念书的周总的侄子周启乾（周一良的公子）。当时距我们回国也只有两个月的时间了。后来我给周总寄去他在日本的照片时，顺便也谈了回国以后想多从事实际的设计工作的想法。周总在 1983 年 1 月 6 日回了信（已经过去 34 年了，但这封信我至今还保存着），他在信中说：“来信谈到你的工作问题，我完全同意你的意见。大体安排是你暂不回六室，因一回去就出不来了，暂时到技术室工作，因我兼技术室主任，以后你去哪里都比较方便。你的工作是总结整理在日本学习的经验。时间可以是半年或一年。下一步如何办，看发展情况。总之，以不脱离做实际工作为主。这样，你可在这一段时间内和刘开济、傅义通等副总建筑师多接触，多学习，也可了解一下建院的情况。目前院内情况是十分复杂的，人与人的关系十分微妙，我想你回来后在旁观察一下，而不是参与其中，这是大有好处的。以上的安排我已在院内的院长办公会议上说了，几位院长也同意，大体就这样定下来了。”当时周总已在考虑亚运会的问题了，信中还说：“1988 年亚洲运动会已初步决定在中国举行，届时将要建设一些体育建筑，我想起你上次谈到的如何整理举行大型体育运动会的资料，假如可能的话希望代为收集一下，我想对我们筹备亚运会的建设会有好处。其他体育建筑的资料如有可能也请代为收集一下。明年在神户召开世界大学生运动会，我们去神户时正在平整场地，一部分设施建在人工岛上，一部分建在神户市山谷中，如有条件也请代为留意。"周总在那时就已经为我的学习和工作做了长远的规划和安排，他关心爱护后辈之心让我甚为感激。

回到院里后，我在技术室有向各位老总学习和请教的机会，并和几位老总一起去西北出差考察，周总还让技术室的徐镇帮我联系发表一些论文（徐当时是好几个学术杂志的编委），同时找机会带我去规划局拜见规划界的前辈陈干、李准、沈亚迪等人，并拜访他的三哥、天津市建筑设计院副院长周昆良。他也创造条件让我参加国内的一些学术会议，比如1984年5月我在广州《世界建筑》举办的讨论会上发言，发言内容整理后发表在周总任副社长的《世界建筑》上，这也是我在国内发表的第一篇论文。这些机遇大大开阔了我的眼界，也增强了我在工作上的信心。

接着就是筹办亚运会。1974年我国重返亚运会，并在1982年第八届印度新德里亚运会上，打破了日本一直独霸亚运会的局面，一举获得了61块金牌，成为我国体育竞赛史上划时代的事件。这时在中国举办亚运会的时机也已成熟，所以建院配合国家体委很早就开始了相关的准备工作。我先和供应室、研究室一起，做前期的情报搜集和整理工作。那时周总特意赠我一册《赴西德考察体育设施的技术报告》，这是1973年5月至6月他和国家体委等单位去西德考察了50多个体育设施后所写的总结报告，是一个有80多页的油印本，里面的插图都是后贴的黑白照片。这对我们这些当时信息还十分闭塞的设计人员来说，已经是很有用的第一手资料了。这时供应室情报组还系统地整理了举办过奥运会城市的设施专集，都是翻拍的照片。后来周总又把他自用的一本《体育建筑设计》专著送给了我（书里还写着他的名字）。这是由建院一室组织编写的第一本系统地介绍体育设施建筑设计的著作，1981年出版以后很快售罄，这对我来说太重要了。因为此前我虽然设计过一个羽毛球馆和室内游泳馆项目，但那只是供私人使用的，还从未设计过大型公共性的体育设施，周总送我的这些书和资料真是雪中送炭，再加上我在日本时对东京奥运会设施的参观，已初步具备了基本的设计概念。

1983年6月，由周总召集会议，建院开始了亚运会的正式筹备工作。10月，我和供应室情报组共同完成了《亚运会若干问题》的材料，材料共50页的篇幅，回顾了历届亚运会的历史、场馆布置和日程安排等，同时和国家体委、北京市规划局一起开始了拟议主体育中心的试作方案，这都是在周总和刘开济总的指导下进行的。1984年4月，周总又带我去承德参加了中国体育科学学会、中国建筑学会体育建筑专业委员会的成立会，这是利用亚运会的契机成立的一个二级学会，对此后国内体育设施的建设起了重要指导作用。国家体委副主任陈先任委员会主任（陈先表示由一个副部级领导出任一个二级学会领导还是国内第一次，可见对此事的重视），周总等二人任副主任，委员包括规划、设计、体育工艺、场馆管理等方面的专家，我也忝列其中。在这次会上，规划和建筑方面的负责人分别汇报了亚运会场馆布局和体育中心的初步设想。也就是在这次会上，除了清华大学的吴良镛、夏翔、张昌龄等教授外，我还第一次见到了葛如亮、梅季魁、蒋仲钧、董石麟、张家臣、黎佗芬、刘绍周、郭明卓等建筑界的前辈和同行，听取了大家的意见。之后经数度修改，确定最终方案，6月亚洲奥林匹克理事会来北京考察时，周总陪同代表团考察，我和刘开济总一起向他们介绍了亚运会设施的规划。各方面的周密安排使我国终于在9月底取得了第十一届亚运会的主办权。

同年7—8月，洛杉矶奥运会举行。奥运会刚结束，国家体委就组织代表团前去考察，团内除体委的人员外，有朱燕吉（规划专业）、周总和刘开济（建筑专业），还有体育建筑专家梅季魁和魏敦山。在名额十分紧张的情况下，周总还为我争取到一个名额。我们先后考察了美国、加拿大和日本的奥运会设施和体育建筑。这也是我从事设计工作以来第一次出国公务考察。将近一个月的考察学习，使我的眼界大开，学习了别国的先进经验。在那个时代这是很难得的机会！

与此同时，从1984年7月13日起，由国家体委和北京市委牵头，开始了亚运会可行性研究报告的拟定，以便上报国家计划委员会审批。从研究到批准大概经历了一年半的时间。北京市参加研究的有朱燕吉和周总，我则在周总的指导下做一些具体工作。可行性研究涉及的内容很多，但主要集中在场馆的数量和布置

1984 年 9 月周总（左三）在加拿大蒙特利尔考察

原则以及总投资数额上。因为我国那时经济还不宽裕，所以投资总额的控制是一个突出的问题，这涉及场馆的建设，当时定下的原则是"集中与分散相结合"，但接踵而来的问题就是，以集中建设为主还是以分散建设为主，也就是主体育场到底是新建，还是利用北京原有的工人体育场。如果在北郊新建主体育场，那基本就是以集中为主的格局；如果利用原有的工人体育场，那总体格局就是以分散为主了。现在回想起来，这些原则的讨论，除了对投资、城市发展、赛事安排等因素的考虑，更多的是相关利益方之间的博弈。所以方案几次变化，我也按当时的要求，配合做过不同设想下的布置方案（如怎么利用工人体育场和工人体育馆的原有建筑，再新建游泳馆形成群体的设想），以便计算不同方案的造价，为决策提供参考。当然综合考虑了各方面的因素，最后决定将工人体育场作为亚运会主场馆。1986 年 2 月，可行性报告得到最后批准，明确了"在总体规划指导下，基本分散，适当集中，全市大体均衡分布，形成分散与集中相结合的体育设施布局"的原则。能在周总指导下参与这一工作，也是我的设计生涯中难得的经历。在可行性报告获得批复的同时，1986 年 2 月 20 日亚运会工程总指挥部成立，周总即任总指挥部下的规划设计部的副部长兼总建筑师（部长是市规划局的俞长风副局长）。他除了要过问北郊体育中心的设计外，还有亚运村、各区县的中小型场馆以及配套的安慧南里、安苑北里等工程的建设，其中新建场馆总建筑面积23万平方米，运动员村总面积52万平方米，两个居住小区总面积110万平方米，设计任务十分复杂、繁重。周总那时61岁，身体很好，经验丰富，又有组织能力，正是发挥个人才华的大好时机。当时建院承担了其中的13个子项，并成立了相关的组织领导机构和技术领导小组。我负责北郊体育中心的总体设计和若干个体的设计。当时我还是连高级职称都没有的普通建筑师，也没有大型体育设施的设计经历，内心十分忐忑，全要仰仗周总和院里众多的老专家、经验丰富的老同事以及有朝气有活力的年轻同事的支持，并与之共同努力。由于有周总在总指挥部的便利条件，我们可以及时沟通，直接了解总指挥部的有关意图，体育建筑专业委员会也组织了多次学术会议，如对广州全运会设施的考察。周总还从国家体委何振梁先生那里借来了慕尼黑、蒙特利尔、洛杉矶等几届奥运会组委会在运动会结束之后向国际奥委会提供的正式报告（这种报告只有奥委会委员才能得到，所以当时在国内是很难见到的），我们赶紧把有关的部分复印下来。这也成了设计工作中极重要的参考资料，增强了整个团队做好设计的信心。

此后我们的设计进展比较顺利，经过指挥部和首都规划委员会的多次讨论与评审会以及北京市体育界、美术界的评审会，又在1986年9月邀请全国13位建筑专家评议，最后体育中心的规划方案于11月8日得到批准，随即转入各子项

1983年作者与周总（中）在包头机场

1999年作者与周总（右二）在首都机场

的初步设计及施工图的边设计边施工阶段。1987年4月起，施工单位陆续进场开工，到1989年年底，主体工程陆续竣工，这时周总已办理了退休手续，但仍战斗在亚运工程一线。在整个工程进行过程中，我深感由于总指挥部有周总这样的建筑专家指点、把关、保驾，能够充分理解建筑师的设计意图，能够在投资十分紧张，尤其到了工程后期为了控制投资而对设计中许多地方进行削减或修改的时候，由于周总的努力，最后保留了大部分的设计意图（当然对设计人来讲还有许多不如意之处），这已经是很不容易的了，个中细节这里就不赘述了。在亚运会举办期间，周总作为指挥部在技术上的主要负责人之一，一直坚守在主会场现场，排除险情，保证了亚运会的顺利进行。

在亚运工程后，我曾在一份材料中了解到周总对亚运工程的重要作用：一是对设计标准和方针政策的指导，及时制定了《亚运工程设计单位条件》《无障碍设计》《中小场馆改建标准》等规定，把住质量关，参加审定全部设计方案；二是提出多层次的环境设计构想，在宏观、中观和微观层次上，因地制宜采取多种处理方式，以求得较好的环境效果，在设计中贯彻"保安全，保比赛，保计量准确"的原则，注意建筑形式多样化和多功能使用，经济效益和社会效益并重，精打细算，节约能源，采用新结构、新技术、新材料，并设置先进的电子服务系统；三是协助解决重大的技术问题，如裸露钢结构采用薄层防火涂料，屋面板采用彩色夹心钢板，解决体育场馆的照明、音响、计时记分牌、供电线路铺设、环境绿化等问题，并协调土建工程和电子服务系统安装的关系，参与制定验收标准和验收办法，参加了全部工程验收工作。周总的这些工作，有些是我们直接感受到的，如为了控制投资，在用材上国奥中心没有一块石材饰面，全部采用喷涂等；有些则是我们基层无法了解的。

时任国际奥委会主席的萨马兰奇在观看了亚运会开幕式之后说，他和他的同事认为中国完全有能力组织好奥林匹克运动会。1991年2月，国务院正式批文同意北京申办2000年奥运会，中国奥委会也同意北京作为奥运会的候选城市。3月29日奥运会申办委员会正式成立，周总又出任了工程规划组副组长兼总建筑师，这时周总已经66岁了。在国际奥委会将在洛桑召开执委会会议的前三天，即1991年12月1日，北京向国际奥委会递交了正式申请，到1992年4月15日报名截止时共有北京、柏林、巴西利亚、伊斯坦布尔、曼彻斯特、米兰、悉尼、塔什干等城市报名（后米兰、塔什干和巴西利亚先后退出）。在申办过程中，除了"走出去，请进来"，派出代表团向国际奥委会委员介绍情况和邀请他们访问北京外，更多的幕后工作则是按照国际奥委会发出的《奥运会申办城市手册》提出的要求，按时完成递交给国际奥委会的申办书。申办书要回答国际奥委会提出的 23 个问题，共分为基本内容、奥林匹克内容、技术内容三大部分，其中奥林匹克内容就包括奥运设施（已有和新建）、运动员村的内容，这对我们来说又是从未遇到过的课题。我们组织了一个精干的小班子（包括单可民、王兵、陈晓民和我等几人）负责奥运设施，住宅所负责运动员村。这时又是周总从国家体委何振梁先生那里借来了一批此前申办过奥运会的城市的申办书作为蓝本，记得有汉城（现称首尔）、巴塞罗那、亚特兰大等城市，这些申办书的内容繁简不同，表现形式也不一样，但起码让我们了解到申办书的基本要求，明白应如何加以表现。记得调研工作从 1991 年 7 月起就开始了，我们从参加过奥运会的体育专业人士和有关资料中了解各个项目对场馆的具体要求，尤其是新建的主体育场、五棵松21 世纪体育中心、自行车馆和过去没接触过的马术、水上运动等项目的场馆，都有一定难度。方案修改了多次，在基本成形以后，这些分区功能设想还需要获得各国际单项体育联合会的同意，1992 年年底申办书完成。申办书共分三册，457 页，27 万字，我们建院所承担的第二分册占了 316 页，这是我们在指挥部和周总的领导与指点下完成的第一份申奥成果。虽然在 1993 年 9 月最后表决时，北京以两票之差惜败，但毕竟积累了经验，也为我们此后申办 2008 年奥运会打下了良好的基础。

其实在申办 2000 年奥运会的同时，周总还肩负着 1994 年将在北京召开的第六届远东及南太平洋地区残疾人运动会（以下简称"远南运动会"）的任务，这是中国第一次举办大型国际残疾人运动会，比赛项目共 14 项，对我国的设施无障碍水准和接待组织能力又是一次考验。周总出任了远南运动会工程规划部的副部长兼总规划师。当时比赛设置在国家奥林匹克体育中心和大学生体育馆，我又在周总的领导下进行了对体育中心的改造和赛事的筹备工作。国家奥林匹克体育中心在亚运会时就已考虑设置了观众的无障碍通行环境，观众的特殊座席、停车位

1991 年 7 月周总在英国考察世界残疾人运动会场馆　　2001 年 12 月

和残疾人厕位等。但在供贵宾和运动员使用的无障碍设施方面还有不足。为此周总又率团带着我用一周时间考察了在英国举办的世界残疾人运动会，我们看了他们的开闭幕式、各主要比赛项目、运动员村的无障碍设施以及交通运输方式等，找到我们在硬件和软件方面的差距，为远南运动会的成功举办创造了条件，也为此后举办残疾人奥运会打下了良好的基础。另外，周总还兼任许多学术团体的领导和组织工作，如北京市土建学会、中国体育科学学会体育建筑专业委员会、中国文物学会传统建筑园林委员会等。他创造机会让我参加了许多学术活动，如体育建筑专业委员会的广州（两次）、西安、昆明、北京会议，传统建筑园林委员会的深圳会议，这都是我向专家和前辈学习的好机会，也能够和同行进行交流。周总的身体一直很好，虽年事已高仍常骑自行车到院里来，无论是到院里报销医疗费还是参加组织生活，总要抽时间到我办公室来坐坐，交换一些看法，也使我可以聆听他的教诲。

记得他曾提到他手头保存有北京亚运会从申办到成功举办的详细资料，他又是建院的元老，见证了这个与共和国同龄的设计院的成长和发展。我认为这些都是十分宝贵的历史资料，也是只有周总这样的老前辈才能掌握的第一手材料，便多次劝他抓紧时间把这些东西整理成文。他曾写过有关建院初创时期的回忆文章，但后来就没有更多的文字问世，不能不说这是很遗憾的事。他十分关心我的工作，多次建议我再做一些工程，但我当时的工作重点结集过去的一些文章，也没有更多精力去亲力亲为做工程了。在北京奥运会之前，我把历年写的有关体育建筑的文字以《体育建筑论稿——从亚运到奥运》为题出版，在 2006 年 10 月 30 日召

1952 年周总（后排左二）在北京友谊医院设计组，前排右一为张铸总

开了出版座谈会，建筑界和体育界的许多前辈和同行前来参加，当时周总已 81 岁高龄，仍前来参加，对我给予鼓励。这本书其实就是我在周总的指引和栽培下，从知之甚少而逐步成长，直至能够驾驭大型体育工程的记录和写照，处处饱含了周总的关爱和心血。

　　周总出身名门世家，从他平时的谈吐、处世也可以看出儒雅之气。但他十分低调，自己从不提及。后来他送了我一本名为《东至周氏家族》的书，我才对周总的家世有些了解。周家是安徽东至县的名门，其曾祖周馥是清末洋务运动的重要人物，曾官至兵部尚书、两江总督，在治水、理军、办学、兴商方面均有成就，去世后已逊位的溥仪曾予谥"悫慎"。祖父周学海为著名中医，因病早逝。周总的父亲周叔弢是第三子，是我国著名的民族实业家和收藏家，幼时喜爱古文诗词、训诂之学，20 岁时曾在青岛与德国牧师卫礼贤共同翻译康德的著作，28 岁后随四叔周学熙学办实业，1949 年后曾任天津市副市长、全国政协副主席。他一生爱书如命，以藏书之富和版本鉴定之精而闻名。他花费心血收藏了宋、元、明三代的善本，精抄、精校本。1952 年他把其中的精品 715 种共 2 672 册捐给国家，现藏于北京图书馆；1954 年将中外文图书 3 500 册捐予南开大学图书馆；1955

年将 22 600 册书捐予天津市图书馆；1981 年又将 9 196 册善本书和 1 262 件古印玺捐给国家，藏于天津市图书馆和天津市艺术博物馆。他育有七子三女，绝大多数都进入学术界和教育界，周总为其第六子。

2003 年作者为周总所治名章

1990 年 1 月亚运会工程已经结束，周总忽然赠我一册天津人民美术出版社出版的《周叔弢先生捐献玺印选》，并在书中题道："先父叔弢公存印数百方，多稀世珍品，已捐藏于天津艺术博物馆，国馨喜治印，因持此印谱以赠，他山之石，可以攻玉耳。"原来周总听说我还有不入门的篆刻爱好，所以特地赠书，体现了老前辈关爱后辈的拳拳之心，令我十分感动。所以虽然我的篆刻并未入门，但后来也为周总治名章一方以示感谢。

在周总去世前的几年，我因去国外长期探亲，所以很少联系，但周总作为我的恩师和引路人的情分时刻萦绕于怀。在我的设计生涯中，有 11 年时间是在周总的直接领导和指点下度过的，他言传身教，手把手地教我学会了许多，让我在建院这个平台上逐渐成长，以至还获得了一些荣誉，这和周总

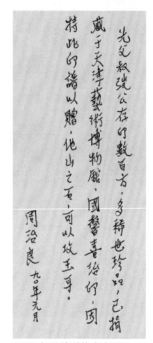

1990 年周总赠作者书题记

长期的耳提面命是分不开的。虽然我于 2016 年 5 月在周总追思会上做了发言，但意犹未尽，还想用这篇文字再次表达我对他老人家的感激和怀念之情。因为在我学习和成长的重要阶段，周总正是我的恩师和引路人。

2017 年 1 月 4 日于雾霾之中完稿

注：本文原载于《南礼士路 62 号》（生活·读书·新知三联书店，2018 年 10 月），本次增加了插图。

# 二三事忆何振梁

又到一月四日了，不由得让我想起两年前的今天因病在北京去世的一位85岁的老人，他就是曾任国际奥委会副主席的何振梁先生。何老是政府官员，又是公众人物，尤其在两次申办奥运会过程中，他的功绩有目共睹，但随着他的去世，传媒上也出现一些议论。我和何振梁先生认识，

何振梁先生（2001年2月22日，北京饭店）

也有过一些交往。他给我的印象很好，不像有些官员那样官气十足，更像一个儒雅、谦和的文人，所以他去世后我一直想把我所经历的几件事写出来，以表达我对这位老人的崇敬和怀念。

我是北京市建筑设计院搞建筑设计的，由于参加了亚运会的工程建设和后来申办奥运会的筹备工作，和体育界有了一些交集，而要了解国际体育组织的规则和要求就必然会接触和认识何振梁先生，尽管最早的联系是间接的。1974年我国重返亚运会，在1982年新德里亚运会上一举打破日本运动员独霸亚运会的局面后，即准备申请在我国举办亚运会，并在1983年9月北京取得了第十一届亚运会的主办权。自1986年2月可行性研究报告批复以后，亚运会工程指挥部正式成立，亚运的各项设施建设进入具体实施阶段。当时需要新建场馆总建筑面积23万平方米，运动员村52万平方米，还有配套的居住小区110万平方米，北京市建筑设计院承担了其中的13个子项，我参加并负责的新建项目有田径场、游泳馆、体育馆和曲棍球场的北郊体育中心的设计。当时的资讯手段并不是特别方

便，院情报所从国外建筑杂志中整理了一些照片和图纸资料，我也曾考察过国外的一些体育设施，但对我们参考价值最大的还是总指挥部规划设计部副部长周治良先生从国家体委何老那儿借来的奥运会举办之后慕尼黑、蒙特利尔、洛杉矶组委会向国际奥委会提供的报告书（OFFICAL REPORT），每个国家的报告书都是厚厚的几大本。周总还特地叮嘱我们，这些报告十分珍贵，全国可能只有何先生这儿保存的一份，让我们赶紧复印了就交回去。报告实在太厚了，我们只能挑选最有用的内容复印，每个城市都有几百页，但是详尽地记录了奥运会的比赛、训练设施、运动员村等的建设情况、赛时的使用情况与各部分的面积分配情况。

例如：运动员村详细记录了从开始入住到全部离开时每天的使用情况、餐饮供应、入住人数等等。对我们研究和分析各单项体育组织的要求、比赛和训练的基本要求等有很重要的借鉴作用，这样基本能做到知己知彼，对做好设计的信心就更足了。后来已经记不清是什么时候在指挥部的会议上见到何老并进行了一些交谈。

几乎与此同时，我和北京国际经济合作公司一起曾去刚果（布）考察，公司准备在那里开展一些承包工程业务。因为地处非洲中西部的刚果人民共和国在刚果劳动党领导下，政局比较稳定，这里资源（石油、木材、运输）丰富，又是自由外汇区，西非法郎与法郎保持固定比价，可以自由汇出（不像有的国家有种种限制）。刚方提出了如道路、排水、城市垃圾等基础设施和一些建筑方面希望合作的项目，对此中方进行了技术考察。北京公司之所以如此，是因为当时得知刚果驻华大使冈加（GANGA）（刚驻华大使馆翻译为荆加），有意在家乡布拉柴维尔建一所自用住宅，北京公司想以此为突破口，通过为他服务以便于今后更好地开展业务，所以在与大使进行多次讨论后，也踏勘了准备建设住宅的用地，并在当地与回国的冈加大使进一步讨论。到1986年2月，大使任届期满，在19日中午举行告别酒会，给我发来请帖。去赴会时才发现何老也在场。原来他和大使也是朋友，何老告诉我，大使是非洲体育界的名人，最近刚果足球队在非洲杯足球赛上的成绩不好，所以总统要把冈加大使调回去当体育部长。大使回国后我们把他的住宅完成到初步设计阶段，后来被通知因资金不足，付了设计费后就把工程停了，此后就没有什么消息了。又后来才知道冈

作者与何振梁先生合影（2001年2月22日，北京饭店）　　何振梁与萨马兰奇

加是国际奥委会委员，曾是非洲最高体育理事会的负责人、第一届非洲运动会就是 1965 年在刚果布拉柴维尔举行的，他本人在非洲体育界很有影响，所以我想何振梁先生也是在多交朋友、多做工作的原则下，争取更多的非洲国家对我国体育的支持。在我国申办 2000 年奥运会时，1993 年 9 月仅以 2 票之差失利，当时非洲朋友的支持还是十分关键的。但后来在国际奥委会决定盐湖城的冬奥的主办权时，爆出十几位国际奥委会委员受贿的事，冈加和一些委员听说被除了名，但何老在这一事件中，清白正直，毫无干系。正如他自己所说："别忘了我早就是国际奥委会里公认的不可收买的人。"

我国第一次申办 2000 年夏季奥运会时，同样得到了何老的大力支持。当时我们设计院承担了向国际奥委会提交申办报告中篇幅最大的主要部分，即有关奥运设施和运动员村的情况介绍。这时，又是周治良总从何老那儿借来了此前申办过奥运会的城市，如巴塞罗那、汉城、亚特兰大，还有一些申办未成功的城市的申办书，这样我们不仅了解了申办书所需的内容、表现方法、简繁程度的情况，也为我们的申办书在提交之前争取各单项国际体育组织审核同意打下了基础。记得何老还专门建议我们把新建五棵松体育中心命名为 21 世纪体育中心，以示"面向未来新世纪"之意，他说这是听取了南斯拉夫一位国际奥委会委员的建议。

在 1992 年 1 月一次讨论奥运设施时，何振梁参加并就建设 21 世纪体育中心发表了自己的意见。

看了以后感到名不符实，外观还不够气派，要体现出送别了 20 世纪，迎来 21 世纪。世界上都认为下个世纪是亚洲的世纪。如 1889 年法国的埃菲尔铁塔、悉尼歌剧院等，现在还是建筑史上的典范，北京应该有怎样的气势，要给后人留下什么？钱要花得值得，不要怕树纪念碑，要为国家，为北京树纪念碑，不单单是建筑本身。美国人没到过北京，他一定要去看大陆在香港的机构，看了中国银行以后，就相信了中国的改革开放。

亚运会的两个馆要体现民族形式和现代技术，21 世纪中心不要搞成有盖儿的比赛的东西，给人留下深刻印象，就是争取票数，要迎接新世纪的曙光，为人类留下永久的遗产。

运动场和 21 世纪中心要设计好，要有中国新的气派。

我们也深深体会到，何老是十分用心的人，他保存的许多资料不仅对体育界有用，对我们建筑界来说可能更加珍贵。因为体育界人士去国外参加体育会议和体育比赛的机会很多，会接触到很多与赛事举办、设施介绍等方面的资料，国家体委中大多是从事体育工作的，可能对此不太关心。但也有关注这方面情况的人士，如楼大鹏、潘志杰、徐益明等人，我们在申办亚、奥运会，具体场馆设计上得到过他们许多指点和帮助。但同时也听到许多参加国际体育赛事的体育界人士并不关注有关硬件建设的资讯，常常因为这些资料很重、不好带就扔在旅馆不要了，让我们觉得太可惜了，如果带回来肯定会发挥更大的作用。

此后在做了充分准备的基础上，北京又投入了申办 2008 年奥运会的战斗，在筹备申办工作和国际奥委会考察团来京考察时，我又多次遇到何老，也留下了宝贵合影（虽然对焦不那么清晰）。此后为奥运会主会场的设计举办了国际设计竞赛，在听说将要选定现在的"鸟巢"为实施方案时，我有些不同的意见，于是在 2003 年 4 月 23 日给何老写了一封信（该信于 2007 年正式发表时只写了 ×× 同志），该信的全文如下。

振梁先生：

您好，久未问候，近日北京"非典"猖獗，还望多加保重。

最近听说国家体育场已选定瑞士建筑师的"鸟巢"方案，对此案我一直没公开谈自己的看法，一来没仔细看过方案的图纸，没有太多发言权，二来我院也参加了设计竞赛，总还有些干系，所以也没有过多关注。但最近陆续看到报上有关此方案的报道，犹豫了好久，觉得有些问题还是想向您反映一下。因为我们相识多年，我一直很敬佩您的为人，好像不谈太不负责任。

1. 瑞士"鸟巢"方案造价畸高

从报上和有关方面获悉，瑞士"鸟巢"方案的造价为38亿元人民币，其中开启屋盖部分造价2亿元，即体育场除开启屋盖外，还需36亿元人民币造价。按8万观众计，每座观众的造价为4.5万元，相比国际、国内的同类型建筑，价格都高得离谱。虽然有一部分商业和车库面积，但和其他方案相比，据称造价要高出10亿元之多。

以国内而言，广东奥林匹克体育场是2001年才投入使用的、可容纳8万观众的体育场，其造价实为15~16亿元人民币，但有关方面对外宣称造价为13亿元，即使按15亿元计算，每座造价为1.87万元。

以国际而言，悉尼奥运会的主体育场可容纳8万观众（赛时10万），总造价为4.83亿澳元，按今日汇价计合人民币24.4亿元，合每座3万元。

从以上总价和单价分析，瑞士方案的造价均过高，即以他们自己为德国慕尼黑世界杯设计的新体育场看，总造价为2.85亿欧元，合人民币25.6亿元，与悉尼奥运主会场相近，虽然总座位数不太清楚，但从三层看台的剖面看，人数也不会少于7万座。北京奥运行动规划中提出场馆的设计原则为"坚持勤俭节约，戒奢华浪费"。虽然国家体育场是奥运会的重点项目，可以多花一点钱，但广东和悉尼体育场的标准已经不低，从场地、彩屏、挑篷，外观、附属设施等都达到了较高水准，在此标准基础上造价还要加倍，既不符合体育建筑个性，容易留下后患，也不符合国际奥委会的精神，难以向国人交代。

2. 瑞士"鸟巢"方案缺少创造新意

在国家体育场的评选过程中，据报道评委们认为"鸟巢"方案"造型独特"，是"从来没有看见过的"，实际上这是对国际体育场设计的信息了解不够所致，就是这家瑞士建筑团队为德国世界杯慕尼黑赛场所设计的方案和"鸟巢"大同小异，相差无几，只不过慕尼黑赛场的外形更为科学和理性，构架十分规则，不像"鸟巢"方案那样增加了许多无用的杆件，与之相比后者似乎创新点不多。而且慕尼黑的体育场将在2005年完成，于2006年投入使用，那时抢先在全世界观众面前亮相，而北京的奥运主场在两年之后再亮相，对世界各地观众来说，已经没有什么新鲜感和冲击力了，对此我们不能不加以考虑。

我们在采用外国建筑师方案时经常遇到这种情况，外国建筑师就是这么一个套路，但我们有选择的主动权，花钱也要花得明白。不要像上海浦东机场那样，现在的实施方案实际是法国建筑师安德鲁在瓜德罗普设计的皮特尔角城机场的翻版"二手货"。我们如果在国家体育场方案的选择上再走这样的老路，费了半天劲，结果物非所值，名实不符，让外国建筑师轻而易举地把国人的血汗钱赚走了，那就得不偿失了。

3.还是要有民族的自信

我不是狭隘的民族主义者，也坚决支持通过开放、交流、学习，提高我们的技术水平。但在奥运会这个展现我国经济、技术、组织水平的绝好机遇，在向全世界展现我国综合国力的敏感问题上，我认为还需要多一点民族的自信。

自二战至今已举办了14届奥运会，其奥运会的主会场绝大多数都是由主办国的建筑师自行设计的，特例有：第二十二届蒙特利尔奥运会请了法国建筑师，可能是因为蒙特利尔是法语区的缘故；第二十五届巴塞罗那主会场的改造是请的意大利建筑师；此外将要举行的第二十八届雅典奥运会主会场是德国建筑师在1982年设计建成，现在由西班牙建筑师来设计增加挑篷，仅此而已。2002年韩日世界杯的主赛场也都是由本国建筑师设计的．我们选定的"鸟巢"方案虽然也有中国建筑师的合作，但并没有独立知识产权，起不到主导作用，当时领导同志再三强调，必须大力开发科技创新，增强自展创新能力，没有创新就没有发展，没有生命力，要鼓励原始性创新。我们在奥运行动规划中再三说要"集成全国科技创新成果""使北京奥运会成为展示高新技术成果和创新实力的窗口"，现在在这举世瞩目的项目上却不知在展现谁的实力。

在当前险恶的国际形势下，中国人民的志气和自信心还是要提倡一下，就像我们的"神舟"航天，尽管我们比美国的技术还有不小差距，但依靠独立自主，自力更生，就振奋了我们的民族精神。我们在如何办一届"最出色的奥运会"的认识上也更要结合我们的国情，更体现人民的利益和愿望，更好地表现我们的生产力，创造我们的先进文化，包括建筑文化，从而增强中华民族的凝聚力和自豪感。

上面的提法可能会被认为是"上纲上线"，但举办奥运世人瞩目，国人更是满怀希望，坦白说此前五棵松体育中心选定的方案也不甚理想。但像国家体育场这样举足轻重的工程，在决策时还需三思。因为您是老领导、老朋友，对国际奥委会和本国奥组委的情况都熟悉，所以本着知无不言的精神提出些观点，供您参考。以上看法纯属个人行为，与本人所在单位无关。因情况了解不多，故片面及错误之处肯定很多，还望原谅。

顺颂

春祺

马国馨敬上

2003 年 4 月 23 日

信发出后不久，就接到何老秘书的电话，说何老同意我的观点，但何已经退休了，也说不上话了。后来又在报上看到何老发表的称赞"鸟巢"方案的发言，我就有点奇怪，他怎么会这样？后来在 2009 年看到对他的一次采访，才对他当时的处境有所了解，也理解他为什么那样讲了。但我还是收到了首规委负责同志的电话，这个电话谈了近 40 分钟，负责同志说（大意）：对你提的三条建议，第一条我们感觉也是有些贵，正在想法解决（事实上后来曾多次"瘦身"）；第二条和德国的安联球场我看还不那么像；第三条已不好改了，因为上面已经看过了，我们在以后的场馆中会注意，尽量让中国建筑师设计。当时我想我们国家一向是最讲政治的，怎么在这么重要的事上就不那么讲了呢？记得在后来奥运会开幕式的执导上，还有人要邀请美国电影名导斯皮尔伯格来操刀，幸好美国导演拒绝了，如果开幕式真要由外国人来执导，那中国人的脸面往哪儿搁呢？

此后在三联生活周刊 2009 年 11 月 20 日的一期上，看到对何老在 9 月 11 日接受采访和对他的处境和种种传说的说明，何老接受采访时说："只此一次，以后我不再回应。"使我对何老的处境有了一定了解：有关领导几次在会上公开点他的名，他在国家体委的处境并不那么理想，尤其是申奥成功以后，所以为什么会在收到我的信以后他那样回答也就容易理解了。何老在答记者问时说："就我个人感觉来说，申奥成功之后（和领导的）这种关系就开始起变化了。""细心人可能会注意到，申奥成功之后，我没有随大队人马一起回国，而是和老伴悄悄回来的，我就是生怕让人感觉我抢了他们的风头，我也不是不看中国历史，有些微妙之处我还是懂的，'功成身退'，实际上'功成'时，我都已退休这么多年了……"有的人仍在文章中讥讽说：飞地球16圈几十万千米算什么，用英法两种语言可以跟人家聊天，有什么了不起，说媒体定向地把"体育外交家"头衔栽到他头上……这些话充满了"酸意"。我想起有一次在中国科协常委会上，曾讨论到我们如何在国际组织中发挥作用，争取话语权的问题上，我以自己的体会作了一个发言，以我们国际建筑师协会为例，当主席的并不是世界上最优秀的顶尖建筑师，他们忙于自己的业务，根本无暇顾及别的事情。关键首先要有国内的支持，外语要好，要有组织和活动能力，要在个人交往的过程中培养个人感情，争取各国的支持，另外还要有时间、有经费经常去参加这些组织的各种会议，久而久之才能争取成功、争取话语权，这些条件缺一不可。回想当前我国参加的各种国际组织中，据我所知在国际奥委会的何振梁先生可以说是运作得最成功的一位，他从1981年当选国际奥委会委员，1985年当选奥委会执委，1989年度当选

作者与何振梁先生，金磊摄于2006年10月30日

2006 年，马国馨院士专著出版座谈会合影。前排右五为何振梁

国际奥委会副主席，几十年来在提高中国体育在国际奥委会的地位上，他功不可没，这里和他个人魅力、他的工作能力和对奥林匹克运动的热情有关，也和他与萨马兰奇、罗格等历任奥执会的领导的良好个人关系有关。不可否认，在大环境下，国家的实力和威望是首要因素，但同样的大环境下，中国奥委会的其他委员，国际组织中其他的中国代表为什么没有何老这样的地位和威望，没有取得何老这样的成就，也还是值得深思的。

最后要提到的与何老的一次交往就是 2006 年了，为了总结自己在体育建筑设计上的心得，我把历年发表过有关体育和体育建筑的论文合集，出版了一册 42.5 万字的专集《体育建筑论稿——从亚运到奥运》，并于 10 月 30 日在北京建筑设计研究院召开了出版座谈会，有建筑界、体育界的 40 多位人士参加，其中年龄最大的就是同为 77 岁体育界的何振梁先生和建筑界的周治良先生。在会上何老做了热情的演讲，他强调："体育事业发展，体育建筑才能蓬勃发展，而更大的前提是国家要发展。"他回顾 1970 年巴基斯坦无力承办亚运会时，组委会希望亚运会改在中国举办，但那时我们还没有像样的体育设施，所以放弃了那次机会。何老认为："体育建筑不仅和体育有关，也是国家不同时代发展的一个标志，当年我国为承办亚运会建设的体育建筑，现在从外观来看，仍然是代表了 20 世纪 90 年代非常优秀的建筑精品。"何老特别指出："建筑是一种美，必然与他所处的时代、人们对艺术的审美以及经济的发展紧密结合，现在的奥体中心仍然是非常美的建筑群。"针对全国各地争相建设体育场馆，何振梁说："不应迷信洋人，我们要吸收国外先进的东西，但不是所有的'洋东西'都适合我们的国家。

体育设施不仅为体育活动使用，同时它还应带有我们时代的印记，既要有形式上的美，适应竞赛的需要，又要在赛后能服务于百姓，兼顾艺术与工程两方面的因素。"从这里听到了体育界的一位老人的心声，他不仅关心中国的体育事业，同样关心中国的体育建筑事业，他对于中国体育建筑事业所做的贡献和努力同样不应为世人所忘记！

何老曾被外国体育刊物评为全世界最有影响力的十大体育领导人之一，报道认为："何在国际奥委会的地位、威望、影响、经验及语言能力，为北京夺得2008年夏季奥运会主办权，发挥极其重要的作用。"萨马兰奇先生评价何老："在将近半个世纪的岁月里，你始终不渝以你的热情和经验，为你的国家和奥林匹克运动服务，身体力行地发扬体育的基本价值——尊重、相互理解、宽容、团结和荣誉。"国际奥委会为何老的去世降半旗三天，这是对把一生精力都贡献给国际奥林匹克运动和中国体育事业的何老最公正、准确的评价。而我在他去世两年以后，写这篇短文的目的之一也是想说明：我们也是不会忘记他的。

2017年1月4日—1月7日

北京雾霾之中

---

注：本文原载于《中国建筑文化遗产20》（天津大学出版社，2017年4月）

# 深切铭记是师恩
## ——记刘开济总

　　2016 年我曾以"忆恩师和引路人"为题写过一篇回忆建院周治良总的文章，其实除了周总以外，我心目中还有另一位健在的恩师和引路人，那就是建院的刘开济顾问总建筑师。在几十年的设计生涯中，我的成长和学习同样离不开刘总的指导和提携，离不开刘总的关心和帮助。恩师和引路人的恩情让我永远铭记在心。在上大学的时候，我已经知道刘开济的名字了。在 1957 年的《建筑学报》上，他和宋融一起发表了长篇文章《关于小面积住宅设计的探讨》，连载两期，那是在当时为适应我国经济情况，同时又要迫切改善居住问题的较早的探讨，也是《建筑学报》早期对住宅设计所涉及的问题进行深入研究的文章之一。后来我又知道了建院还有一位总建筑师叫张开济，不由让人联想起"老杜"的名句"三顾频烦天下计，两朝开济老臣心"。还听说曾引用过一副对联的上联"蔺相如司马相如，名相如实不相如"求对，也仿制一联"张开济刘开济，此开济非彼开济"求对。但我刚来建院时，与二位"开济"都没有什么接触，只是时间长了，才开始对刘开济总有了些感性的认识。

早年刘开济

刘开济总在深圳（1994 年）

刘开济总（2013 年）

刘总于 1925 年出生于天津市，1947 年毕业于天津工商学院建筑系，1951 年 5 月由北京华泰建筑师事务所转入建院的前身永茂建筑公司，时为五级工程师，先后在二室、三室、七室工作，全国总工会办公楼就是刘总早期的作品。尤其在 1958 年下放劳动回院后，他马上参加了"国庆十大工程"中的人民大会堂的现场设计工作，负责中央大厅和小礼堂的设计。刘总后来回忆："人民大会堂这个工程，在我的心里有特殊的地位，参加设计以后，我始终对它有特殊的感情。"例如已按原来方案施工了，但后来要求增加一个小礼堂这样较大的修改，刘总他们"就是在基础都打完的情况下，全力以赴来修改的""修改的困难非常大"，但最后仍圆满地完成了任务。刘总那时刚 33 岁，他的这些工作过去很少有人知道。后来在负责援外的七室工作时，他作为设计组组长主持和负责了多项援外工程及国外承包工程，因此他在建筑设计中的调研、功能处理、艺术风格、构造细部、专业综合到施工配合等各环节，都积累了丰富的经验。1981 年后他到总工办担任院副总建筑师，直到 1989 年退休。

我是从 1983 年起在周治良副院长和刘总的指导下开始亚运会工程设计的。当时我参加了专题研究小组、可行性研究以及体育中心从方案设计、施工图到竣工验收的全过程，前后历时七年。此前我虽然参加和主持过国际俱乐部、东交民巷 15 号宾馆等民用建筑设计，但都是面积较小的单体建筑，面对如此复杂的综合性洲际体育比赛的筹备和大型体育中心的设计还是第一次，都是通过包括周总、刘总等在内的许多老专家、老同事手把手地传授和点拨，才逐渐有了一些体会和经验。这也是我从知之甚少到最后能够顺利完成任务的重要支持和技术保证。

开始筹备工作时参加的人员并不多，除了刘总所在的专家工作室，还有情报所人员，我们整理了历届亚运会和近几届奥运会的基础资料，同时为了向亚洲奥理会提出申请，还要按理想条件提出我们的主要体育设施的方案。因为只是示意性的，所以提出了几种总体布置方案，还在体育建筑专业委员会的成立大会上做了介绍并征求各界体育专家的意见。此后又整理了一个综合方案，并按此方案制作了向亚洲奥理会考察团汇报的模型和说明书。刘总主要负责准备英文的说明。记得他满满地写了好几页手稿。1984 年 6 月 16 日，考察团在首都体育馆听取刘总汇报了我们申办的设想及准备新建的主体育中心的方案。过去我们知道刘总的英文特别好，但不知道好到什么程度，在介绍过程中，我看到国家体委的英文翻译屠铭德先生不断地点头，后来他对我讲："真没想到刘总的英文那么好，遣词造句是那么的高雅、得体。"此后我国取得了第十一届亚运会的主办权。

洛杉矶奥运会之后，国家体委组织国内体育和规划专家在 1984 年 8—9 月对美国、加拿大和日本的体育设施进行考察，这是我到建院后的第一次出国公务考察，我有机会和周总、刘总一起，学习了各国体育设施的设计和运营管理经验，尤其刘总对于国外信息（包括各类建筑和建筑师）的了解十分详细。所以除了体

1984 年刘开济总向亚洲奥理会介绍北京申办亚运会设想

1990 年作者和刘总在国家奥林匹克体育中心

1984 年刘总（右三）在美国考察体育建筑

育设施，我们还利用一切空闲时间多看一些建筑，考察一些学校和事务所，如美国旧金山的 SOM 事务所、马丁事务所，加拿大的 B+H 事务所，日本的丹下研究所等。记得一天早上我们挤出时间，刘总和周总带我步行看了林肯艺术中心、花旗银行、AT&T 大厦（当时被认为是后现代主义的代表作品）、IBM 大厦，还有特朗普大厦。因为那时还不知道特朗普这个人，只觉得整个建筑包括室内装饰十分豪华，造型也很有特色。在观察各地的建筑时，刘总的分析介绍等于在现场授课，使我印象深刻，并收集了许多有用的资料，使我大开眼界。

1986 年建院成立了亚运工程领导小组，并决定由五位院总（即刘开济、吴观张、胡庆昌、杨伟成和吕光大）负责技术协调。4 月开始总体规划时，我们的小组只有 4 人，在土建装修还未完工的科研楼里开始了工作。由于在此前的可行性研究中已确定了基本的方针，因此任务就能具体落实，对于分期建设的要求也很明确，周总和刘总几乎隔天就要到设计组来一次，了解我们的设计进度和构思发展。在申办阶段所做的方案除了内容上有较大改变外，另外方案的 45° 轴线与北京的城市肌理并不协调，交通组织上也需要改进，所以我们按照可能的场馆布置方式和交通组织探讨了各种可能性。在刘总和其他专家的指导下，我们将各种设想加以集中，最后倾向于较为活泼的自由式布局。因为此前国内大型场馆多是"二虎把门"模式，中心是大体育场，体育馆加游泳馆分设两侧，严谨有余，活泼不足。而自由式布局在吸取其主要构思手法的同时，又按照体育比赛工艺和各种人流、车流的要求，进一步调整修正。7 月确定了总体方案，之后又主攻体育馆和游泳馆的方案，发动全院建筑师提出各种设计思路，经过集中归纳，基本确定凹曲面屋顶的造型，9 月由全国建筑专家审查，1986 年 11 月最后批准总体方案，在几个主要的比赛设施批复一年以后，随即开始现场施工。

与亚运会工程进行的同时，我个人还申请了攻读清华大学论文博士的学习。当时我只有中级职称，看到这个消息时，觉得这是一个继续学习和充电的好机会。我所在的四所领导还是十分支持的，同时还需要两位具有高级职称专家的推荐书。由于正在进行亚运工程，所以就烦请刘总和周总二位推荐，对此他们都很支持和鼓励。尤其是刘总的推荐书，其中写有许多肯定和鼓励的词句，让我深感受之有愧。在校方批准以后，我参考了刘总的意见，加上自己的兴趣，选择了由汪坦教

1991年刘总（左二）在清华大学主持作者的博士论文答辩

授指导的建筑理论和历史方向，也想充实自己的知识结构。在论文的写作过程中，尤其是涉及国际建筑界的前沿问题，我多次请教刘总，他给予了热情的指点。最后因工程繁忙，论文的答辩稍有推迟，刘总还作为答辩委员会的主持，对论文进行了最后的指导。这些都是我永生难忘的经历。

1989年3—9月，我们还在刘总的领衔指导下参加了东京国际中心的公开国际设计竞赛。这是日本建筑家协会成立后，第一次举办的得到国际建协认可的国际竞赛。建院为了积累参加国际竞赛的经验，决定由刘总领衔，刘力和我协助，以亚运会设计的班子为基础参加竞赛。竞赛的主办方按照国际建协的标准，做了细致的准备工作，文件齐全，要求完备，答疑细致，评委和技术委员会名单也全部公布，对我们确实有借鉴和启发作用。我把文件全部译为中文以后，首先寄出报名表。当时我国还没有注册建筑师制度，但日方要求要有注册证书和号码，当时只好复印了建院的执照，请中国建筑学会加盖公章，加上刘总、刘力和我的技术简历，还附上建院最近的两册年鉴，才把报名问题解决。为了让建筑方案和日本的历史及文脉有所联系，设计起名为"新江户城"，内部主要空间和联系空间的关系类似日本中世纪晚期的城郭建筑天守阁。在各层功能平面布置和交通流线经刘总首肯以后，立即开始了绘制图纸、制作模型、绘制表现图、准备说明书，最后的技术文件都由刘总译为英文，全部应征材料按应征文件要求如期发往东京。当时寄送模型也没有经验，用木块黏结的大模型运到东京时已四分五裂，不成样子了，幸好当时建院有人在日本研修，他按照包装箱里附的图纸，才将模型又重新组装起来。

评选在10月开始，到11月初评出结果。竞赛共收到50个国家和地区的395个方案，经技术委员会审查，其中50个方案违反了基本要求，234个方案存在各种专业上的问题，只有111个方案完全符合要求。中国有15个方案参加，经审查后有五个完全符合要求。在三轮审查中，首先有三个方案进入第二轮，即刘总方案得四票，周儒和戴复东的方案各得三票；第二轮投票时周案四票，刘总和戴案各得一票，都没有进入第三轮。最后获奖方案为阿根廷裔美国建筑师拉斐尔·维诺里的方案。通过参加国际竞赛，我们积累了许多经验，我们的方案与获奖方案相对比，二者之间在体形和布置方式上十分相近，但在设计技巧和建筑处

1989年刘总（左三）和院领导审看东京国际会议中心国际竞赛方案模型

理上，获奖案还是有很多高明之处的。在交通处理上，南北通行的步行街十分重要，但我们为使会议中心的车流不影响周围街区，在用地中部做了一条内街，以减少对外部的干扰。但这样一来就打断了一层的步行街，成了我们方案的硬伤；另外在柱网和平面布置上也存在差距。不管怎样，在刘总的指导下，几个月的苦战还是让我增长了见识，学习到很多东西，这是一次难得的设计经历。

在刘总的指导下，1992年我们还做了位于廊坊开发区的房地产项目"京津花园"的规划。当时开发区内的房地产事业已经有了一定的发展，开发商都希望地产项目有独特的风格和定位，以形成商业卖点，业主方要求在33.7公顷的建设用地内布置19万平方米的建筑，包括430栋别墅、三栋公寓、一栋花园大厦，此外还有寄宿学校、俱乐部、行政办公及附属建筑等。在规划方案中追求建筑错落有致、街景变化，考虑不同客户的生活习惯和审美需求，形成独具特色的私密空间。虽然我们只是完成了规划方案，但不失为一次很好的学习。刘总来我们这儿指导的工程还有很多，如有一次美国赌城雷诺要尝试做一个具有中国传统建筑风格的综合性建筑，也是刘总多次前来提出建议。

在刘总指导下，我很有收获。他在建筑业务上属于那种专家，即我们无论请教什么方向的难点，求教多么偏僻的问题，在他那里都能得到满意的回答。刘总知识渊博，外文很好，但并没有出国经历，中小学是在教会学校学习英文、法文，后来更多是自学。他英文、法文都很擅长，经常阅读外文原版典籍和杂志资料，及时掌握最新信息，同时又有广阔的视野、丰富的工程实践经验。他在指导工程时不像有的前辈那样亲自操刀，更多是启发性、指导性地引领，通过设计人的消化、领会和主观能动性，从而将设计方案调整得更为理想。我认为，刘总充分理解建筑设计方案的求解具有非唯一性，它拥有不确定性定义或不确定性结构，因此诸多因素和矛盾常常需要在设计方案的进行过程中暴露和解决，而不存在唯一的判断标准和程序。但是，不同解决方案的优劣高下又是可以通过直觉或理性的判断来进行分析和选择的。在向刘总学习的过程中我也深感有丰富理论知识和实践经验的前辈，在定案过程中一锤定音式的拍板是十分关键的。常常在年轻同志举棋不定或犹豫不决的时候，刘总的一句支持和鼓励就能使我们下最后的决心，从亚运会工程北郊体育中心的顺利定案就可以感受到这一点，这太重要了。另外，

1999年刘总向朱镕基总理汇报国家大剧院建设方案　　　　　　　刘总到深圳

一些院内重大工程，如国家大剧院向领导汇报的场合，也还要烦请刘总出马。

　　还有一个例子可以说明刘总的博学和睿智。1991年，刘总率设计组赴突尼斯承担突尼斯奥林匹克体育中心的规划设计。当时体育中心的体育场、体育馆和游泳馆国内都有比较成熟的设计方案，但在51公顷的极不规则的用地中如何做到既满足复杂的功能要求，又要反映突尼斯的传统和民族风格，则是很高的要求。刘总认为许多现代建筑大师在创作时，都受到当时的艺术流派和潮流的影响，并从中寻找灵感。在总体设计中，刘总从突尼斯国家档案局的一本名为《伊斯兰和伊斯兰艺术》的书中得到启发。专家们发现在伊斯兰艺术的空间构图原则中，"螺线是最常用于伊斯兰艺术的基本形态"，且在世界各大博物馆所藏的250幅14—16世纪的伊斯兰艺术珍品中，60.4%的作品是按螺线原则构图的，另外还有22.8%的作品采用了变体螺线构图，即阿拉伯曲线。对伊斯兰世界来说，螺线已超出了一般美的构图，同时还具有深刻的哲学内涵。于是通过螺线组织其群体，再加上个体设计上的建筑细部，最后的方案得到突方的高度肯定，同时也表现出刘总在对待工程挑战时的全面深入思考和巧妙的处理手法。

　　除去设计过程中的指导，刘总还在各种场合，利用机会支持和宣传青年建筑师的工作。1984年，意大利的《空间和社会》杂志第34期要出版一期中国建筑专辑，当时负责编辑组稿的上海罗小未先生要求刘总提供文章。刘总以"中国建筑的过渡时代"为题，以英意两种文字发表，在文中刘总介绍了改革开放以后中

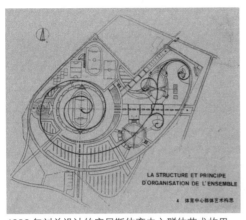

1992 年刘总设计的突尼斯体育中心群体艺术构思
示意

作者与刘总（1992 年）

国建筑界的新趋向，介绍了八位建筑师的作品，其中就包括了建院六人的作品，包括刘力设计的西单商业中心，柴裴义设计的北京国际展览中心，肖启益设计的北京图书馆扩建、北京中国画院和大观楼电影院，张国良设计的政法学院图书馆，李傥设计的功宅方案以及我设计的体育中心方案和刚果小住宅方案。这也是改革开放后较早地向国外建筑界推荐的中国青年建筑师在建筑创作中采取不同理念和创作手法的作品。在国家奥林匹克体育中心竣工以后，1992 年 9 月得到国际体育与休闲建筑协会（IAKS）征求优秀体育和休闲设施的国际评选的消息，规定是在 1985—1991 年竣工的工程，其报名分为六类：A 类为国际比赛设施，B 类为比赛设施用的训练设施，C 类为室内体育和休闲设施，D 类为城镇和农村的体育和休闲设施，E 类为旅游中心的体育和休闲设施，F 类为特殊项目的训练和比赛设施。评委共十人，分别由德国、瑞士、挪威、日本、匈牙利、英国等国的建筑师、工程师和景观设计师组成。刘总觉得我们的奥林匹克体育中心项目符合 A 类的参评条件，鼓励我们参加，当时要和业主一起填写一系列的参评文件，刘总帮我们把全部文字译为英文。1993 年发布评选结果，A 类设施中，金奖空缺，我们的项目为两项银奖中的第一名，另一个为法国设计的自行车馆。这个奖项凝聚了刘总从方案指导到具体申报过程中所付出的众多心血，也表现了中国建筑师在体育建筑设施设计上的成就。

在我的学术经历中，还较早地参加了中国建筑学会和建筑师分会的活动，结识了许多业界的前辈和同行，进行了多次学术交流，而这些也都源于刘总的提携、帮助和引导。刘总很早就关注中国建筑学会和国际建协的工作，他从1987年任中国建筑学会第七届理事会任常务理事起，任第八届常务理事，第九届副理事长，第十、十一届顾问，1990年当选为国际建协建筑评论委员，1996年任国际建协副理事。他曾赴土耳其、马来西亚、阿根廷等国参加国际学术会议，在美国各地做题为"中国建筑与城市规划传统""中国建筑的延续性""今日中国建筑"等报告和文章。1993年7月在美国芝加哥国际建协第19次大会上，他和代表团一起为争取第20届国际建协北京大会做出努力，并于1996年和1997年分别赴西班牙和印度说明北京大会的筹备情况。除了为国际建协北京会议做了大量筹备和事务工作，刘总还在1999年的国际建协第20届世界建筑师大会上，主持了大会中的"中国建筑师论坛"，得到了各方面的好评。他和时任学会秘书长的张钦楠先生私交很好，两人的英文又好，因此在学会工作中互相支持、紧密配合，在国际活动中完成了许多别人无法做到的细致工作。1989年筹备成立建筑师分会时，刘总作为召集人做了大量工作。分会成立后，刘总任第一届和第二届分会的副会长，同时主管建筑创作和理论学术委员会，另外还曾出任中国体育学会体育建筑专业委员会的副主任等。无论何时，刘总都创造机会，让我参加这些组织的各种活动，尤其建筑创作和理论学术委员会，是分会内最有活力也最受大家欢迎的组织者，无论是杭州、成都、北京等地的学术交流，还是观摩参观新老建筑，都是特别难得的学习机会，也为我后来在分会组织类似的活动做了极好的示范。亚运会工程结束后，刘总还向学会推荐，让我担任了国际建协体育建筑工作组的成员，有了更多与国际体育建筑界的交流机会。虽然因单位经费有限，担任成员后，我只出国参加了一次国际会议（其实小组的国际活动很多），但在国内举办的几次体育建筑国际研讨会都很成功，我在大会上发言的英文稿，也请刘总把关审阅过。另外，刘总对于其他学术组织，如北京女建筑师协会、现代中国建筑研究小组的支持和帮助，也是大家有目共睹的。所以在建筑学术组织当中，刘总无疑也是我的老师和引路人之一。

由于工作和业务活动中和刘总的交往如此频繁，我和老伴与刘总一家也熟稔起来。刘总的老伴杨纫琳老师是北京三十中的英文教师，恰好三十中的副校长李纪是我高中的同班好友，所以我们的共同话题很多。他们夫妻儒雅的风度、得体的谈吐、热诚的待人方式都给我们留下深刻的印象。由于和刘总多年的交往，我也利用各种机会给他们，尤其是刘总本人拍了不少照片，我自认能如实地反映出刘总的学者气质、翩翩风度。刘总平时和我们也是坦诚相见，无话不谈，像一位亲切和蔼的长者。一次他说小时曾对他的流年按年份做过批注，对1957年的批注只有四个字，就是"动辄得咎"，刘总说在那一年他已经十分小心了，最后还是差一点被戴上"右派"帽子。正因为和刘总可称为忘年交，所以在建院的老前辈中，刘总家是我和老伴曾多次前去探望的唯一一家。更让我们感动的是刘总夫妻伉俪情深、相濡以沫。杨老师2008年患心衰，2009年患脑梗，卧床多年，加之这两种病在用药上有矛盾，所以在治疗上有很大困难，为此刘总患上了焦虑症。虽然也请了护工，也有儿孙们帮忙，但许多时候刘总还是亲自照看，克服了许多看病和护理上的困难。2011年1月杨老师去世，60多年的共同生活，一旦分手，给刘总身心造成很大打击。但刘总还是逐渐从阴影中走了出来。2013年我们去看望他时原想稍事交谈就离去，不想刘总谈兴甚浓，一直说到近中午我们才告辞。2016年国庆期间我们又去探望，刘总说他这一年流年不利，先是带状疱疹，后来又因用药而尿血，所以身体有些衰弱，但刘总说之所以能恢复，一是要感恩，二是要脑子经常活动，要多运用。当时他正在阅读美国特朗普的一本著作，是孩子在新西兰买到以后给他带回来的。刘总虽年事已高，但仍在孜孜不倦地学习和思考。

2002年刘总夫妇在贵州黄果树瀑布

作者与刘总

2016 年时年 91 岁的刘总与作者夫妇合影　　作者老伴与刘总夫妇（2001 年）

　　回想起来，刘开济总在 1991 年被评为北京市亚运会先进工作者，1996 年被评为国家科委先进工作者。他把精力和才智都贡献给了建筑事业，贡献给了建院。他着力于对年轻建筑师的培养和提携，不仅是我自己感受颇深，建院的许多后辈也都受惠于刘总的指导，体会到他的帮助。就我自己而言，在和刘总几十年的交往中，从业务的学习进步、视野的逐渐开阔、经验的日渐丰富乃至在人生进程中的许多重要阶段和关键节点，都能体会到刘总的悉心教导。他是我从正规大学毕业到进入社会大学后的一生学习过程中，最亲切的恩师和引路人之一。刘总提到了感恩，对我们后辈来说，更要感恩，感谢前辈的提携和帮助。衷心祝愿刘总健康长寿！

2017 年 9 月 15 日二稿

注：本文原载于《南礼士路 62 号》（生活·读书·新知三联书店，2018 年 10 月），本次增加了部分插图。

# 敬贺伟成老九十寿诞

在出版《中国第一代建筑结构工程设计大师杨宽麟》一书时，我曾为该书写过一篇序言，其实在设计院，我和杨宽麟老杨总并无交集，只是见过面而已，而更多交往的是与老杨总的哲嗣杨伟成杨总，按说他是我们的前辈，但我们仍习惯称他为"杨总"。我和他除了拥有几十年同事的关系，至今在私人社交上仍有较深友情。因为他在我心目中是一位令人尊敬、亲切

杨伟成先生（2012 年）

的前辈，又多处对我关心和指教，我想妄称为"忘年交"好像也不为过，所以很想就我们之间的友情写点东西。

杨伟成总 1927 年出生于上海，1945 年毕业于圣约翰大学土木工程系，1947年 8 月通过民国政府教育部第二届自费留学，考试合格后去美国留学，获硕士学位后于 1951 年回国，1954 年随兴业投资公司建筑工程设计部并入北京市建筑设计院，在第五设计室任工程师，1981—1989 年任院副总工程师，退休后曾返聘院永茂设计公司。在院期间，尤其是在任院技术领导之后，杨总对于院设备专业技术水平的提高，有关技术标准和规程的制订，新技术、新计算方法和新技术的开发，院内的业务建设，院重大重点工程的技术指导和把关，做了大量的工作，尤其是杨总退休后还为建筑采暖节能设计竭尽全力，进行了细致的研究和大范围的宣讲，有力地推动了建筑节能工作的开展，对于业界、华北地区、北京院做出很大贡献，在业界有很高的威望和知名度。

由于我分配到设计院后就在第五设计室，因此有幸和杨总共事，得到他的

悉心指导。我们前后合作过两个工程，分别是 1971 年的建外国际俱乐部工程和 1972 年的东交民巷西哈努克宾馆的游泳馆羽毛球馆工程，对我来说这两个工程是我从事民用建筑设计的前两个工程（以前设计的都是工业厂房或锅炉房等工程）所以全力以赴地工作。俱乐部工程主持人是吴观张，我是建筑负责人，结构负责人是崔振亚，设备负责人是郭慧琴，电气负责人是刘绍芬。那时我主要负责俱乐部三段宴会、餐饮和多功能厅部分，尤其是厨房后台部分，与设备专业的杨总配合。此前，张镈总多次强调厨房的通风排气十分重要，他的设计作品中就有成功和失败的不同例子，所以我格外小心。除自然通风外，机械排风就由杨总设计。当时我对中西厨房设计根本没有经验，除去北京调研外，俱乐部的中西餐大厨对于灶具布置等要求也很多，中餐灶具要靠墙，西餐灶具要四面悬空，这给杨总出了不少难题。最后他在设计排风罩的面积、角度、管道等方面都很有特色，让我长了很多见识，这是我和杨总的第一次愉快合作。紧接着的东交民巷西哈努克宾馆工程，我是主持人，这也是我第一次主持民用工程，结构负责人是崔振亚、设备负责人是王英华，电气负责人是唐凤珍，因为这个工程有保密要求，所以另外三个负责人都曾在院保密四室待过。本工程内容是一个游泳馆与一个羽毛球馆，对于空气调节专业的要求很高，但设备负责人王英华只能做给排水，所以空调设计的重任就落在杨总肩上。尤其是游泳馆对保温隔热、排气空调要求都很高，和杨总的配合是我对体育建筑的入门学习，也为以后我从事体育建筑设计打下最初的基础。现在回想起来，由于当时建筑材料和施工进度的要求，设计成果还有许多不理想之处，但那都是建筑处理方面的事情。经过这两个工程的历练，杨总等前辈的指点，大大增强了我在设计工作上的经验和自信。

等到 1986 年开始设计亚运会工程时，杨总已是院内的技术领导，那是我第一次负责主持这样大的综合体育中心工程，院里十分重视，除由张学信代表院方领导协调外，还由刘开济、吴观张、张德沛、胡庆昌、杨伟成、吕光大、徐效忠等专家组成了技术领导小组进行指导和把关，以保证工程的顺利进行。虽在业务上和杨总的交流较少，但 1987 年 6 月因为场馆设计，曾和杨总一起出国考察，调查重点是游泳设施。同行成员还有一所的刘振秀、韩秀春和施绍男，我们考察了法兰克福、海德堡、科隆、斯图加特、慕尼黑和巴黎，我和杨总在旅馆共处一

1987 年在法国考察体育建筑（左起施绍男、杨伟成、作者、刘振秀、韩秀春）

室，又整日在一起考察和生活，杨总的认真、亲切、幽默以及对年轻人的关心和提携，给我留下了深刻印象，真是一位可敬可爱的长者。

杨总退休之后，我们之间的来往并不多，大多是每年春节院里组织老总们聚餐时才能见到包括杨总在内的老前辈们，不想后来为杨总出书的工作，我们走得越来越近。先是书信，后是电子邮件，以后又有电话和微信，我变成了和老前辈们联系最密切的了。关于出书杨总曾有介绍："2007 年初冬，我来北京院办事，巧遇马总，他说有事约我面谈。我俩曾在同一设计室共事，年龄相差 15 岁，在相互配合设计工程中有过愉快的合作经历，后在亚运会建筑设计期间又一同出国考察，并合住一室，已相当熟识了。那天待我办事去到马总办公室时，他向我郑重提出一个建议，即为出一本纪念家父杨宽麟的文集组稿。说实在话，我过去从没有想过做这件事，一来父亲向来是主张'少说话，多办事'的人，而出这类书恐怕多少有点'自我吹嘘'之嫌；二来父亲去世已近 40 年，他过去的同事、朋友多半已不在世，想找人写文章已相当困难。马总看出我的心思，动员我不妨试一试，我答应了。"

当时我之所以向杨总提出这个策划建议，主要是出于过去的建筑界有点"重物不重人"，新中国成立以来建筑师们在祖国大地上留下了那么多的业绩，但我们除了工程介绍和说明外，对于从事设计的建筑师们和工程师们很少提及，而在工程设计和建造过程中的人和事，尤其是许多重要节点的过程和故事，更是很少提及。随着当事人的年迈或故去，这些鲜活的历史就变成了无人知晓的绝唱，我一直认为这是亟待抢救的重大工程。而对有悠久历史和辉煌业绩的北京院来说，这些重大的工程背后的人物，更是设计院的宝贵资源和财富，其中的重要思想和精神，更需要深入发掘和总结，以使其不断发扬光大。这里除院方重视外，重要人物的后人和亲属也很重要，因为他们掌握大量不为人知的第一手资料，存有大量的照片和实物，现在看来都是反映那个时代的重要文献记录。此前有一些成功的例子，如老一辈建筑师张玉泉、院副总宋融、院后起之秀王兵都曾成功地出过作品集，除其他因素外，家属的坚持和努力也是关键因素。我最早关注的是院"八大总"之一的杨锡璆老总，因为他在院里建筑专业的老总中岁数最大（和顾鹏程老总都出生于 1899 年），同时他的儿子杨维迅又是院里高工，所以我曾向其提出过这一建议，但过后不久他回答我觉得有困难，我就没有再坚持下去。而杨伟成总对此还是十分上心的，他认为："毕竟是件有意义的事……会有一定的史料价值。"

经过杨总的努力，我们找到老杨总生前的同事、学生、下属撰稿，加上百余张照片，最终于 2008 年 7 月完成初稿，并交于院《建筑创作》编辑部。可是后来由于各种原因，出版工作进行得并不顺利，虽多次口头应允，但最后均未兑现。杨总自然非常着急，拖了几年，经多方问询无果之后，于 2010 年 12 月 7 日向院方写了一个正式报告，同时也传送一份给我。除了说明了准备出书和完稿以后几年的情况，又补充了新的内容："目前我拟向诸位领导汇报的情况是，家父在解放初期的 1949 年至 1952 年间曾任上海圣约翰大学校务委员会的主任委员（即该校的行政第一把手），现在该校已不复存在，但其校友联谊会订于 2011 年 10 月 15—16 日召开其'第九届世界校友联谊会'（注：该会会长为港澳办原主任鲁平），地点在北京。不少校友会成员获悉我院拟出版杨宽麟相关书籍的消息之后，纷纷表示希望在明年的世界校友联谊会时看到它。恰巧 2011 年正是家父诞辰 120 周年，也是他去世的 40 周年，因而对于家父来说，2011 年是一个十分重要的一年。鉴于上述情况，我恳请院领导及出版社格外关注出书的事宜，请务必将它列入 2011 年上半年的计划之中，并于 6 月 30 日之前完成书的出版工作。我认为，这不仅体现我院对建筑行业过去历史的重视，也体现国家乃至我院对老一代知识分子的关怀，对他们曾经做出的历史贡献的肯定。从这个角度来说，这也关系到我院在社会上的形象。"

在院领导尤其是张宇副院长和各方的重视下，加快了出书的编排工作进度，在成书的最后阶段，除复印和下载一批材料和插图提供给杨总外，我还专门在 5 月给杨总写了一封信，建议书中以杨总名义写的回忆文字应该是本书的重点，且应是最全面、最权威的一篇文章，建议文章应包括老杨总的生平、成就以及各方面的评价。书后还应附有大事年表、作品目录，在细节上也建议人物和生活照片要尽量注明拍摄时间和人物，便于大家理解。同年 6 月 20 日，我与老杨总的亲传弟子程懋堃设计大师携编辑人员去杨总家，用一下午的时间对书稿逐页、逐图进行了审定，并对版式、封面处理、插图取舍等进行了讨论。最后 25 万字的新书在 9 月终于印刷完毕，书中除收录了杨总及家属的文章，从中也可以看出杨总作为家中长子对家庭的责任和担当。另外还收录了包括北京院程懋堃总、白德懋总、孙有明总、鲍铁梅高工等人的回忆文章，以及北京、上海等校友、同事的文字。93 岁的老院长沈勃还专门为本书题词（第二年春节去世了）。由于编书的缘故，杨总和我更加熟稔，除了亲笔签名赠书给我，平时更是无话不谈。我前后曾陆续出版过一些学术文集或休闲之作，每册均奉赠杨总求教。2012 年 5 月我将新书《礼士路札记》寄送杨总后，杨总写了短信，谈到书中提及的张钦楠先生，他说："他是我同年代在美留学时的朋友，和我于 1951 年同船回国，20 世纪 80 年代他作为设计局局长，还找我搞过采暖民用建筑的节能建筑试点工作，合作得挺愉快。去年秋天有幸和他及夫人聚过一次。"2013 年后，我因帮助儿子照看双胞胎的孙子，每年要赴美停留半年，于是和杨总利用电邮和微信交流的事情就更多了。除了各种节日的互相问候，杨总向我们介绍了许多他在美生活的经验，在雇佣保姆时他还告诫我们，在美国雇保姆是很奢侈的事情。但更多的话题则涉及他的岳母杨绛老先生。

杨总为人处世十分低调,他于1974年和钱瑗女士结婚,成了钱锺书家的女婿,但和他共事多年的老同事都不知道此事,1997年和1998年钱瑗和钱锺书先生相继去世,杨总就经常去岳母杨绛处探望。2008年我出版了一本打油诗集《学步存稿》,还曾不知深浅地让杨总转交杨绛先生。在这次出书审稿时,书稿中有一张杨总与母亲和钱锺书全家在1991年时的合影,我半开玩笑地再三叮嘱,这张

1991年杨总与母亲(左一)与钱锺书先生一家合影

2011年作者与程懋堃总(右二)在杨总(中)家中审稿

照片一定要放到书里。后来杨绛先生年事已高，经常因病住进协和医院并多次报病危。我们在美国时这是经常和他谈及的话题。我们夫妇十分担心杨总也年事已高，因岳母住院往来探视、照顾十分劳累，杨总向我们解释因为杨绛先生2001年在清华设立了"好读书奖学金"，所以清华承诺负责杨绛先生的住院、照顾以及百年后的诸多事宜，杨总的负担就减轻许多。2015年时，杨绛先生又住院，当时杨总的一位在北京医院做医生的亲戚对协和医院的用药提出自己的看法，杨总特地在信中问我如何处理为妥，我们觉得直接向主治医生指出改变用药不太合适，因为以协和的医术和经验，是不会不了解各种药性的，可能出于他们自己的考虑确定治疗方案，所以在提出建议的方式上一定要特别注意。到了2016年我们在美国又从网上看到杨绛先生住院的消息，回国后5月20日马上给杨总发信："从网上看到杨绛先生又病了，是真的吗？希望老先生能一切平安，也望您多加保重。"两个小时后杨总回电："你消息够灵通的，岳母又病是真，但网上谣传得过了，不要轻信。"但杨绛先生终究年事已高，这一关没有过去，26日早8点我们给杨总发信："这两天一直在通州开会，但还是第一时间得知了杨绛先生去世的消息，大家担心的事还是成为现实。但想到杨先生终于能在天国和钱先生及女儿相聚，又是105岁高龄，也就不应为此事太过伤感了。这几天您那里肯定也会忙乱一阵，您又年届望九之年，还望多加保重，节哀顺变，后事处理好后多注意休息，我们也好放心。"下午杨总回信："多谢您的关心，老太太25日凌晨1点多平静去世。亲人均未在场，唯她的贴身保姆看她走的。赶去的法律顾问等决定不惊动我这老头，所以在向刘延东、统战部、清华大学、社科院各有关单位领导请示之后，被批准按老人的意思办，就是一切从简，不举办葬礼仪式，不开追悼会，不留骨灰，不立墓碑。上午11时通知我说善后的事宜都已安排妥当，27日早上7点半之前让我和儿子、侄子三人到协和医院参加小范围的最后告别，有领导和至亲们到场，之后马上火化。我的唯一任务就是准备写一篇悼念岳母的文章，以备出纪念册之用。两天以来，各地打过来的电话不断（打到他三里河家里），还有很多送花的，她的保姆求居民委员会在单元门上贴一布告，感谢人们的关爱并拒收花卉，希望予以理解。再次感谢你写来的信。改日再给你通电话。"

人民文学出版社在2016年12月出版了纪念集《杨绛——永远的女先生》一

书。该书收录了51位作者的46篇文章，包括社科院、清华大学、出版社的领导和编辑，杨先生夫妇著作的海外译者，杨先生的亲属、朋友、同事、法学顾问等，而且所有的文章都必须是第一次发表。杨总也写了一篇近3 000字、题为"与'我们仨'的缘分"的纪念文章，文中回顾了1971年时与钱媛家相识，然后因双方儿女的单身，双方老太如何开始谈及杨总和钱媛的交友，杨总回忆了1972年钱家第一次正式邀他见面，每周五约钱媛出来"轧轧马路""说说话"，经交往后发现双方的许多共同点和爱好，最后于1974年5月结婚。还回忆了在唐山地震时如何让岳父母搬到自己家来照顾，也深情地回忆了钱媛和岳父的去世，他写道："钱媛多次逃避了年度体检。我十分后悔在她咳嗽长时间未愈时没有怀疑其严重性。直到1995年春被确诊为肺癌，她的病情急转直下，至1997年3月去世时还不到60岁。我为失去了心爱的人感到非常痛心，深为自责没有保护好她的身体。"这也是杨总第一次公开谈到自己的私人感情。最后还讲到岳母两年之中接连送走两位亲人，"但意志坚强的她强忍悲痛，开始了'打扫现场的'行动""她给自己制订了极为严格紧迫的计划，让自己无暇于哀伤，她将全部精力投入艰辛的翻

杨总与101岁母亲及家人合影（2005年）

杨伟成总（2013 年）　　　　　　　　　杨伟成总在作者办公室（2016 年）

译和著述中，硕果累累。在杨总得知我十分想看到他写的文章之后，把他手中仅存的多余一册赠给了我，并亲署"国馨贤弟惠存"，让我受宠若惊，既感动又觉得亲切。

我老伴在 20 世纪 90 年代参加建筑师继续教育培训时，就听过杨总讲的课，也读过杨总所写的一些文稿，杨总打到家里的电话，多次由她来接听，所以也认识了杨总。在微信时代人们的交流就更方便。我家的微信是用老伴的账号，所以杨总和我老伴更熟识了。一天，老伴发现微信上有一篇涉及杨总和前妻离婚原因的文字，我马上转发给杨总。杨总阅后说文章作者在叙述老杨总是建筑界的学术权威后推断杨总的离婚与该因素直接关联。这位作者虽然并非出于恶意，但他的推断完全是猜测，并无事实依据。再说，离婚的原因错综复杂，但均属于家庭和个人隐私，若公布于众成为八卦新闻则对双方都有伤害。所以杨总和我们研究权衡之后，最好的方式就是不予置理，这充分体现了杨总的宽容大度。前不久院程懋塑设计大师在美国病逝的消息也是我们在微信看到后转发给杨总，他们二人有几十年的交情，经常邮件往来。平日，杨总也把程总的许多消息转告给我。

因为杨总年近九旬，所以家中也不放心让他一人外出，他今年体检报告就是我去离退办领来后给他寄去，但今年 6 月 27 日，院离退休管理部举办了"与共和国同行——BIAD 老物件文化展"，杨总仍在同事王晓辉的陪同下参加了开幕式，作为与会唯一一位马上就到 90 岁的老人，他步履矫健、精神矍铄，依然充满了活力。开幕式过后王晓辉邀请杨总和老同事王秀玲母子到烤肉宛用餐，我也借机参加并买了单。杨总说："上次程总和你去我家审稿，我原要请你们吃饭，但你们没吃就走了，我本就欠你一顿饭，这次怎能又让你买单呢？"我说"杨总几十年来对我们的关照和帮助，怎是这一顿饭就能报答和补偿的呢！"后来我又想起了一小段插曲，那是20世纪80年代，有一天下班，我骑车去东城，出院时发现杨总也推着自行车在我后面，他也是去东城，于是二人结伴同行，边骑边聊。刚骑过西单路口不久，杨总冷不丁对我说："小马，我发现怎么越看你越像是咱们院未来的院总呢？"他这突然的一句话吓了我一跳，因为和杨总共事多年，他给我的印象除谦虚低调外，一向是很稳重不苟言笑的，怎么会一时兴起，开我的玩笑呢。于是我回了他一句："院里的老总可不能随便开这种玩笑来取笑人的。"之后二人相视而笑。真没想到，借杨总的吉言，在院领导和各方面的关心支持下，最后我还成了真的院总中的一员。最近见到杨总时，他向我吹嘘，我之所以能够如此，一切都是他的"金口玉言"所致。

今年8月底是杨总的90大寿，近月底时他和亲友乘高铁去郑州探亲并祝贺九十华诞了，我们在他启程后才得知这一消息，所以只能在微信上祝杨总永享海山之寿，万事如意。杨总自己认为："我一不小心就粘上'九'了，女儿对我的叮嘱也多了起来，我自己没有太在意，甚至有点不服老。"在我们心中，敬爱的杨总永远是那么低调、儒雅、谦和、大度，虽已届耄耋，但充满年轻人的活力，预计安抵期颐是毫无问题的。谨以这篇小文敬贺杨总九十华诞，祝愿他老人家健康长寿。

2017 年 9 月

## 附记

有关杨伟成总，我已在2017年9月以《贺伟成老九十寿诞》为题撰写过一篇回忆文字，回忆了与杨总认识和合作50余年中，他对我的支持和帮助，以及

---

注：本文原载于《南礼士路62号》（生活·读书·新知三联书店，2018年10月）。

除工程之外，他与我在平日的一些交往，表达了对于杨总的尊崇和感激之情。此后我们又互加了微信，交流更加频繁。杨总虽年事已高，但在微信方面仍不输年轻的同志，十分活跃，除转发一些有价值的信息，他也常和我们有长篇的议论和笔谈，尤其和我老伴间的互动也较为活跃。除节日和生活上的问候外，也对一些事情互相发表自己的看法，彼此关心。没想到在2022年底，杨总突然病重，不久仙去，令我们二人伤感万分。

最近回顾了一下杨总去世前我们的交往经历以及杨总患病和治病的经过，作为上一篇回忆杨总文字的补充，也再次表达我对杨总的怀念。

从杨总去世前三个月说起。

2022年9月5日，杨总发来一张照片，并注明："我和侄儿的生日相差40年加7天，95岁老头对55岁壮年，惯例是同一天聚餐，今年从简。"

老关马上回了一封长信。"因为过去不知道寿日，所以无法孝敬，只能以前日寄去的月饼聊充寿礼，略表心意。""看到您照片中的面容，觉得您比今年刚好80岁的马国馨还显得年轻，用句现在时髦的话，就是您简直'冻龄'了，真

杨总与侄儿一起过生日

令人羡慕。我们觉得主要原因就是您心地善良，坦荡，别无杂念，生活又十分自律，健康长寿是必然的。我们很想向您学习，但说实话做到很难。自律实是做人的最高境界呢！"在中秋节将至的时刻，我们向杨总发出了节日祝贺。

又过了6个小时，杨总愉快地接受了祝福，并说收到国宾馆的月饼以后，和女儿也查不到线索，不知这是谁寄的，但也猜到可能是我们，又不敢贸然发问，现在清楚了。杨总说："甜品我已吃了，但是从健康的角度考虑，自觉地少吃一点。记得十多年前我到了永茂工作，接过国宾馆的任务，却同他们领导在某节日请大家吃大闸蟹，一公一母都够分量，好过瘾"。

6日老关回信，很羡慕杨总仍思维敏捷，关注时事，并说自己爱熬夜，睡眠不足，又改不掉。和杨总聊天很有意思。并说自己没学过拼音，所以只能手写输入文字，常提笔忘字。

7日杨总说，他从小在教会学校上学，中文基础就比较差，最怕写作文。长大之后，见同龄人出口成章，很是羡慕。并说2007年答应为父亲编传记，是赶鸭子上架，勉为其难，最后居然在众人的帮助下成功出书，自己都不敢相信。

9月7日在公司举办了白德懋总99岁生日及领取规划终身成就奖。我给杨总发去了几张现场的照片，杨总马上回信："欣喜得悉白总荣获规划终身成就奖，我作为白总的一个学弟，也感到一丝温暖。"并详细询问了照片中出现的人物，于是我又发去一张参会全体人员的照片。杨总回答："我觉得部及院领导这事办得不错。"同时询问："似乎白总本人的传记或个人事迹也该跟上，还应加上著作或图册。"我回答刘晓钟和金磊他们一直在做白总的口述史，并转发了关于那次会议的发布稿。

此后不久英国女王伊丽莎白二世去世，我们转发了相关新闻和视频，杨总也转发了傅莹大使的回忆文章。中秋节，发印章祝杨总"月"来越好。

9月13—21日间，我们彼此都有互相转发消息，杨总对国际形势也十分关心。26日还发来北京医院启动护理员制度试点的消息，准备用经过专业培训的护理员替代护工，按3∶1（护士∶护理员）引入，之后护理工作全部由医方承担。这也是我们老年人共同关注的问题。不知为什么，这一条信息杨总同时发了三遍。直到十月一日以前，我们和杨总的互动还很频繁，此后到9日，我们发给杨总多条信息，但杨总只回复了两条，9日以后就一直没有信息，这种情况是很反常的。于是在10月22日我们给杨总家打去了电话，开始没人接，到中午时杨总女儿杨敏接了电话，说实际上杨总自4月份起就咯血，女儿6月回来，杨总手脚都肿了，看了中医后稍有好转，家里也专门请了护工。最近情况又不好，住进了隆福医院，确诊为肺部感染，现全身乏力。看来情况不乐观。

因为当时正是党的二十大召开时期，单位事情比较多，老关和我的身体状况也不理想。老关也要CT复查，工程院也有制度改革的讨论，还有礼士工坊开幕、世界杯比赛。其间我和杨总家通过几次电话，杨总的情况不好。11月13日说杨总一直要出院回家，本已说好周六（12日）回家，手续都办好了，但身体指标不好，又不让出院了，两个负责他病情的医生又被隔离了，杨总的儿子从美国回来后，也要到下周二才能解除隔离。

11月22日上午刚到公司，我就接到老关电话，说杨总已于十时去世，并希望我帮助联系一下八宝山火葬场，想在那儿把后事办了。我马上联系，得知那时火化还没有问题，于是立刻回电小杨，让她尽快和八宝山联系。他们原想在八宝山把后事办好后，就直接送去西部的温泉公墓与老人合葬，但公墓不开放，最后商定在平房火葬场解决。同时也及时告知了公司离退休办的柴英。离退办答复我，告别火化时间定在27日在平房举行。

22日晚上9点，杨敏按杨总生前嘱托，用微信向大家做了通报："杨总今年4月咳嗽咯血，诊断怀疑是肺癌，但杨总拒绝穿刺活检，故采用中医治疗，一度情况不错。但后来每况愈下，到十月初感觉自己越来越无力，吃不多，身体消瘦，心脏出现房颤症状，后请了一个24小时照顾的男护工。十月中的一天几乎站都站不起来，频繁出现房颤，送去医院急诊，确诊为肺感染，胸腔有积液……此后进食极少，抵抗力差，还出现过一次腔隙性脑栓塞，医生认为这些症状与肺癌有关，多次预测逆转机会渺茫，只能努力减少他的痛苦。昨天晚上又一次出现房颤，血压很低，血氧饱和度很低，呼吸困难，还出现了消化系统大出血，最后抢救无效不幸去世。"

随后杨敏又专门发信："我父亲病中给了我您的联系方式，告诉我您是他的此生至交，并让我转告您'感谢您多年来对他的关心和关爱，跟您告个别！'您应该了解，我父亲一生低调，按照他的生前意愿，疫情防控期间我们就不举办告别仪式了，打扰各位了。我们会好好地为他送别，望您多保重！"

当天夜里我又给小杨回信："老人高龄，我们原以为他行动方便，思维清楚，预计还可长寿，不想突发变故，也是没有办法！好在你们都尽力了。""我和杨总认识五十多年，合作过多个工程，出国考察时还共处一室，我时时感到他作为长辈对我的关照，对我的支持。我平时看似活跃，实际并不善交际，杨总是北京院老人当中，我最信任和尊敬的一位，他退休后我们在微信上交流倒更多起来，真像家人一样……尤其是老关过去听过杨总讲课，但一直没和他私下见过面，但是老关惦记老人，两人经常笔谈。在我们认识和亲近的老人当中，杨总是最后一位了，想起来真让人伤感。再想想以后就该轮到我们了！"

我们告诉小杨，因为杨总亲友很多，她要做的事情很多，我们这里就不必回信了。第二天杨敏又专门发来了杨总在9月25日所拍的最后一张照片，当时杨总气色都还可以，望着杨总熟悉而慈祥的微笑，让人泪目。

24日小杨又发来一张照片，是在杨总书桌上发现的我们于猪年春节前给他的贺年卡。我们告诉他，每年我们都会寄去贺年卡，并根据该年的生肖，写上自撰的词句。这次也是早早就准备好了，还没有盖章，不想老人家已经看不到了，真让人难过。

27日问起杨总的后事办得如何，杨敏回答"今天一切完美，老爸回家了。等温泉墓地解封后就是商议刻墓碑等事宜，之后和奶奶合葬，母子俩在天堂再团聚"，并发来家里布置的照片。我还询问遗像因封控还无法定制，是否需要我去代为放大。她回答这些事情他们还有时间慢慢来做。

因为前后送走过多位老人，对于老人的后事和骨灰处理办法，我也有许多感受，就和小杨交换了看法。

29日收到杨敏回信："今天是入冬以来最冷的一天，老爸心疼我，免得每天清晨跑到医院去送东西，全身而退了，也怕我们受冻，趁还没大降温就与我们做了最后的告别。火化在前天完成，感谢老爸在天上还关照着我们。"想想也是，杨总去世时间在十一月底，还是不幸之中的大幸，谁会想到接下来的那个月，会是那样的惨状呢！

杨总生前的最后一张照片（2022
年9月25日）

杨总最后在家中（2022年9月27日）

其实在这之前还有几件事要记一下。

在为杨总九十寿诞写文时，初稿完成后我曾发给杨总审阅，杨总回信除了谦称我写他写得太好了，曾特别注明，要我加上他说我像院总的那一段，本来放在文章上有自吹之嫌，但因为是杨总的嘱托，不好违背，只好按要求附在了上面。

在2020年年底时，在《文汇报》上看到一条消息，上海的犹太人纪念馆经历3年的改扩建后重新对外开放，并介绍了馆内展陈的内容和收藏。其中有沪人的后辈介绍当年如何救助逃至上海犹太人的景象，但讲解的都已不是当事人了。我想到了伟成老人，于是给他寄去了当天的报纸，同时也给上海的犹太人博物馆寄了一封信，介绍北京院的总工程师杨宽麟先生，他们全家于1937—1949年在上海生活，其中1943—1944年间曾与在上海的犹太家庭有亲切交往（我还附上了他们彼此交往的回忆文字），而且与犹太家庭一直有联系。为此我建议纪念馆可否将此内容作为展陈内容录入，并列出了以下理由。

1. 杨宽麟先生一家与犹太人家庭的联系来龙去脉清晰，1940—2006年间，中间断续有联系，事件比较完整。

2. 目前保存有相关的照片和资料，也十分难得。

3. 最难得的是当事人仍然健在。虽然杨宽麟先生已去世，但他的长子杨伟成先生仍健在，是我们公司的总工程师（早已退休了，虽然已93岁了，但身体健康，思维、口齿均很清楚），如能及时采访并留下影像资料，对于馆藏和展出都能增加生动内容，很有说服力。为此向纪念馆做了推荐，并提供了杨总的住址和联系电话，并告诉他们，我已将此事告知杨总，他本人也表示同意。

但此信发出后并未见回音，杨总也从未提起过此事，想是上海纪念馆方并未理睬此事，或认为没有采访价值。时至今日，两年过去，斯人已逝，再想采访也没有可能了。不能不说是件憾事！

还有一件事就是2022年冬奥会时，我的中学同学提起当时北京的冰球队中，有育英中学的校友李光京。我也想起后来李先生去香港，专注冰上运动的设备销售。在首都体育馆建设过程中，为首体人工冰场的设计与北京院多有来往，于是把有关消息在微信上转发给了杨总。杨总记忆力很好，马上回信说起和李光京在冰场设计上的多次交往，也给我留下了很深的印象。

最后，随着杨总的去世，我们有一个一直想问但又不敢问的疑问永远也得不到解答了，那就是他的老岳母杨绛先生为什么在所有的文章和著作中，从来没有提到过他的这位女婿？十分令人不解。

杨伟成总就是这样一位低调，热忱，敬业慈爱而又值得尊敬的老人家，我们将永远记住他对我们的关爱。

2023 年 5 月 10 日夜 一稿

# 《清韵芳华》后记

　　2016 年 12 月，张五球同志离世的消息在同学好友间引起很大震动，因为此前大家从未听说她已有十多年的重病史。在沉痛的回忆中，她的坚强，她的低调，她的才华，她的优秀……逐渐展露出来，为她整理出版一本纪念册，寄托大家的思念，就成为她的老同学和亲朋好友的愿望。2016 年 12 月，马国馨初步拟定了一个纪念册的策划书之后，各有关方面开始筹备运作。2018 年和 2019 年两次讨论和调整大纲，纪念册的框架和内容逐步成形。经过近三年的努力，《清韵芳华——张五球纪念册》终于和大家见面了，回顾编辑出版的过程，我们对支持和参与这一工作的各位充满了感激之情！

　　感谢五球的子女和家人，他们提供了多篇反映五球工作学习和生活细节的回忆文字，编辑了大量五球各个时期的图像资料，这些充满感情的资料成为本书的主要内容。

　　感谢五球的南开学友，他们对五球早年学习和彼此友谊的回忆及提供的珍贵

张五球学长（2008 年 8 月作者摄）

《清韵芳华》封面

照片，使五球的形象更加充实和丰满。

感谢五球的清华学友，尤其是原清华大学学生文工团和清华艺友合唱团的学友和团友的文章，更加深了大家对五球的了解和怀念。

感谢陈清泰同志为本书撰写了前言，何玉如、秦中一同志为本书题写了封面书名和扉页，苏彤等同志设计了本书的封面，此外《中国建筑文化遗产》编辑部承担了全书的编排、装帧和其他事宜，在此也一并表示感谢。

由于纪念册涉及内容时间跨度较大，许多五球的老同学、老同事均年事已高或寻找不到，因此有关五球在工作岗位上的内容和细节相对较薄弱，有的照片质量也不够理想，加之我们对编辑工作也缺乏经验，但还是力求在有限的篇幅里尽可能全面、细致地反映五球的一生，反映她对祖国和人民的奉献，她对亲人和学友的关切，她的艺术追求和歌唱上的成就，她的家庭和生活……书比人长寿，纪念册将使张五球永存于我们的记忆中，纪念册自费印刷 300 册。

参与纪念册编辑工作的有张四珣、马国馨、陈君燕、苏梅、秦中一、吴威立。

马国馨执笔

2019 年 5 月

# 《后记》的后记

张五球学长 1954 年入清华大学电机系工业企业电气化专业（企 94 班），1961 年本科毕业，1965 年电机系工业电子学专业研究生毕业，2016 年 12 月 16 日因病去世，享年 82 岁。

按说在学校时我们有 6 年时间同校学习，可是因为专业不同，所以我和她一点交往也没有。毕业以后很长时间根本没有接触过，直到她 1995 年退休后，在

---

注：后记刊于《清韵芳华 张五球纪念册》，2019 年 10 月内部印刷。

张五球（中）在英国旅游（2011 年）　　张五球（左一）（2011 年）

1996 年组建了清华艺友公司和清华艺友合唱团，她被推选为公司董事长和合唱团首任团长。由于我老伴关滨蓉在校时和她同在学生文艺社团合唱队，很早就认识，我也因此机缘加入合唱团"滥竽充数"。因为合唱团的每周排练和经常演出，我逐渐也和五球学长熟悉起来，她给我留下了很好的印象。

组织和领导一个几十人的合唱团，虽然绝大部分团员都是校友，但由于不同届、不同专业，许多人也不是原来的合唱队员，过去也不完全认识，只是出于对合唱艺术的爱好走到一起。加上我们团属"四不靠团"，没有挂靠单位，虽然经学校批准，可以在团名前加上"清华"二字（当然能加此二字也是学校对我们的特殊照顾，这为合唱团增加了不少含金量），但是寻找场地、聘请指挥、准备乐谱、完善组织、制作服装、筹备活动等内容完全依靠自己，所有的经费支出也依靠团员自筹。不当家不知柴米贵，正是依靠团员和各位干事的齐心协力，整个合唱团还是很有吸引力和凝聚力的，不断有新鲜血液补充进来，全团的配合默契度和声乐水准也有了很大提高，多次演出都获得好评，也获过奖，并使合唱团在业余合唱界有了一定的知名度。万事开头难，这都和五球学长的努力、包容、人格魅力有极大关系。

五球学长的领导才能多是从老关那儿听来的（她是合唱团干事），我作为团员只是亲身感受，相比之下更佩服她的声乐艺术。她大学期间就曾被学校选送到中央音乐学院业余部进修声乐。她的声乐导师是当时音乐学院声乐系主任汤雪耕教授的夫人，并时常得到汤教授的亲自指导，加上她原本就有较好的声乐天赋和基础，经过两年的学习，五球学长的声乐表现大有长进。她从声乐部毕业时在清华举办过汇报音乐会，此后成为校文艺社团合唱队的独唱演员。毕业几十年后宝刀不老，仍保持着圆润甜美的音色，是合唱团的骨干成员和独唱领唱者，尤其是她和团中另外三位尖子演员演出的女声四重唱《蓝色的多瑙河》，合作极为默契，达到了较高的演出水准，很快就成为合唱团每场演出的金牌保留节目。五球学长的女高音在团员当中具有极高的威望。卸任团长职务以后，又全力支持后几任团长的工作，为我们所敬重。此后的十几年中，虽然她多次生病、手术，但仍和我们大家一起去国内外演出、旅游。最后在 2011 年 4 月 25 日和我们一起为清华大学百年校庆，参与了艺友团在北京音乐厅的专场音乐会演出，后因各种原因就不参加排练活动了。2015 年 6 月 5 日为五球学长的 80 岁生日，我们大家小范围聚会一次表示祝贺，当时五球学长还精神饱满，笑容满面。不料刚过一年多就传来她病重去世的消息，我们都感到震惊。其实早在十年前她就罹患癌症，但她一直顽强地与病魔作斗争，甚至连她最亲近的朋友都不知道，真是让人敬佩的坚强老学长！

和五球学长接触多了才了解，她不仅在大学里是又红又专、全面发展的典型，

图3　张五球参加合唱团百年校庆音乐会（前排左 8）（2011 年 4 月）

张五球学长 80 寿辰聚会（2015 年 6 月）

是德智体全面发展的优秀代表，而且毕业后无论是在机械部电气科学院，还是到国务院电子振兴领导小组，无论就任电子工业部副总工程师，还是到国家经济信息化联席会议办公室，工作上都是兢兢业业，全力以赴。尤其是参与我国电子信息发展战略及"七五"振兴规划，为我国电子工业的起步、发展和电子信息技术的推广和应用都竭尽全力做出贡献。她也可以说是"干惊天动地事，做隐姓埋名人"。

　　五球学长去世以后，我们萌生了为她编辑一本纪念册、回顾她一生工作和学习经历的想法。对于清华大学百年以上的历史来说，完善校史固然重要，但是只有校史还不够，还应该有完整配套的学院史、班级史和校友史，这才能形成一系列完整的史料。尤其是后面的班级史和校友史，是校史中的薄弱环节。过去在校友事迹的总结和宣传中，常常着眼于从政的部长、市长，企业的董事长、老总，学术界的名人、院士，对于近 20 万清华学子中大多数在不同岗位上默默奉献的一线人员缺少足够的发掘和褒扬。这也促使社会能更清楚地了解清华教育在国内各项建设上所做出的重要贡献。不久前，上海校友合唱团取得的成就，证明了进一步介绍为祖国勤奋工作的清华学子的必要性。

张五球学长的纪念集《清韵芳华》出版，就是我们的一次尝试，虽然中间也遇到了策划、组稿、编辑、设计、筹集经费、出版印刷等各种困难，但是在团结一致、共克困难的编辑班子面前，各种障碍被一一克服。最后历时三年，纪念集终于问世，虽然只内部印发了300册，篇幅也只有140页，但我们的努力和汗水没有白费，可以告慰五球学长在天之灵，对于她的朋友和家人来说也是一种安慰，也是对清华校史的小小补充。

在《清韵芳华》的"后记"之后，再补充上这篇短文，表达一位校友对五球学长的怀念！

2020年8月8日

# 回忆百发老市长

作者与百发同志（1997）

百发同志（1997）

　　距离曾任北京市常务副市长的张百发同志去世已经有些日子了，我在《北京晚报》上看到关于他的告别式的大幅报道，想起多年来在工作上和他交集很多，一直想写一篇关于他的回忆文章，在他周年忌日到来之前，正好实现了这一愿望。

　　我是一个多年从事建筑设计工作的建筑师，一般整天和图纸、工地打交道，由于工作的原因，也有一些向领导汇报工作的机会。说实话，五十多年我见过不少各级领导，一般汇报后就结束了，"过后不思量"。唯独百发副市长，我们一般都习惯叫他百发同志，平时能叫出我的名字，原因一是他在北京市工作的时间比较长，不记他曾在三建公司当钢筋工、青年突击队长的时间，仅担任副市长的时间就长达 16—17 年之久。不像现在许多领导干部，三天两头换地方。他任职时间长，和基层交流的机会多，认识的人也多。二是在他主抓的诸多工作中，城建口是他最熟悉也是最拿手的行业，与设计行业自然有许多工作上的交集。三是百发同志平易近人的领导艺术、诙谐幽默的谈吐，接地气而没有官架子的工作作风也让老百姓容易与他接近。对于他在上层的工作我并不了解，在此只是想罗列一些涉及我的工作的流水账，回顾几十年来我们的交往记录。

1983 年，我结束了在日本两年的学习，当时院里并没有马上给我安排具体的工作，因为那时院里已经得到消息，我们国家准备申办 1990 年的亚运会，所以有许多前期准备工作。同年 8 月中国奥委会正式提出申请，之后和日本广岛展开了激烈的竞争，以百发同志为团长的"北京市争取第十一届亚运会代表团"在科威特交流公关。我们的班子在筹备规划布局原则、体育中心位置、运动员村和其他配套等方面工作。尤其是亚奥理事会代表团来北京考察前必须提出国家体育中心的方案设想和模型，在几个方案比较的基础上，初步定出了大方向并继续深入研究。1984 年 6 月 14 日亚奥理事会主席法赫德亲王到京的当天，白介夫和百发同志在规划局听取了我们的汇报，之后百发同志强调：在向亚奥理事会汇报时，建筑师可以放开了讲，表达出我们的优势和决心。两天后代表团在首都体育馆贵宾室听取了规划局俞长风和设计院刘开济总的介绍，记得刘开济总用流利的英文所做的介绍十分成功，我也拍下了当时的接待场面。

　　1984 年 9 月 26 日在汉城的亚奥理事会上北京获得了 1990 年亚运会的主办权。在此之前，建院亚运会筹备班子就已开始拟定可行性研究报告。当时国家体委参

百发同志在首都体育馆贵宾室接待亚奥理事会代表团（1984 年 6 月 16 日）

与的是陈先和李寿棠，北京市是张百发、宣祥鎏和陈书栋，由规划局的朱燕吉执笔。报告多次报送和修改，仅我参加过的、有记录可查的会议就有五十多场。在洛杉矶奥运会闭幕之后，国家体委和北京市相关部门组团考察了美国、加拿大和日本的体育设施，并由我整理了考察报告。11 月 8 日考察团向百发同志汇报了考察经过及主要收获，以及他们的经验和教训对我国举办亚运会的参考作用。12 月 13 日百发同志和陈先同志又一次审查了可研报告的内容，我们于 1 月进行了修改。1985 年 2 月百发同志据此向市政府做了汇报、修改、调整后，直到 1986 年 2 月可研报告最终获批。

亚运会组织委员会于 1985 年 5 月成立，百发同志任副主席，1986 年 2 月亚运会工程总指挥部成立，百发同志任总指挥，63 岁的顾钥菊任常务副总指挥，指挥部就设在人民大会堂西侧的 "大坑"。说起 "大坑"，我们都听说过百发同志的一段故事：1983 年时人大常委会委员长彭真同志想在这里建人大常委办公楼，并准备在第二年的十月，即 35 年国庆时在这里会见各国议会代表团。当时百发同志就表示工程进度安排有困难，彭真同志反问："当年人大会堂怎么十一个月就建成了？"百发同志回答："那时是什么时候？现在是什么时候？"最后为了抢工，拆迁工程都进行了，但工程还是下马了，只留下了这个大坑。从这个故事也可以反映出百发同志实事求是的处事风格。

指挥部成立以后的一项重要工作就是尽快确定规划和建筑方案，尤其是主会场北郊体育中心和亚运村工程量最大，施工周期长，所以百发同志亲自坐镇参加了一系列的重要会议。如 1986 年 7 月 11 日首都建筑艺术委员会审查体育中心和亚运村的方案；7 月 23 日向体育界专家介绍方案；9 月邀请全国各地 13 位建筑专家对方案进行评议，这些会议都由宋融和我介绍情况。直到 10 月 17 日领导小组最终批准了北部体育中心和亚运村的方案。

从 1987 年 4 月起体育中心的游泳馆、体育馆和体育场建设项目陆续开工。施工单位除百发同志的 "娘家" 三建公司以外，还有城建三公司参加，工程进度更是百发同志和顾钥菊同志时时关心的问题。同时百发同志也亲自过问设计中遇到的一些具体问题，如 1988 年 1 月 8 日院长和我专门去百发同志办公室汇报两馆屋顶钢板颜色的问题。原定两馆屋顶钢板为银灰色，但进口钢板时供货方提出这种颜色无货，要求改成绿色或其他颜色。我们向百发同志汇报了选用银灰色的理由，最后还是按理想方案实现了设计。还有一次在 7 月份为确定体育馆屋顶的天沟做法，百发同志也要求进一步改进方案。

在指挥部和各有关单位的共同努力下，体育中心工程进展十分顺利。1990年 1 月 23 日，全国人大常委会委员长万里同志和中央政治局常委李瑞环同志在百发同志等人的陪同下，来工地上视察，向设计、施工人员表示慰问并合影留念。

百发同志向体育界介绍亚运工程方案（1986 年 7 月 23 日）

百发同志在首都建筑艺术委员会审查会上
（1986 年 7 月 11 日）

百发同志在工程指挥部会议上（1986 年 10 月 17 日）

这两位领导都非常熟悉建筑工程业务，李瑞环同志在建设毛主席纪念堂工程时任总指挥，和我们设计组在一栋楼里办公，还一起吃夜宵，向我了解了一些有关设计院的事情。

1990年4月，在体育中心快要竣工前，百发同志又交办了一件任务：全国政协副主席、中国佛教协会会长赵朴初同志，在4月9日给百发同志写了一封信，提到"著名雕塑家杨英风先生愿以其创造的'飞龙在天'大型不锈钢龙灯捐在亚运会门前……"，百发同志收到后当即批示"请祥鎏同志全权处理好"。记得当时海峡两岸的民间学术交流也很有限，两岸建筑师的第一次民间交流还是1988年在香港举办的，所以两岸雕塑界的交流这还是第一次。按照百发同志的批示，在宣祥鎏同志的直接操作下，抓紧时间落实工作。

杨英风先生出生于台湾省宜兰县，曾在日本学习建筑和雕塑，后于1946年在北平辅仁大学攻读美术系，1962年后专注于雕塑创作。杨先生在1990年4月11日来北京商谈之后，本来第二天就要乘机去日本，但我们仍劝他多停留一天到体育中心现场感受一下，后来他同意了。在体育中心现场考察后他感触很深，连连说："气魄很大，这个地方尺度很大，很不简单，幸好留下来看了现场。"他原来推荐的作品"飞龙在天"，我们考虑其年初已在台北展出过，为避免重复，建议他选用以凤凰为主题的作品。6月他再次来京时就带了"凤凌霄汉"的小样，并说明："这只处于巅峰的凤凰，正展开双翼，带领中国运动精英在1990年亚运会中追求至高荣誉，凌越霄汉，超越群伦。"同时方案确定后，雕塑将放大拆开后运至北京，由航天部航天技术咨询公司负责全部安装施工，保证在1990年8月31日前竣工。全部工程费用估价500万新台币（约20万美元），均由杨先生捐赠，不附带任何条件。此后首规委办公室专门向市政府、国台办提交了报告，表示雕塑方案经过与市委统战部、市台办、首都雕塑委员会和体育中心研究，认为可以接受。有关领导也批示："赞成接受。造型是好的，尊重杨英风先生的意见。"最后雕塑在8月中运抵现场，在8月27日的开幕式上，赵朴初、雕塑家刘开渠和杨英风一起揭幕。在体育中心的庭园中有20多件设计风格各异的雕塑作品，只有杨先生这件作品是由台湾艺术家创作的，这次艺术交流的成功和百发同志的关注和推动有密切关系。

体育中心工程进展顺利，但也不是没有矛盾和争论。尤其是被投资紧张的问题时时困扰着，要修改、调整甚至削减设计内容，对设计者来说总有些抵触。尤其是体育中心的几项比赛设施基本完成以后，一些附属部分、景观部分等的内容、选材、标准就要做一些变更和削减，这些常常是设计中最"出彩"的地方。每当听到指挥部要开会处理这些问题时，建筑师总是很不快。1990 年初，有一次百发同志在体育中心现场开会，又要砍掉一些项目，知道这个消息后我准备去会场争取一下，但院领导得知后再三告诫我，为了设计院的处境，为了顾全大大局，你一定不要当场顶撞。最后我只好无奈地讲："好吧，到会上我就躲在后面，一句话也不说就是。"工程竣工之后，有一次王宗礼指挥见到我说，你们的想法实现了百分之七八十以上，你也该满意了。

在建设过程中百发同志多次到工地来检查工作，1988 年 12 月来工地时，我还拍下了他在会议室开会的场面。1990 年 9 月 8 日在奥体中心游泳馆举行了英东游泳馆的命名仪式，并向霍英东先生授奖，此前霍先生到北京时，百发同志陪他视察了体育中心工地，他答应捐赠 1 亿港币用于游泳馆的建设，另外捐赠 2 000

百发同志在体育中心工地视察工作（1988 年 12 月 1 日）

百发同志在英东游泳馆命名仪式（1990 年 9 月 8 日）

万港币作为申办奥运会的筹备费用。那次仪式上李铁映、荣高棠和百发同志等都到了场。

亚运会闭幕以后的十月，在北京举行了两岸建筑师学术交流的第三次会议，10 月 13 日建筑师们参观了奥林匹克体育中心，15 日晚上百发同志在五洲大酒店接待了客人。百发同志在整个亚运会工程中所作的努力还是得到了中央领导同志的肯定，邓小平同志不但专门题写了"国家奥林匹克体育中心"，还在 1990 年 7 月 3 日，邓小平同志来到亚运村视察亚运会场建设。他对随行人员说："我这次看亚运会体育设施，就是来看看到底是中国的月亮圆，还是外国的月亮圆。看来中国的月亮也是圆的，比外国圆。"这不仅是对广大设计人员和施工人员辛勤劳动的肯定，也是对亚运工程总指挥部工作的肯定，也是对担任亚运工程总指挥部总指挥的百发同志工作的肯定和褒扬。

亚运会的成功举办也激励了中国人民申办夏季奥林匹克运动会的信心。在视察奥体中心时邓小平同志就说："你们办奥运会的决心下了没有？为什么不敢干这件事呢？建设了这样的体育设施，如果不办奥运会，就等于浪费了一半。"国际奥委会主席萨马兰奇在观看了亚运会开幕式后也说："看到本届亚运会开幕式的成功后，我和我的同事认为中国完全有能力组织好奥林匹克运动会。"1990

百发同志在亚运会（1990 年）

年 2 月国务院同意北京申请申办 2000 年奥运会后，很快成立了申办委员会，由何振梁和张百发分别出任常务副主席，同时下设总体组、计划财务组、公关联络组、新闻宣传组和工程规划组。当时工程规划组的负责人是王宗礼、依乃昌、周治良和朱燕吉，我们就在工程规划组的领导下从 1991 年 7 月开始参与了有关申办材料的准备。因为是第一次申办，遇到的困难不少，但在各方面的支持和帮助下，还是顺利地完成了申办报告中我们所承担的 316 页的内容（申办报告总计 457 页），最后奥申委在 1993 年 1 月向国际奥委会呈交了申办报告。在这一过程中奥申委的主要领导多忙于外部的公关和联络，但百发同志还是抽时间听取了我们的两次汇报：一次是 1991 年 5 月，对总体的综合方案提出意见，一次是同年 10 月一天下午，百发同志审查了水上运动方案，昌平自行车馆、五棵松体育中心的用地以及主体育场的设计内容等问题。

　　1992 年 10 月，在摩纳哥蒙特卡洛召开国际各体育单项联合会的学术会议，我和国家体委的楼大鹏、潘志杰三人去参加，为了宣传北京申办 2000 年奥运的内容，我们带去了几个纸箱的宣传材料和纪念品，当时在会场上几个申办的国家城市都摆出了自己的宣传品。北京的宣传材料很快就被一抢而空，当时我问了边上悉尼的工作人员，问他们带了多少宣传材料，他告诉我带了整整一集装箱，这让我大吃一惊。由此也可以看出悉尼获得主办权志在必得，相比之下北京的投入还是差一些。当时我们还去参观了国际奥委会全体委员将要进行最后表决的蒙特卡洛体育俱乐部现场，一年以后的 9 月 24 日，就在这个俱乐部里，在两轮投票中北京以两票之差失利，当然这也为我们 2008 年的成功申办积累了经验。

在此期间为北京西客站设计和首都国际机场扩建事宜，我还向百发同志汇报过两次，但细节都记不清了。1994 年 9 月北京要举办第六届远东及太平洋地区残疾人运动会，这是中国第一次举办的大型国际残疾人运动会，当时主要的比赛设施设在奥体中心和体育师范学院。1993 年最后一天，百发同志在奥体中心召集会议研究远南运动会的有关问题，顺便讨论了奥体中心运动员楼的建设问题。1994 年 6 月，百发同志和何振梁一起研究运动员楼的修改，同时提出将亚运村康乐宫边上的露天网球场改为室内场地。因为院住宅所无法承接设计，于是改由我们做了设计，在 8 月份协调了一下进度后很快完成了施工图纸。

1995 至 1997 年，我主持了两个工程，百发同志也都过问过。一个是宛平中国人民抗日战争纪念雕塑园，这个工程是市委宣传部主管，但由于其中也涉及征地、设计、施工等问题，所以在 1995 年 5 月成立的宛平城改造领导小组中除市

百发同志审查雕塑园（1996 年）

委常委、宣传部部长任组长外，百发同志和李志坚都担任顾问。我是在1995年，抗战胜利50周年时承担该任务，准备于2000年抗战胜利55周年时竣工。在前期审定方案时，6月市领导尉健行、李其炎、李志坚、张百发一起在原则上同意了规划设计方案，使设计和雕塑创作得以顺利进行。实施过程中，1996年9月，龙新民研究工程进度时，百发同志与会提出了指导意见。另一个工程是首都国际机场2号航站楼的建设工程，百发同志出任扩建工程领导小组副组长。1995年10月26日，机场工程奠基开工，李鹏、吴邦国、邹家华、罗干、尉健行等领导出席，开工仪式上张百发、陈光毅分别代表国家计委、北京市和中国民航局发表讲话。北京市当时在机场指挥部派栾德成同志任副总指挥，建委马锡合作为总指挥助理常驻现场。另一次是1997年7月8日在中南海汇报机场的装修问题，百发同志也在会场，但听说到同年9月他就退休了。

1997年中还有两件事情可以说一下，一是1997年4月30日在人民大会堂召开第一次中日建筑交流会，主要就人民大会堂的建设过程中日双方进行学术交流，同时参观人民大会堂。当年参与建设的元老张镈、赵冬日都参会，晚上在澳门厅张百发宴请双方代表。我想百发同志一是代表北京市尽地主之谊，同时他也是当年大会堂建设的参与者，具有双重意义。那次百发同志还专门问起我申报工程院院士的事（我就是在这年秋天当选院士的），并鼓励我要多做一些好的工程。又过了几天，日本著名的建筑师丹下健三来京，我在1981—1983年间曾在他的研究所研修，他这次主要是来清华大学接受名誉教授的称号，顺便在长富官会见了曾去日本学习的几个人。第二天晚上百发同志作为东道主宴请了丹下先生，之后《北京日报》在10月25日发了一条消息："昨天常务副市长张百发在市政府亲切会见了丹下健三先生，丹下健三一行7人……从一下飞机就感到北京的巨大变化，并对此赞叹不已。他说5天来虽然只是走马观花看北京，但北京比十年前更美丽、更壮观，充满活力。张百发感谢丹下健三北京培训出像奥体中心主设计人马国馨这样的优秀设计师，并对北京的城市建设提出意见和建议。"他还向丹下先生介绍了我正在申报工程院院士的情况，丹下先生听了十分高兴。这些都是丹下驻京办事处的人后来告诉我的。

百发同志退休以后，由于我们没有工作上的交集，我就很少能见到他了。记得有一次和他谈过亚运村康乐宫拆除以后的建设问题，另一次是2010年12月28日年底，他在西城国宾馆召集城建系统的老同志聚会迎新叙旧，许多市领导、城建、规划、市政系统的老同志有机会一聚，我也参加了那次聚会。看到韩伯平同志已86岁了，顾钥菊同志都88岁

百发同志在城建系统老同志聚会上（2010年12月28日）

了，百发同志在里面还算年轻，但也已经76岁了，仍神采奕奕。又过了四年，2014年9月7日，我在长安大戏院又见到了他，那是一次京剧票友联谊会的演出，我知道百发同志是京剧迷。那天他的座位就在我前面，一见面就亲切地称我"国馨"，问我最近的情况，可还没来得及详谈，就有众多的老朋友拥上前来和他打招呼，让他应接不暇，我反倒插不上嘴了。那时他也快80岁了，但仍是满头青丝，精神矍铄。这是我最后一次遇到百发同志了。

百发老市长不是我见过的职位最高的领导，我们大学同班同学中和他级别相当的就有两位，但他却是我的设计生涯中接触最多的一位领导。在他的指挥和领导下，我得以参与了许多国家和北京市的重大工程，除了上下级关系，我们也结下了一段友谊。他的平易近人、诙谐、聪明、灵活甚至有点狡黠的表情都给人留下深刻印象。这就是我记忆中的百发老市长，被人称为"平民市长"的百发同志！

2020年3月26日一稿

3月30日补充

---

注：本文原载《张百发纪念文集》，2020年发表时有删节。现按原稿印发，并附上原插图。

# 工程合作忆司徒

2020 年 3 月 5 日，是惊蛰节气，下午我在微信上忽然看到一条消息："著名雕塑家司徒兆光先生，于 2020 年 3 月 4 日 18 点在北京逝世，享年 80 岁。"司徒先生是我熟悉的雕塑家和美术教育家，不想突然就走了，让人十分伤感。

雕塑家司徒兆光（1995 年 2 月）

我找到了中央美术学院范迪安院长的手机号，向家属发去了唁电，并简短回顾了与司徒先生的交往，还发去了几张相关的照片，很快收到范院长的回信："谢谢来信表达对司徒兆光先生的追念！往事不忘，言简意深，足见真情！我一定转达给司徒先生亲属。"后来又看到中央美院的正式公告，范院长题词："以生命之塑，见内美之光。"他并代表院方、中国美协对司徒先生的逝世表示哀悼，并向其亲属致以问候。

司徒兆光先生 1940 年生于香港，祖籍广东开平市，是原文化部副部长、著名电影人司徒慧敏之子。他于 1959 年毕业于中央美院附中，后考入中央美院雕塑系，1961—1966 年在苏联列宁格勒列宾美术学院雕塑系留学，师从著名雕塑家阿尼库申教授。回国后在中央美院雕塑系任教，曾任系主任，全国城雕建设指导委员会委员、全国雕塑艺术委员会委员、首都城雕艺术委员会委员，还曾被授予俄罗斯列宾美术学院荣誉教授等称号。在雕塑创作和培养人才上都有重大贡献。

由于所从事的几项工程设计，我有幸认识司徒先生并与其合作，所以对司徒先生印象深刻。

　　第一次合作是在北京筹办亚运会的过程中。1990 年亚运会是我国第一次举办大型的综合性洲际运动会，所以各级领导都十分重视，尤其是在新建的主要比赛设施——国家奥体中心的建设中，除了大量的比赛和训练设施外，对体育中心的环境景观设计也下了很大工夫。除了在任务书中，为环境绿化、雕塑列出了专门的投资外，还多次在文件中强调"做好绿化、美化、雕塑、小品建筑等设计"。城雕工作在工程之初就开始酝酿，进行了三次征稿，大约收到了 300 多个方案，期间还多次开会。1986 年 11 月首雕委开会布置任务，1987 年多次讨论和评审草稿。利用这些机会，我也见到了以刘开渠先生为首，包括中央美院雕塑系司徒先生在内的多位雕塑家，并陪同他们在 1990 年 2 月 5 日踏勘现场，在 3—4 月各方案陆续定案，在 8 月份以前全部安装完毕，最后我还陪雕塑家们去各处观看了他们的作品，以及我们为配合雕塑作品所做的环境设计。

　　应该说奥体中心的雕塑群创作（整个园区共 21 组雕塑）是北京城雕建设史上的一个重要成果，"这批作品在艺术质量、数量、社会效益方面均取得显著成就，这是 20 世纪年代末规模最大的一次城市雕塑创作活动，有着承前启后的意义"。当时首雕委的领导宣祥鎏同志指出："我们努力提倡不同形式和风格的自由发展，对于题材的选择、地点的确定、手法的表现、材料的采用等等，一般不加限制，不设框框，放手让大家发挥自己的创造性。"而我作为建筑师的主要任务就是要根据首雕委所选定的雕塑方案，根据其体型大小、材质特点、视看环境、作品内容等诸多要素，与雕塑家共同商定雕塑的安放地点与安装方式。当时司徒先生创作的"遐思"就是一个铸铜的裸体女像，据我所知这可能还是我国自 1949 年以来第一个安放在室外的裸体女像（当时孙家钵先生也设计了一个黑花岗石的人像，但其

奥体中心雕像《遐思》

形象比较含蓄）。这也从一个方面向世界各国展示了我国在艺术创作上的开放和包容，对于雕塑界及司徒兆光先生，对于审批的各级领导，都需要一定的胆识和突破性。

当时奥体中心的雕塑中有若干组具体的人像雕塑，我当时考虑要为它们创造比较开阔的视看环境，避免树木、建筑对其过分遮挡，如果可能，尽量创造一些不同高度、不同视点的观看角度。所以最终把"遐思"雕塑安放在奥体中心全区中央 2.7 公顷的月牙形水面北面的岸边，其背景为呈银白色的游泳馆和体育馆，雕塑微微抬起的眼神远望着宽阔的水面、远处的旗杆和体育场，而雕塑本身又和池岸边专门设计的汀步和深入到池中的台阶相互呼应，加上周围还有不少高台和平台，可以让人们从不同角度观赏雕像，我自认为其安放位置和方式还是比较理想的。当时在奥体中心创作雕塑的艺术家比较多，我和他们都比较熟悉，和司徒先生的交流不是太多，只是和一些需要建筑环境配合的艺术家讨论得更多。

不想几年以后我和司徒先生又有了一次合作的机会。1995 年是我们清华大学建筑系建五班同学毕业 30 周年，我们很早就酝酿要为建筑系的奠基人梁思成先生捐赠一座雕像，均因种种原因没有实现，这次决心要实现这个愿望，也表示我们这些毕业 30 年的学子们对恩师的怀念。在征得了校方同意以后，这项工作即进入实施阶段。第一件事就是要商定创作雕像的雕塑家人选。我班同学、时任建设部规划司副司长的王景慧是全国城雕指导委员会的委员，对雕塑家们比较熟悉，而我因亚运会工程关系，也认识一些雕塑家，最后从风格、手法和表现力等方面考虑，选定了时任中央美院雕塑系主任的司徒教授。当时我们知道他是文艺世家出身，他哥哥司徒兆敦在北京电影学院任教，被誉为"中国纪录片之父"。司徒先生高兴地接受了这一工作。后来和司徒先生交谈时才知道，他在苏联留学时还曾遇到过当年访问苏联的梁思成先生，这种印象也是他创作的有利条件。

1994 年 8 月 23 日，王景慧、孙凤岐和我陪同司徒先生去清华和梁先生夫人林洙先生见了面，了解了一些情况，提供了部分资料。1995 年 2 月 11 日上午，王景慧和我一起去了中央美院司徒先生的工作室，看了最初的草稿，发现有一些需修改的地方，因为梁先生去世时没有留下石膏的面模。司徒先生说许多名人在去世后都会留一个面模，在技术上十分简单，这在以后的人像创作上就比较容易

司徒在介绍小样（1994 年）　　　　　　　林洙先生和清华教师在审查雕像泥稿（1995 年 3 月）

掌握其面部的骨骼结构，但在梁先生去世的那个特殊时期，这是根本不可能的。后来林洙先生、建筑学院资料室、《新清华》等都提供了大量的照片资料，司徒先生的工作室里也到处摆放着梁先生不同时期和不同角度的照片，他的雕塑工作也渐入佳境。林洙先生去的次数当然最多了，我在 2 月 17 日下午曾陪关肇邺、楼庆西、宋泊、郭德庵、俞靖芝等先生去美院看小样，尤其宋泊和郭德菴先生和司徒先生是同行，关、楼两位先生和梁先生共事多年，都提出了许多中肯的意见。2 月 21 日下午我去美院接上司徒先生去清华大学，和建筑学院胡绍学院长一起研究雕塑安放的地点和基座设计。当时学院的新楼梁銶琚楼也刚建成不久，按照人们的一般观念，室内雕塑一般放在入口大厅正中轴线处，清华一些已建的雕像也是这样处理的，可是我们觉得学院入口门厅正中的空间比较局促，并且是人流往来十分繁忙的地方，并不理想，相对门厅的南北两个侧厅倒比较宽裕安静，尤其是北厅，墙面的背景正好是汉白玉的中国传统木构件的装饰，侧面有阳光射入，使雕塑的立体感更为强烈，周围环境也比较理想。我和司徒先生、胡先生一起决定了雕像的基座平面尺寸为0.4米×0.4米，高1.4米，基座材料为整块灰色花岗石，雕像安装好后正好比一般人的头部要高出一些，这样也便于人们和雕像合影。当时我们在地面原有分格上定下了基座的精确位置，并委托清华设计院完成基座的施工图纸。之后我还陪着司徒先生去校图书馆看了蒋南翔和梅贻琦二位校长和化学馆张子高副校长的塑像，并征求了清华校友会承宪康先生的意见。司徒先生和大家进行过多次讨论甚至争论，对泥稿比例、面部表情、眼镜的表现等都交换过意见。司徒先生说：我愿意大家来提意见，意见提得越多越好。

我记得 3 月 13 日下午是最后定稿的日子，建筑学院的赵炳时、左川、陈志华、胡绍学、林洙等先生和北京院魏大中、马丽、吴亭莉还有同学林峰一起在中央美院看了泥稿，做了最后的敲定。司徒先生的工作也转入了最后的制作阶段，听他说整个铸铜的过程进行得十分顺利。在 4 月 30 日揭幕的前几天，司徒先生去进行了试安装，但他觉得有的地方的表面处理还不理想，于是又拿回加工厂进一步修改，直到取得了较满意的效果。4 月 30 日那天，司徒先生和梁先生的亲属、众多弟子、我们建五班的同学一起参加了雕像的揭幕仪式，大家都抢着和司徒先生合影，感谢他为创作梁先生雕塑付出的心血。

梁先生雕像的落成是清华已建成的名师们的第 13 座雕像，梁先生又回到了建筑学院，和大家在一起了。所以有一位老师评论："梁先生好像刚从家里来到系里上班。"但他也认为："他所特有的爱说话、爱议论以及亲切近人、风趣俏皮的神情却没有留下多少。"岂不知司徒先生和我们当时决定采用的是梁先生在 20 世纪 60 年代中后期的形象——清癯的面庞上双眉微蹙，隐约露出忧郁和沉思的神情，正是表现了他在晚年时内心的矛盾和困惑，这样也更能突出和强调梁先生身上的悲剧色彩，这也正是司徒先生创作中的成功和点睛之处。同清华园内已有的许多名人塑像相比，在形似的基础上，设法表现人物在特定条件下的内心世界，却不是那么容易的。

就在雕像工程完成不久，我很快又有了一次与中央美院雕塑系的艺术家们及司徒先生合作的机会。抗日战争是中国人民反对帝国主义侵略的第一次完全的胜利，是中华民族面对强敌不怕牺牲，为全民族的光荣而奋斗的伟大民族精神的胜利。1995 年是抗日战争胜利 50 周年，我们接受了在卢沟桥宛平城南规划建设"中国人民抗日战争纪念碑和雕塑园"的任务，雕塑园预计在 2000 年抗日战争胜利 55 周年时竣工开园。

工程的前期工作是要确定雕塑园的总体规划方案，这是以建筑师为主，结合领导和雕塑家的意见形成最后方案的过程。在三角形用地上，与北面宛平城内抗战纪念馆及更北面的抗日战争遗址形成南北向的"抗战轴"，与宛平城自身及卢沟桥的东西向"文物轴"正交，确定雕塑园的中心定位。

根据雕塑园的要求，需要体现中国共产党领导下的抗日民族统一战线，中

梁思成先生纪念像揭幕（1995 年 4 月 30 日）

作者和司徒兆光（1995 年）　　　　　　　王景慧与司徒兆光（1995 年）

林洙（右一）、梁再冰（右三）、常沙娜（右二）与梁思成先生像

国共产党在抗日战争中的主导作用，"工农兵学商，一起来救亡"，海外华侨、国际友人支持抗战，国共两党合作共同抗战，正规军和游击队作战的场面。雕塑园的主题围绕"起来！不愿做奴隶的人们，把我们的血肉筑成我们新的长城"而展开总体规划设计。具体创作上注意纪念性和艺术性相结合，教育性和观赏性相结合，英雄行为和揭露暴行相结合。

此前国内有关抗战题材的纪念物和雕塑已有多处建成，如何突破已有的定势，如单独突出建筑物的造型，集中于一枝独秀的主题雕塑，用数字或表象来传达含义，用具象和变形的物体来明喻或暗喻等，是本次设计的主题。建筑师当时提出的在150米见方的空间中，通过不规则的矩阵布置，以多组群雕的方式，用38尊不同主题而又互相关联的顾盼，形成了浑然一体的连续性画面，既像中国传统的碑林，又像秦汉兵马俑的布阵。这种大胆的布局方式很快获得了领导和雕塑家们的认可，他们把这种多角度、多空间的布局称为"无中心"的整体布局、"中心式结构被解散成非中心式结构"。

纪念群雕由中央美院雕塑系的全体教师参与，集体创作。当时的系主任是隋建国教授，他组织了包括司徒先生在内的众多雕塑家共21人，来共同完成这一壮举。纪念群雕共分为日寇侵凌（9尊）、奋起救亡（7尊）、抗战烽火（11尊）、正义必胜（11尊）。而司徒先生完成了"抗战烽火"这一组雕塑中的"同仇敌忾"和"巾帼英雄"两尊。

留给雕塑家们的时间并不多，所以在创作过程中，我和司徒先生等雕塑家们的交流较少，因为自己对这种造型艺术终究知之甚少。只记得参加过几次雕塑泥稿、放大稿以及在798的空旷厂房里雕塑的足尺稿的讨论和学习。雕塑家们都身着工作服，十分辛苦地劳作着，除了包括司徒先生等中央美院的老师们，还有参加评审的雕塑家王克庆、程允贤、叶如璋等人。雕塑园工程完工以后，司徒先生还专门撰文对整个创作加以评价。为了表达对司徒先生的怀念，这里大段引用如下。

"抗战群雕不是单纯的政治口号，而是艺术，它要求与内容相适应的表现形式。这次创作在形式上有新的思考，表现在4个方面。

1. '无中心'的布局形式。采用雕塑园的设计者马国馨提出的'无中心'

的构想。近现代的一些纪念性雕塑形成了比较固定的历史模式，纪念一个历史事件或人物要有一个中心像或具体的英雄，并由此呈主次序列展开。这组群雕没有那种突出的中心形象，对抗日战争这一重大历史事件，采用高度概括的手法，表现全民族同仇敌忾一致对敌，因而不出现具体的战役，不出现具体的人物。

2. 碑林式的群像。八年全民抗战，内容极其丰富，单一和中心模式已无法承载其内涵，因而提出柱式碑林的方案，被大多数人认同，认为充分契合国歌'起来，不愿做奴隶的人们'的深刻内蕴。

3. 叙事性。以往的模式强调浓缩的形象，难免简单、直白，这里的叙事性是应抗战内容之需自然生成的。能做到内容丰富是这次创作的一个收获。

4. 集体创作的新形式。先前的集体创作，体现集体智慧而模糊个性，这次把38尊塑像具体分配到几乎全系的所有教员手中，每人两尊。柱体形式的大构图一致，但具体的处理手法由个人决定，形体的造型特点都十分个性化，远看是碑林，近观每尊雕塑风格各异，耐人寻味。"

在我多年的设计生涯当中，能有机会三次与司徒先生合作，真是我的幸运，也可以说是我们的缘分。建筑设计和其他的公共艺术、视觉艺术联姻，在国外已司空见惯，而国内这种机会却十分难求。后来尽管司徒先生年事已高，听说晚年

抗日群雕放大现场（798厂）

雕塑家们讨论雕塑园方案（左起：李桢祥、司徒兆光、董祖诒）

身体也不好，但他平易近人的谈吐，刚强雄健的设计手法，精湛高超的艺术，尤其是在艺术作品上精益求精同时又对内心世界和思想深度的追求，从具象造型出发而达到表现性的艺术效果，他身兼教师和艺术家的身份，仍给我留下了深刻的印象。由于某些原因，我无法和司徒先生做最后的告别，但他的传世作品，他的艺术人生，将在中国雕塑发展史上留下精彩的一页，也将为我们，包括清华建筑学院的众多学子所铭记。司徒兆光先生一路走好！

2020 年 3 月 6—25 日一稿

31 日修改

注：本文原载于《中国建筑文化遗产》27 辑，本次增加了部分插图。

# 同声相应忆应兄

应朝（2008 年 9 月）

应朝与马国馨（2009 年）

应朝同学已去世一年多了，在这段时间里，老伴和我时时想起他，念叨他，我也一直想为他写点什么。应朝去世后不久，倒是在上海的曾是他同事的周志宏学兄曾写过一篇纪念他的文字，为此我还曾专门给周去过一封信，也还有其他同班同学，在此不过多叙述。

在大学建五班，应朝兄是个班上的活跃人物，他阳光开朗，聪明机敏，身体健壮，多才多艺，快人快语，是个性情中人。在大学时因为我较长时间和文艺社团的同学一起住宿，和班上同学只是上课时交往，但那时就知道他父亲是上海华师大中文系的教授。他的生日是过去的"双十节"，因此他名字中的"朝"字就是由十月十日组成的。他画画很好，所以除了美术课、设计课表现出他的才能，他还业余担任《新清华》的美术编辑，接替原建四班的美编张钦哲学长。我在他的影响下也学过剪纸，刻过木刻，设计过宿舍窗上的窗花，至今我手中还保存着不少他的木刻作品。他还爱自编灯谜，把同学的姓名都编成谜语，并且都要注明是"卷帘格""秋千格""白头格"，害得我们要费好多心思。每当学生宿舍大扫除，我和他都是最忙的。我们拿着剪刀在走廊的废报纸上，把文章的题图、花饰、插图都收集起来，我为此剪贴了一大厚册这种图案，现在看来也是属于"平面设计"之类的，那一厚册在毕业时也忘记送给哪位同学了。他玩过民乐，但不长久；他爱游泳，为跳水碰得头破血流；他在单双杠上做引体向上双臂屈伸，这些都是我望尘莫及的。毕业设计时我们分处四川和北京两地，无法见面，但那时从留京同学编辑的"红建五"油印小报上，还能看到应朝套色的木刻报告以及插图。

毕业以后应朝被分配到二机部二院，我被分配到北京市建筑设计院，虽然都地处北京，但"文革"期间往来极少，毕业第一年都按规定参加了"四清"运动，后来只是听说他因为莫须有的罪名受到冲击，被隔离监管，还留下了富有传奇色彩的故事。当时同学们都在忙各自的工作和生活，调动或下放，安居成家，直到"文革"结束，改革开放后班上同学的来往才密切起来。当年学校的"四好集体"通过毕业后的大、小集体活动，又把建五班同学重新联系到一起了。

应朝对于班上的集体活动热心积极参与，大力支持，是各项活动的实际核心人物之一，只要有了他的参与和组织，活动进度就会加快，矛盾容易解决，许多事情他都亲力亲为，同时脑子又快，点子多，有了他的参与，事情就好办成，对此我是深有体会的，试举例一二。

早在 1979 年 8 月，由应朝任责编、陈尚义任特别助理的建五同学通讯录油印本第一版问世，从应朝的手迹和插图可看出他为此付出的辛苦。由于有了通讯录，同学们的联系交流更加方便，并不断增订、修改，再版至今，成为大家重要的"联络图"。

1995 年是建五班同学毕业 30 周年，是大家准备隆重庆祝的日子，筹办班子早早研究，除准备向建筑学院捐赠梁思成先生的雕像以外，还准备编印一册全班同学的纪念册，主要内容就是每个同学占据一页，用照片来反映在这三十年中的生活、工作、家庭等内容，全班同学都十分积极踊跃。当时寄来的资料都汇总到张思浩处，应朝和我参加了图稿的最后审定，并由应朝将全部图稿在 4 月 7 日带去深圳。当时应朝正在二院深圳分院工作，但纪念册因版式问题需做全面的修改，距离校庆的时间已非常紧迫，应朝和在深圳的同学，甚至加上家属，日夜加班，克服了许多困难，在短短的两周时间就把纪念册印制完成，并于校庆前夕运抵学

应朝与马国馨（1993 年）　　　应朝与马国馨

校。110 页的纪念册收集了校、系领导和老师的题词与 91 位同学的图片资料，此后许多班级也纷纷效仿，陆续编印班级的纪念册。纪念册的编后记出自应朝的手笔，他说："同学为纪念毕业三十周年，一激动搞了这本画册，由几个人草草创意，组委会积极催稿，同学们纷纷响应，操作人匆匆编选，实在很仓促，不过今天终于付印。成书送到你手中，虽然不尽如人意，但年过半百、天各一方的我们都能在此集子里相聚册页，形影不离了。"应朝文思敏捷，是真正的"快手"，后来班级的许多出版物的序或跋都出自应朝的手笔。他还用他幽默风趣的口吻撰联："大伙儿随大流又聚清华大学大大的开心，小老头奔小康再尝北京小吃小小的乐胃。"要知撰写对联也是应朝的拿手好戏。

　　从 2003 年到 2009 年的 7 年时间里，建五班又先后出版了《班门弄斧集——诗文集》《班门弄斧续集——书画集》《班门弄斧三集——纪念册》，三本皇皇巨制共 1 250 页，157 万字。应朝作为主要编委之一，热情地投入了编辑工作，并提出许多"好点子"。最早在 2002 年 7 月发出了征稿通知，是应朝第一个发来信件表示支持。他在打给我的电话中强调："我们这些同学要说比较了解，也就是在大学那六年间，但入学以前和毕业以后这几十年就了解不多或很不了解了……现在提交的文字有简有繁，风格也不相同，但仍是彼此间一次极好的笔谈，同样也有助于同学之间的理解。"在他提供的文稿中先说明："40 多载建五情谊无法忘却，同学如兄弟姐妹，同学似松竹菊梅，七零八落落九十人，我应朝惦念着每一位……"他提供了最拿手的师生姓名趣谜 63 条、嵌名入联 12 条（均嵌入大学同学姓名）、另类谜语十四条、硬造小品两则、打油诗四首，最后是长达 908

应朝手绘钢笔画

句，共 2 124 字的长诗"一曲二流三字经，四邻五舍六亲听，七零八落九十人，诗文幸会仗齐心"，全文均为三言一韵到底，叙述了自己的简要活动和历史，读来是应朝的真情倾诉，十分感人。尤其是拟定诗文集的书名时，应朝更是一马当先，一口气提出了从三言到十二字的 40 个方案，并推荐了其中的五个，即：砖瓦集；班门弄笔；诗言诙谐话说诚谊；水木清华建五心声；清唱华景诗文建筑五彩人生。他提出：书名不宜过于冗长繁涩，力求醒目、明白、易记、好读、耐看，并建议最好加一个副标题。这些建议都为大家所接受。到《班门弄斧续集》时，应朝提供了版画 7 幅，钢笔人物和建筑画 15 幅，书法 3 幅，治印 37 方，充分展现了他在这几个艺术领域的才华。到《班门弄斧三集》，应朝的书稿分两部，一是《三字经》续篇，全文仍是三言体，一韵到底，共 940 行，2 820 字，主要描述退休后的活动、家庭和改革开放后的事物。这前后 5 000 字的"三字经"，是应朝心路历程和思绪起伏的重要记录。除此以外还有"闲话六趣"板块，其中包括：打油觅趣；对联拾趣；另类谜趣；读书有趣；文化没趣；求是悟趣。最后还附上了刻石印趣，共 18 方篆刻。《班门弄斧》共三集，共有建五班 202 人次供稿参与，是建五同学的一次大交流与大群聊，应朝为这三本都写了编后记，实际也是充满感情的小结。第一本的后记题目叫"不想结束语"，他说：我们同学之间真不必计较"精帧平装，此厚彼薄"，也无须遗憾"漏页空白，凑合断续"，"反正都是一页页翻，一天天过，忙忙碌碌，图个快快活活。同学啊，可能你的章节言犹未尽，还有精彩篇幅，或许你的册页还尘封未启，束之高阁。那么敬请读完本集，索性趁热打铁，恳请立即动笔，寄出片片信息，过了多久，后续的《建五……再集》，一定会供奉你为至尊上席。"两年以后《班门弄斧续集》问世，应朝的后记以"还不想结束语"为题，应兄说是我出的主意，其实全是他的巧思，由于内容和书法生动，所以以原稿形式刊出。他评价道："浏览本书，确实字如其人，画似意形，无论陈品新作，多篇少幅，即使是形式近似但不雷同，题材通俗却不浅薄，内容附雅也不酸腐，勾画拘谨而不做作，风格洒脱并不癫狂。""这一页页掀过去的，都是朝午暮夕的岁月，都是春华秋实的劳作，那一笔笔绘写的业已刻成记忆年轮，与其讲是笔蘸墨的习作，不如说是心蘸血之寄托。"策划《班门弄斧三集》时，编后却没了题目，原本张思浩建议叫"不得不结束语"，因为"事不过三"。应朝写出"看来即使准备鸣金息鼓洗手不干却有点没完没了难舍难别的怅然。""见好就收吧。"虽有遗憾，但最后还是引用了林桔洲同学的一段肺腑之言作结："这辈子，最庆幸的事就是能上清华，结识这么些好同学。爱清华，爱建五是永存心底的歌！"

应朝虽然也说："三集成套，到此为止，收摊打住，也算是画了一个颇为完美且圆满的句号。"但建五班的活力、凝聚力、生命力，遇到合适的机会还是要"折腾"一下。2011年是母校的百年校庆，在前一年的9月3日，清华大学百年树人主题文化活动组委会的副秘书长等二人来我这里谈其他事，后来知道建五班的艺术实力之后，承诺可以为建五班出一本画册，内容以清华的风景和人物为主，黑白印刷，篇幅80页左右，交稿时间为十月底。当时和班上部分同学联系，应朝、田国英、孙凤岐、杜文光、沈三陵、韩光煦等同学都积极支持，尤其是孔力行在经济上给予了资助。因为时间紧迫，所以由应朝、张思浩和我来操作此事。最后有41位同学交了稿，大部分同学都是在这短暂的时间里新作的画作。应朝交了十七幅，绝大部分画作是师友人物，并配上详细的仿宋字说明。其中多幅于10月10日画成，有一幅特地注明于"2010年10月10日夜10：10作毕"，那一天正是他的生日啊！前言又是他执笔的："我们试着用美术习作来眷恋母校的景、物、人、情……所以才有了这本名为《画忆百年清华》的纪念册籍。""终于横跨了两个世纪,赶上清华大学第一个百周年大庆,须知对我们芸芸众生来讲,此盛典肯定只能是唯一的了。"应朝用热情的笔法讴歌这个集体"太有幸了""太有缘了""太有才了""太有情了""太有福了""聚焦了这班同学犹能老当益壮,临阵磨枪所闪现的一抹余晖"。而篇幅则超出了原定的80页的一倍,达到174页。

建五班的活力和凝聚力使我们这批年过古稀的老人欲罢不能,2015年是我们毕业50周年,为了庆祝这一时刻,我们又早早开始筹备,除当年要办的庆祝活动外,同时还准备出一本与以前出版过的内容不同的纪念册。因为六年的大学生活已多有回忆了,但毕业后50年大家的活动却都是一些片段,所以大家逐渐形成编辑一册表现全班同学在毕业之后50年里活动的大事记,用编年纪事的体例来记述这段历史的共识。当时我有半年时间在美探亲,利用空余时间,结合当时清华校友网的建五社区,从8 000多条留言中总结出2005—2012年间的班级和个人的活动条目的草稿。2013年3月,编委会讨论对编书的基本方向加以肯定,我第一个把草稿寄给应朝,他只用4天的时间就整理出1965—2013年间近200条的内容,我想他手中一定会有详细的日记,洋洋洒洒共34页,同时附小诗一首。

爬出"摇篮"时,姑娘小伙子。

九十五个人,一万八千日。

"老九"足下路,建五班上事。

赤心映青史,白纸刊黑字。

在此基础上我们整理了共78页的第一稿,复印了七份分别寄给外地同学,并附有编委会的指导意见,反应十分热烈,才几个月就收到30多位同学的反馈信息,由此编辑工作走上比较顺利的道路。绝大部分的编辑工作由应朝和张思浩负责,尤其是2014年下半年和2015年上半年,编辑和调整工作量极大,应朝除了为大量的照片配上风趣幽默的说明文字外,还以满腔热情撰写了《纪事》一书的跋,题目是"建五为什么这样好",其用意也是双关的,既说明了班级好,也说明同学好。这篇文字原是他2013年写作的一篇长文,在班网上发表以后,引起大家的热议,原文分为十三个段落,分析了建五班近百人在五十年历程中情同手足的缘分,回顾了50年中悲欢离合的情分。但在正式出版之前,责编根据当时出版工作的一些规定，删去了约 1/3 的全文，原文中的十三大段也缩成十二段，分别是：一，"以人为本"，建五人的本性好；二，大学六年，还算风平浪静，相安无事；三，建五班人人都毕业，个个即就业；四，班级虽非家族，同学亲如手足；五，"男女搭配，干活不累"；六，我相信，建五人的"政治"是大家说了算，建五人的"经济"即钞票省着花；七，岁月催人，老同学都老了，我们之间的年龄差异、男女性别、地位不一的"三大差别"小了；八，从自我得意到肯定他人，那更开心；九，建五出版了好多书，有的如"演义"，有的似"家谱"；十，因有班网，即便足不出户，犹能"临场登台""一网打尽"；十一，建五人缘分最为难得；十二，压轴戏同结尾语。其中不乏真情实意，妙语连珠。跋语结束后，应朝意犹未尽，又写了"结束语"："清华真美，同学真美，活着真好！"我一直想把应朝的"建五为什么这样好"一文的未删节版找一个机会全文发表出来，可惜没有机会得到响应。

一个大学班集体，在毕业几十年以后还能保持其活力和凝聚力，关键是班上要有一批热心人，应朝兄就是这个班集体中不可或缺的黏合剂和润滑剂！

前面集中记录了应朝兄在建五班的几次重大出版活动中的贡献，在集体活动中他的穿针引线、多方照应我就不细述了。下面还想回忆一下我和应兄的私交。其实以应兄的热情豪爽，和许多同学的交情比我深得多，但对我而言，虽然两个人单独见面的时间很有限，但仅就这些交流而言，我一直以应朝为知音。在一些工作上，我们意见较一致，看法相近，加上兴趣爱好也差不多，也就是"同声相应，同气相求"吧。

我俩的见面地点经常是我的办公室，应兄常是不期而至，第一件事常是问我有什么新书给他，因为有几次给核二院寄书，他都没收到，所以宁愿到我这儿来取更为妥帖。除我自己的书，我也经常送他一些多余的书籍和杂志，至今为止，我这里还留着几本准备送给他的书，却因他的突然去世无法送达了。我送他的书，他都认真仔细地读过，因为我发现书中的许多细微之处他都会提到。第二件事，是问我新刻了什么图章，如果有的话一定要钤过后带走，我猜他一直在做收藏。我俩都有刻章的爱好，我知道他比我刻得好而且手又快。记得在 2006 年 6 月 21 日，清华建筑学院 60 周年庆的会上，大礼堂中除了每人一本《匠人营国》，还有若

应朝在马国馨办公室（2010 年 4 月）　　　　　　应朝手刻印章

干印章供校友钤印，其中就有应兄刻的一方"清华建筑系，花甲正花季"白文章，为此他还获赠了学院的《朱畅中先生印存》一函，内容和装帧都极精美。他还曾为我老伴刻过"关心属马的"一方朱文印。当然为了回赠，我也在 2014 年 4 月为他刻过一方朱文名章。后来我把自己的 205 方印汇集成一本《素人印稿》，这样赠他后也省去了他每次收取之劳。第三件事是在笔耕上的交流，应兄有家传之便，加之文思敏捷，笔头很快，发表文字已不止数百篇，记得他有一篇科普的文字还曾入选过学校的教科书。每当他有得意之作，都会复印后赠我一阅，我知道他和我一样"敝帚自珍"，已发表过的文字肯定都会完整的收藏着，多次劝他结集出版，但他每次都是笑而不答。

应兄还爱手写书札，不像我们偶尔写封信，几句话说完了事，他都是在一张 A4 纸上，中间一分为二，然后写得密密麻麻，洋洋洒洒，真情毕露，妙语连珠。而且信中还经常留有若干"小包袱""小噱头"，不注意还会被忽略过去。他的"与同学书"过去在校友网建五社区中读到，有意义又有趣，是同学情谊与应兄心路的真实记录。我也多次想过应为应兄出一本书信集，而且还应该是手写影印或手书和印刷体并列，再加上必要的注解，以便局外人看来也易于了解，并在私下中已收集了若干封，现在看来要付印还是有比较大的难度！应兄每次给我来信的信封也都包含着他的巧思，一般收信人都是"马某某大师"，但在"师"字的右下角都要写一个极小的"弟"字，如果粗心一点，还真不会注意到，这也表现了应兄一贯的风趣和幽默。记得我还有一本人像摄影集《建筑学人剪影》，要应

108

应朝手书信封（注意红圈内）　　　　　　　　　　　　　　　应朝为马国馨摄影集题签

兄题写书名，一开始他可能太认真，太当一回事了，寄来的题签我觉得太拘谨，无法表现他的洒脱性格，于是去信要求随意自然。后来我选择了他重寄中的一个用在封面上，我觉得还是看出应兄的灵动和飘逸。应兄还送过我好几件纪念品，包括石章和一匹深褐色的小石马，现在都成为我珍藏的物件了。

当年毕业分配到二机部二院的同学一共有八人，但最后一直坚持留在核二院的只有应朝一人。他们的设计事涉保密，所以我们了解不多，但他后来任二院总建筑师和顾问总建筑师，是国家特许一级注册建筑师，以他的勤奋，他的聪明，他的努力应该说还是在业务上拿得出手的技术领导。2003年要评选新的全国工程勘察设计大师，我为他写了推荐信，就他几十年来在核工业建筑和居住建筑的理论和设计实践，还有他强烈的社会责任感和使命感，对他的学术水平给予了肯定的评价，虽然最后并未如愿。

应朝是热心人，对于同学、校友之事都很热心。2014年4月25日清华校友网64社区为入学50周年聚会及社区活动在清华紫光国际交流中心举行。因64社区与建五社区在校友网上多有交流互动，所以社区热情邀请建五社员参加。但被邀的各位多因有事无法与会，为了不辜负64社区一番心意，最终由应朝、陈尚义和我作为代表参加。我们在聚会上见到了罗征启和梁鸿文老师，也见到了低班学弟的不少名人，获赠了不少他们的大作。我和陈尚义还在聚会上简短致辞，应朝也是会上的活跃人物，拍了不少照片。

应朝的家庭和感情生活比较曲折，从同学间和二院其他同事那儿我都听到一

应朝（右一）与马国馨（左二）在64社区聚会上（2014年4月25日）　应朝与关滨蓉

毕业五十年建五一班合影（2015年，前右三为应朝）

些传闻，但他自己从不提起，我们也不便多问。我曾有几次在私下旁敲侧击，劝他应有所了断，他也避而不答，估计真有难言之隐。我和应兄的最后一次见面是在2018年1月31日，应朝、孙凤岐、老关和我去北五环探望王乃壮先生。回城路上我们在一家小饭馆吃了饺子，交谈十分高兴。然后我开车把他们二位送到家，应朝是在北四环北路辅路下的车，我希望他给我一个收信的准确地址，有新书时好给他寄去，就在这次我还暗示过他一次。他给了我一个彰化村路的地址，当时我想，看来他已经不住在马神庙二院的宿舍了。

应朝（右一）等同学看望王乃壮先生（前右二）（2018 年 1 月 31 日）

应朝兄是在 2018 年 11 月 27 日突然去世的，这是大家绝对没想到的。他身体那么好，每年都要参加市马拉松比赛，我们还看过他参加比赛的照片，虽然这些年抽烟的习惯一直未戒，但也不至于此，一点征兆也没有啊！30 日早上在 304 医院举行的告别会，但因为时间太早，加上那几日天气又特别冷，所以同学决定由三个小班的田国英、孙凤岐和我作为代表参加。那天我的车子限号，多亏田国英老兄先去接了老孙又来接我和老伴，去医院参加了告别仪式。除我们以外，还有朱曼茜、林桔洲、杜文光夫妇、吕弘毅，另外八十多岁的老班主任林贤光先生也赶来参加了。会前突然要求我在仪式上讲几句话，当时思想上一点准备也没有，想到应朝这一生那么豪爽、热情，但实际又活得人很累、心很重，想到我们多年的友情，想到他如此突然的离去，刚讲了两句就悲从心来，声泪俱下，勉强把致辞讲完。

同学都说应朝曾撰过一楹对联："谁该往天堂游，我应朝地府行"，当时只是一个游戏之作，把"该往"和"应朝"对仗，"天堂"和"地府"对仗，不想

作者为应朝刻名章　　　应朝的告别会上（2019年11月30日）

一语成谶。回想应朝在以往的文字中，有许多看淡生死的文字，"两眼一闭谁能带走啥，百年千古书可记着你。""先走无须苦愁，后来不堪期待。""人生如梦，人生似戏。""叹人生，如梦境，似朝霞，像谜云。"但他不该走得那么早。

最后还是一句话：应朝，我们想念你！

2020年3月20日

疫情隔离中完成一稿

## 《朝华夕拾——怀念应朝》后记

经过了半年多的运作，《朝华夕拾——怀念应朝》这本纪念集终于在他去世三周年的忌日前完成了。

应朝才思过人，精力充沛，热情诚恳，成果丰硕，在他生前我们就多次劝他把各项成果结集出版，但他总是不予应答。在他去世后的今天，我们终于圆了这

---

注：本文原载于《难忘清华》（天津大学出版社，2021年3月），本次增加了部分插图。

个梦，把这样一本纪念册献给大家，相信应朝的在天之灵也会欣然同意的。作为参与编辑的人员，在此也把工作情况做一个简单汇报。

应朝的各项成果门类繁多，数量极大，远远超出一般人的想象。在编辑过程中，考虑到如将遗稿全部收入书中篇幅过大，也有违纪念册的原旨，最后决定本书由以下几个部分组成。

首先是亲属、同学和同事的缅怀部分，共收入亲友、子女、同学、同事的回忆纪念文章25篇。其中亲属子女9篇，同事4篇，老师同学11篇。由于时间和篇幅所限，我们没有广泛征稿，多是由亲属、个别同事和同学提供了稿件。可能有的人想提供稿件而错过了机会，我们这里只能表示抱歉。

第二部分是应朝在各种报纸杂志、学术期刊上发表的学术文章选编，共收入11篇。应朝从年轻时就继承家传，勤于笔耕，前前后后在各种报纸杂志上发表学术论文、设计成果、内外游记、科普小品……内容题材丰富多彩，有的甚至被收入小学课本，前后统计有近400篇（书后附了出版文章的不完全统计表）。这次我们主要选编了他的游记、学术文章、室内设计、人物和设计作品评论等，可以看出他在各个领域的研究成果颇丰，实际上他涉猎的领域还要多得多。这些选用文章中的遣词造句，因未能找到原稿校对，只能按印刷的文字付印了。

第三部分是应朝给大学同学的书信选，其中选用了从1990年到2014年的11封信件。应朝平时经常给同学发去热情洋溢、妙趣生动的信件。尤其是进入新世纪以后，许多万字以上长信都是一挥而就，一气呵成，妙语连珠、趣味横生，让同学们读之难忘，所以常被同学们放到网上或微信群里，供大家共同欣赏。从选编的进入新世纪以后的陇上行、台湾行、东北行等信件都可以略见一斑。从中也可以看出他对于班集体和同学的深厚感情和友谊，这也是他留给我们的一笔财富。

第四部分是书画部分，也是应朝作品中内容最丰富、表现最生动的部分，可以看出他的多方面爱好以及所达到的极高水准。早在中学和大学期间，他就开始表现出这方面的才能和艺术眼光，在这里我们只能选取其中的部分成果。如应朝的篆刻，内容和数量极大，才思巧妙。另外诗词也极多，从三言起到七言，挥洒自如，这里我们把他的楹联和诗歌作品通过他的硬笔书法加以表现。有关美术作品，包括插图、连环画、宣传画、版画、剪纸……许多是从大学开始创作的，这次也只能选其中一部分。另外人物画、建筑画，表现图等，在长年的工作中，积存的数量极大，这次选入了很少一部分。他所创作的许多谜语，也没有收入。十分遗憾的是，应朝的水彩、水粉作品没有收集到，他的浓墨重彩是十分有特色的。应朝的日常工作，由于大部分是涉密的，所以也无法披露，但在住宅设计上，也可以看出他在设计工作上的才华和巧思，所以我们也把这部分作品的平面集中在一起，也是对他设计成果的一次小集成。还有许多平面设计的内容，诸如 logo 设计、题头设计、封面设计、脸谱收藏等，就无法充分地展现了。

最后是我们整理的应朝生平大事记，可以看出他在核二院及核电工程公司工作过程中受到的表彰和奖励，同时也展示了他工作上的成就。

全书除文字和美术作品及插图外，还采用了各个时期的照片共 230 幅，这些都是从应朝的家属、亲友以及同学、同事收集提供的照片中选用的，也可以看出他在各个时期的交往和形象。

本书的书名，在大家提出若干方案的基础上，最后确定为《朝华夕拾——怀念应朝》。《朝花夕拾》是鲁迅先生很有名的一本回忆性散文集，已为大家所熟知，我们借用这一大家熟悉的书名，通过小小改动赋予了书名更多的内涵。首先"朝"字除表示早晨外，也包括应朝的名字，寓意双关。而"华"字与"花"字通假，是应朝很常用的字，如他为儿子取名应华，另外还有华彩、华章、年华、才华等诸多含义，可以让人有更多的想象和思维空间。而《朝华夕拾》也表现了我们在应朝身后为他出版纪念文集的初衷，把他生前未完成的事业加以实现之意。

关于应朝的个人生活，由于在平时交往中，应朝基本上都没有提及，所以从这次的一些回忆文字中可以看出，有些人尤其是部分建五同学对此事还不十分了解也不甚理解。有关感情生活的事情，这是应朝的私事，本次出纪念集不过多涉及，另外从应朝生平大事记中可看出，他在 1995 年已与前妻办理了正式的离婚手续，在这方面的后续我们尊重应朝的选择。他有追求幸福的自由，我们也祝福他的生活。

在不长的时间内就完成这本纪念集，首先组成了有应明、李芳、周志宏、白福恩和马国馨参加的一个小班子运作此事。应家兄妹、妻子李芳在成书过程中提供了大量文件、照片和资料，做了绝大部分的录入工作。应朝的前妻张汝莲提供了她保存的全部应朝的有关资料。应朝所在的核电工程公司也给予了大力的协助。而应朝的同事、大学老师和同学，都尽自己努力做了许多贡献。

在此我们还要感谢《中国建筑文化遗产》和《建筑评论》编辑部主动承担了本书的编排、版面和装帧设计，他们在工作十分繁忙的情况下，克服困难，为本书能够按计划出版提供了极大的助力，付出了极大努力，并在费用上给了很大的关照，理应受到我们全体参编人员、应朝的家属亲友、同事同学的感谢。另外北京市建筑设计研究院有限公司办公室的袁飞女士也为本书出版提供了许多帮助。大学同学叶如棠拨冗为本书作序，白福恩题写了书名，在此也一并致谢。本书为自费出版，共印刷了 500 册。

因时间关系，加上我们的水平有限，这本纪念册肯定有不足之处。但费正清先生曾说过："书比人长寿。"通过这本书的出版，应朝又仿佛回到了我们的中间，我们得以看到他的为人，他的工作，他的文采，他的种种……通过这本书更加深了我们对他的热爱和怀念。在和应朝进行心灵上的对话之后，相信他的在天之灵也会有所感应吧！

马国馨执笔

2021 年 9 月 16 日一稿

9 月 30 日二稿

## 后记之后再记

《朝华夕拾》完成之后，李芳给我捎来两件应朝的遗物，我看后又吃惊又感动。

李芳带来的是两个厚厚的 A4 文件夹，就是用装着塑料袋可以收存文件的那种文件夹，封面第一页是应朝写的几个大字"为马国馨立此存照"，并附以应朝手刻的几方印，印文分别为"天南地北山东人马""大师弟也""同窗人情纸几张""老马粉丝应有我""关心属马的"（下面应朝特刻注明"应朝为马 GX 关

---

注：后记原载于《朝华夕拾》（2021 年 12 月，内部印刷）。

BR 金婚刻印"）等。第二页是应朝和我在 1990 年合影的大照片，下面是他和我早期的几张名片。

细看之下，这两册文件夹中收集了我给应朝的信件、贺卡、便条、剪报……我们一起合影的照片，以及应朝的批语、对联、注释等内容。我从未想到，在应朝的收藏中会有这样一个集子，时间跨度从 1990 年到 2009 年，十九年间，应兄花费了如此多的心血，有许多我所不知的批注，凝聚了那么深厚的友情。

他在建五班 1995 年纪念册中我和老关的两页复印件上，题了 2008 年 3 月撰联："老马属马千里马，小关把关双相关"，对应老关的"自嘲"诗句，应朝和联"心软爱流泪，嗓润常放歌"。此外我寄给应朝的信件他也全部留存，并特注明："马国馨书法别具一格，自成特色，故连信封也值得留存。"（1999 年）

2001 年年底，为新年圣诞给应兄去信，并附了一首老关去拔牙时我写的打油之作。应兄马上又和诗一首赠老关：年犹花棠不老松，修身奉侍亦立功。但求曲新献歌技，上下和谐笑声隆。

2002 年 8 月，建五班为筹备出版纪念文集，曾由我撰写了一个六言通知。

应朝收集的资料夹封面

应朝收集的资料

应兄收到通知后，表示积极响应，并附六言诗一首："国馨征稿动员，六字体句连篇。好读易记耐看……，完全可当'前言'"。在《班门弄斧续集》中，收录了应兄早年在校时的许多木刻习作，应兄有感加以批注："拙作这则'红建五'木刻报头，居然被国馨从他的旧纸堆里找出来，四十多年了，不容易。""大学低年级时，我们去双桥农场养猪劳动，记得马国馨不怕脏、累、苦，并虚心请教养猪村姑，一口一个'大姐'，弄得那些只有十六七岁的猪场小工人们都不好意思了，木刻创意由此而来。"

2003年1月，思浩兄在得知我获第二届梁思成奖之后曾在网上题诗句为贺，应兄随即步思浩韵和诗一首："马上国奖增温馨，建五手足喜盈门。则诗业界誉长老，设计领域赞完人。说、唱、驾、游尽善事，诗、书、画、印颇传神。受诲梁公缘同辈，皓首蓝图卷征尘！"（2003年4月）

2003年4月，我们清华艺友合唱团在金帆音乐厅演出专场音乐会，给应兄寄去了演出票。应兄在票上批注："国馨寄清华老学长合唱团精彩演出，有马丽、吴亭莉、关滨蓉、马国馨上台，因出差没能去欣赏，留下入场券以志纪念。"

2005年10月，我们艺友合唱团去台湾旅游，我给他寄去一张我和老关在台北国民党总部的照片。应兄撰联：头上天下为公，足下一岛上是家，横批是"走马关山"。

建五班的《班门弄斧集》出版后，他把全班同学的签名收入其中，并在我为他题写的"盖叫天故居"的书法下撰联："国馨赠我条幅，珍赏悦注；姓马属马唯马首是瞻，诗好字好以好心为人。"

我的第一册打油诗集《学步存稿》寄他之后，应朝的"拜读有感"："《学步存稿》读国馨，大家风范赤子情。奔东走西觅胜景，播春收秋集佳吟。学友师长尽英才，诗书照印皆妙品。马驰鬃飞舞夕阳，精气神韵万年青。"

在建五班的三册《班门弄斧集》都出齐之后，应兄又在2009年撰联："班门弄斧，七年摆弄三把斧，同窗作文，一律不作八股文。"

文件夹中存收了几乎我发给他的全部通知、布告。在毕业三十周年捐款名单上，共83人捐了款，现金共计61 988元。应兄是后交的，他在上面特别注出："我后交了555元，意为建五三个小班相聚，另三五牌香烟，三五牌闹钟……都

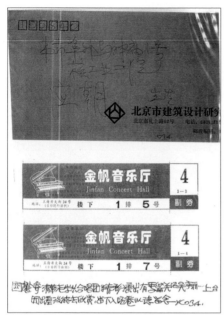

应朝收藏的金帆音乐厅演出票

应朝根据作者摄影照片画出的速写

有名。"应兄的幽默处处可见。2008年2月给应兄的信上我钤了一方印，是"LM"两个英文字母，并请他破译一下。他的回答如下。内容上："LM"是老马（年逾六旬）；"M"字又如山，居右为东，可喻籍贯齐鲁。形式上：推陈出新的石刻图像；几何图形的建筑砌块；中西合璧的拼音字母；朱文白文均可读见"LM"。最后他自己挖空心思破译，并电话告知我。

在文件夹中还收入我们之间的通信信件。其中应兄的信件并未完全在《朝华夕拾》一书中列出。如2005年校庆聚会后他特地来信，信件内容摘录如下："建五聚庆筵席已散，人一走茶未凉……""这次我们又发现了好些没想到——会有九十多人来；被你临时钦点抓差者那么奉命尽责；同学'高官'架子不见了；生日蛋糕人情味足；特区欠特，深圳18勇士似乎缺男隐士了；少许同窗手足的腿是蹒跚艰步了；个别仁兄神志略显异样呆僵了；三位书法家被逼如机器人般炮制墨宝条幅；老照片'马'上配解释词，那么令人忘形感怀。""还有没想到我们建五聚会似乎更像人文园地，感情纽带，学术平台，互助协会，休闲沙龙，沟通桥梁……民间团体了，故情不自禁，又见又打油……清风华夏故地游，建树五

118

洲退未休。三班偶念三亡友，四月杂忆四旬秋。老照片中摆样子，新书画里功底旧。相见不易别亦难，何日再聚盼〇九。"我相信许多同学手中都会存有类似这样充满热情、幽默句子的信件，看着看着不由得又想起生龙活虎的应兄来。

还有一封信，是我拜托他，有一山东玻璃钢厂的厂家要去核二院介绍玻璃钢风道产品，希望他予以协助。应兄在下面批注："天南地北山东人，西三环找应老汉。"可是我都不记得有这件事了。

2009 年 2 月，收到我寄给他的《建筑求索论稿》后，应兄题"牛年新春，喜收新作，读出新意，当抒新曲。"并附七律一首："真要居者有其屋，当凭良知滴心血。新牛开道载耕读，老马识途尤求索。广厦千万号脉络，国庆六十献大作。理性慎思务建筑，唯我国馨顶执着。"

在 2009 年 4 月 22 日建五班毕业四十周年聚会留影的大照片下，应兄写了两行字："没想到就那么快，我们都已经变老。没想到，竟这样早，有同学悄悄地走了。"我想到这儿，真想加上一句，没想到，应朝就也突然静悄悄地走了。至今已经三年多了。

看着厚厚的两个文件夹，我问李芳是不是还要拿回去，她回答说："不，就留在你这里作为纪念吧！"我真的不曾想到应兄花费了那么多精力为我收存了这么多资料，这成为我怀念好友的珍贵纪念物。以应兄的热情、勤奋，相信他那里肯定还有我们全然不了解的许多为其他同学的类似收藏吧！

2009 年 3 月 1 日夜

应朝与作者

# 忆建筑前辈李滢

2020 年 6 月 17 日晚 9 时，我收到北京院原杨伟成总转来李滢亲属发的一条消息：“我们的姑姑李滢，于 2020 年 6 月 16 日下午 4 点因呼吸衰竭医治无效离开了我们，享年 96 岁。按照姑姑生前意愿，不举办告别仪式，将于 6 月 20 日送别。侄李××，李××，××泣告。”杨总随后还补了一句：“李滢也走了，兴许在途中与罗小未不经意间相遇。”这是指前几天刚从网上看到的消息，同济大学教授罗小未先生于 6 月 8 日早 6 点 30 分于上海家中去世，享年 95 岁。罗先生在圣约翰大学时比李滢低

李滢（1973 年）

三届，她们都是我尊敬的建筑界前辈。尤其是李滢在北京院时和我共事，还有过一段交集，所以更想为此写点东西。

李滢是北京市建筑设计研究院的资深老建筑师，1950 年回国，但国内建筑界知道她名字的人不多，她也根本不在公众场合露面，所以还是要在此花费一些篇幅介绍一下。她于 1923 年 1 月 9 日出生于北京，曾用名李莹、李若琼，福建闽侯人。1930—1933 年在家读书；1933 年 9 月—1944 年 9 月在上海中西小学、工部局女中和上海中西女中学习；1941 年 9 月—1941 年 12 月在北京燕京大学学习；1942 年 2 月—1945 年在上海圣约翰大学建筑系、土木系学习；1945 年 12 月—1946 年在上海泰利洋行实习；1946 年 9 月—1947 年 9 月在美国麻省理工学院学习；1947 年 10 月—1949 年 9 月在美国哈佛大学学习；1949 年 9 月—1950 年 11 月在欧洲参观学习，并在建筑事务所实习；1950 年 12 月经澳门回国；1951 年 1

月—1952 年 1 月在上海圣约翰大学建筑系任助教；1952 年 2 月—1956 年任北京都市计划委员会工程师；1956 年—1970 年 8 月任北京市建筑设计研究室建筑师；1970 年 8 月—1972 年 1 月被下放到北京第一建筑工程公司劳动；1972 年 1 月—1984 年 9 月任北京市建筑设计研究院第六设计室高级建筑师；1984 年 9 月退休。

还是要从圣约翰大学说起，圣约翰大学（简称约大）创建于 1879 年，是新中国成立以前国内 14 所教会大学中历史最久的一所学校，初办时设西学、国学、神学三门，1881 年起完全用英语授课，1913 年起开始招收研究生，1936 年起开始招收女生，1942 年创办了建筑系，先后培养了一批各专业和学科的人才。李滢就是约大建筑系的第一届毕业生，共五人，除了李滢以外还有李德华、白德懋、虞颂华和张肇康。当时的系主任是黄作燊教授（1915—1975），他毕业于英国 AA 建筑学院和哈佛大学，在约大建筑系引进了包豪斯的现代建筑教学体系和方法，在当时国内独具个性。黄作燊对李滢的评价是："她是一个努力钻研业务的'好学生'，她在学校时，仅和她建筑学的同学交往，很好胜，专心于业务学习。"她的同班同学李德华先生回忆："当时她只是埋头念书，学习相当用功，也非常好胜，因此学习的成绩很不错，除了读书，其他任何活动都不参加（那时也没有多少活动），也不参加体育活动，也极少听她谈到文娱戏剧之类。""她在学校读书时表现得非常好强、好胜，也很骄傲，装束突出，短发不烫，穿长裤不穿旗袍，很引人注目的。"这些已经十分生动地勾画出大学时的李滢了。

毕业后，李滢有不到一年时间在上海泰利洋行实习，洋行老板的儿子是黄作燊在英国 AA 学院的同学白兰特（A. J. BRANDT），他在约大建筑系教建筑构造。李滢的同班同学白德懋回忆："毕业后，李滢和我即进入兼职老师白兰特的上海建筑事务所实习。"但很快李滢即决定要去美国深造，临行之前，黄作燊特地和上海的同学王大闳、郑观宣买了一套李明仲的《营造法式》，托李滢带去送给在哈佛大学的格罗皮乌斯，他曾是黄作燊等三人的老师。

李滢到了美国以后，1946 年 9 月—1947 年 9 月在麻省理工学院学习，获硕士学位；1947 年 10 月—1949 年 9 月在哈佛大学读研究生，获硕士学位，其中1947 年 6 月—1947 年 10 月还在纽约的布鲁耶尔（M. BREUER）事务所实习。李滢曾说："我最接近的老师有格罗皮乌斯、阿尔托、布鲁耶尔和开比斯（G.

格罗皮乌斯　　　　阿尔托　　　　　　　　　布鲁耶尔

KEPES），因为他们都是有名的大师，他们对我也比对一般美国学生在学习和生活上照应得更多，可能是把东方学生作为自己教研组的点缀品。"

格罗皮乌斯（1883—1969）生于柏林，1919—1928 年任魏玛和德绍的包豪斯学院院长，1934—1936 去伦敦，1937 年后去美国，1937—1941 年与布鲁耶尔一起在麻省理工学院，1945 年成立协和（TAC）事务所，1938—1957 年在哈佛大学建筑研究生院任教授，副系主任。

布鲁耶尔（1902—1981）生于匈牙利，从包豪斯学院起就是格罗皮乌斯的得力助手，1924—1928 年在包豪斯学院，1935—1936 年去伦敦，1937—1946 年任麻省理工学院和哈佛大学建筑研究生院的助教授，并成立了自己的事务所。1946—1976 年在纽约开设了事务所。在纽约的这一阶段，布鲁耶尔并没有什么太大的工程，除自己的住宅外，还有几栋私人住宅工程。李滢也就是这段时间曾在他那里实习。阿尔托（1898—1976），芬兰人，主要的业务活动都在芬兰和北欧，1938 年曾在美国举办个人展览，并设计纽约博览会的芬兰馆。1946—1948 年曾任麻省理工学院建筑系的教授，并曾于 1949—1948 年设计过麻省理工学院的学生宿舍，另外在 1963 年设计过纽约国际教育学院的考夫曼会议室，这大概也是阿尔托在美国仅有的几栋作品。阿尔托还曾和李滢约定，要她去芬兰他的事务所进行施工图的实习。连李滢的表姨父梁思成先生都说："李滢（在美国）大概学业不错，颇受到当时在美国的芬兰建筑师阿尔托和德国建筑师格罗皮乌斯的重视。"

李滢在美期间，还和梁思成先生有密切交往，因为李滢的母亲王稚姚是林徽

李滢（前排左一）在美国康桥哈佛同学会（1948 年 6 月）

因的表姐，林徽因是李滢的表姨，所以她和梁家关系也很近。1946 年清华大学设建筑系以后，10 月梁先生去美国考察之前曾去上海李滢家，在李家和黄作燊第一次见面。梁到美国以后，1946 年秋至 1947 年夏在耶鲁大学讲学，寒假时去波士顿，租住赵元任家的房子，于是和李滢几乎可以天天见面。当时哈佛大学正好没有女生宿舍，这样在梁离开后，李就继续租住了梁先生的房子，成了赵元任的房客。赵元任当时一直在西海岸加利福尼亚大学讲学，房子由大女儿赵如兰打理，她们由房东房客关系进一步发展为朋友关系。在此期间梁先生还带李滢到波士顿和纽约所有的大博物馆去专门参观馆藏中国文物，并亲自任讲解。

李滢从哈佛毕业后，1949 年 2—8 月，还短期在美国的 A. D. SCHUMACKER 事务所打工，这是一个不出名的小事务所。当时基于多个原因，首先是李滢认为美国古代文化一无所有，很想去欧洲考察一下古典建筑；其次，她和阿尔托接触后认为北欧的设计水平比美国高，加上又有和阿尔托事前的约定；三是当时上海

李滢（左二）在美国　　　　　　　　　　　李滢（中）在美国

解放后，1949 年 6 月她和家里通过电话了解国内的情况，母亲让她回国来参加国家建设，但同时也告诉她因战争尚未完全结束，真正的建设尚未开始，可以稍晚回来，多学一点东西；再加上二战以后欧洲经济亟待繁荣，英镑贬值，欧洲急需换取美元外汇，开展旅游业招揽游客，所以美国学生利用假期成批去欧洲观光。另外也有经济上的原因，因李滢的二弟李功宋也在美国留学，家里已不可能在经济上再予支持，她要多留一些钱给二弟，自己想办法打工赚钱好去欧洲。当时由导师格罗皮乌斯开出介绍信，但波士顿的几家大事务所十分保守，不要女职工，更不肯收中国女生。最后找到的这家小事务所，正好老板有一个公寓住宅的任务，李滢就在这里干了几个月，工资是每小时 2 美元。另外在美国学习工艺美术的丹麦留学生在意大利有熟人，约好和李滢一起去意大利参观，还有一位丹麦人菲斯卡的父亲是丹麦皇家学院的教授，答应可以为她提供在丹麦的食宿，并介绍她去一家丹麦的建筑事务所去实习，这样安排大致停当。当然也可能有李滢的男友洪朝生正在荷兰从事研究工作的原因。

　　从意大利的那波里，到罗马、威尼斯，然后到希腊的雅典、克里特岛、德尔菲，最后经瑞士到达丹麦，李滢住在老菲斯卡家，兼职家务助理，对方免费提供食宿，同时在 PREBAN HAUSEN 事务所实习，发给少量工资，当中还曾途经比利时、荷兰去法国巴黎，也还曾去瑞典的马尔摩参观。但原与阿尔托约定的去那里补上施工图课的约定，但因李滢在丹麦生病而未能实现。1950 年底，她从英国伦敦，坐船经香港停留一周后由澳门入境回国，这一年李滢 27 岁。

1951 年 1 月起，她在上海圣约翰大学建筑系任助教，系主任黄作燊说：她回到上海后我就拉她到约大建筑系任教。当时约大工学院的院长杨宽麟也很重用她，因为杨宽麟是她的老师和家庭朋友。罗小未先生回忆：李滢原是约大的建筑系第一届毕业生，后到哈佛大学设计研究生院师从格罗皮乌斯、又在另一位大师阿尔托门下研究建筑设计，任教后在教学中发挥了很大作用。李德华先生回忆：她对搞建筑和建筑教育很是热诚，着意要搞出一些东西来，试着搞一些"新"的办法，培养同学的"想象"，要初入学的同学凭"直觉"来设计房屋、动手垒砖、做泥塑陶器杯等来培养同学"动手的经验"等等，那时她很受一部分同学的欢迎。

但李滢在约大待了不到一年时间，于 1952 年 1 月离开，据李自己讲是不辞而别。离开的原因据李德华先生推测：她对约大的建筑系不满意，对黄作燊也不满意，认为他不负责，她对那时的工作有不满情绪，同时她也不喜欢上海圈子里的风气……但多数人公认的原因之一是李滢说她喜欢北京，她小时候是住在北京的，她喜欢北京四合院建筑那样宁静的生活。随即她于 1952 年 3 月到了北京，在北京都市计划委员会企划处任副建筑师。北京市都委会成立于 1949 年 5 月 22 日，叶剑英同志兼任第一任主任，9 月梁思成先生致信聂荣臻市长，希望政府用各种方法鼓励建筑师来北京，参加北京的都市计划工作。当时除陈占祥之外，还有吴景祥、赵深、黄作燊等，但后三位最后都又回到上海，还有多位青年建筑师，其中就包括李滢。1950 年 2 月市政府通过都委会新的组成人员，聂荣臻任主任，张友渔、梁思成任副主任，1951 年 5 月都委会宣布了组织机构，技术室主任为梁思成，企划处处长为陈占祥，资料组组长为华揽洪，市政组组长华南圭，用地组组长王栋岑。12 月彭真任都委会主任。在都委会企划处，李滢面对着政治上和业务上的重新学习。"学习了总路线才认清新社会主义建设本质和具体步骤，更在这次反浪费、反复古、反形式中，才沉痛地看到以往规划建筑工作中脱离了经济的不正确设计，不但不能推进社会主义建设事业，反而阻碍了发展。"在企划处的工作上李滢表示："规划没学过，都委会薛子正同志的直接领导与耐心教育使我深深懂得规划设计的阶级性问题。"当时张镈总对李滢的评价是："留美学习规划、建筑学，有独立见解，但为人不善自理生活，有名士味。"在 1952 年 12 月市政府决定将左、右安门两大积水洼地、苇塘，疏浚整治成优美的公园。

李滢对两地及附近地区进行了踏勘、调查，当时这里遍地乱坟，污水荒草，蚊蝇横飞，无路可行。李滢在此基础上做了规划方案，疏浚了两湖，保存了一些文物，为后来规划发展龙潭湖公园和陶然亭公园打下了很好的基础。

但由于健康的原因，李滢从1953年3月到1959年10月因病全休了六年时间。她早在1945年就患有慢性肝炎，心脏病，在美国时就曾休学一学期，后来又患高血压，又做过胆囊手术。都市计划委员会于1955年2月撤销，进而成立都市规划委员会，李滢于1955年6月调入北京市建工局设计院（即北京市建筑设计院）。长期的病休使她与外部的形势脱离较久，无论在思想上还是业务上都出现了差距，让平日好胜的她也有自卑感，怕掉队太久。但另一方面，病休也使她没有参加鸣放反右等活动，她的学弟周文正就是在那次运动中被划为右派。身体痊愈后李滢上班，并于1960年与洪朝生（1920—2018）结婚。洪当时是中国科学院物理研究所专门研究低温物理的研究员，他们在美国时就认识，按杨伟成先生的说法："他（指洪）追求李滢多年后才如愿，李滢身体一直不好，这也是她不愿意结婚的重要原因，所以她一生中没有生育。"当时洪朝生41岁，李滢38岁，真是地道的"大龄青年"了。洪于1980年当选为中国科学院数理学部学部委员。

李滢和洪朝生在美国

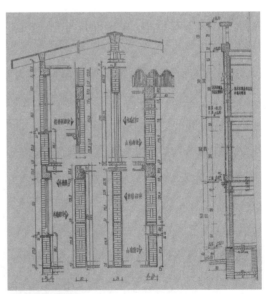

振动砖壁板剖面

李滢在设计院被分配到研究室，最早是参加振动砖墙板和大型壁板的构造研究和节点汇编。北京院早在1953年就成立了研究室，沈勃院长回忆："为了掌握先进技术，提高设计水平，抽调了一批有经验，有一定外语基础的同志组成了研究室。研究室下分三个科：研究科、试验科和预算科。从单纯的材料、构件、节点的检验，逐步开展了防水、防雷、声学、热工等专业研究……这些研究成果，不但对我院一般设计帮助很大，同时对我国建筑行业开发先进技术也起了推动作用。"早期的专家除李滢外，还有顾鹏程、阮志大、雍正华、向斌南、马增新等人。当时在预制构件的设计研究上，1957年就在北京月坛西洪茂沟设计了适合工业化施工的大型砖砌块试验住宅方案，其中一室户12.5~18.9平方米，占25%，二室户23.56平方米，占65%，三户室36.2平方米，占10%，结构上三道纵墙承重外墙为36厘米，内墙2~4层为24厘米，砌块按每层三段，外墙砌块作出凹口，安装后用混凝土填实，楼板是预制预应力棒空心板，屋顶是钢筋混凝土波形大瓦。当时创造了8天盖一栋4层住宅的记录，造价也从预算的64元/平方米降到54.34元/平方米，是我国较早的砌块试验住宅，但也还有湿作业多、自重大、吊装次数多等问题。

1960年振动砖壁板又有进一步发展，用浸透水的砖配以50号以上水泥砂浆，经平面振捣器振捣，使砖和水泥砂浆形成严密的砖壁板砌体。这样可以提高砖砌体约1/3的强度，同时用较薄的砖壁板来代替较厚的砖砌体，通过定型化、装配化减少施工程序，这种技术在26中单身宿舍工程和弥勒庵小学宿舍工程进行了实验。26中的外墙板总厚22厘米，除砖壁板外，外部还有7厘米厚硅酸盐泡沫混凝土，另一工程的外墙非承重壁板还有两层砖，中间用矿渣棉夹心和利用硅酸盐膨胀矿渣及水渣壁板，在利用工业废料上做了探索。

到1959年，在学习苏联经验的基础上，又设计了装配式大型壁板试验住宅，当时是五层四个单元，端头单元为2-3户型，中间单元为2-2-2户型，其中二室户总计83.8%，三室户总计16.7%，房间开间3.6米，进深5.4米，这样最大构件重量不超过4吨。由于是试验住宅，所以除北京院标准室、研究室外，还有清华大学、建工局研究所和四建公司参加。承重壁板四面有肋，当中薄壁厚5厘米，而保温是在肋间里面贴13厘米厚的轻质浇水渣混凝土。所有的这些做法都是基于当时的施工条件、材料供应的可能，由标准室、四室和研究室共同合作提出的可行方案。当然，从现在的角度看，都属于较为早期的做法了。我想，李滢就在这些工程实践中发挥了自己的作用，推动了建筑预制化、装配化的发展。

1959 年 5 月 18 日至 6 月 4 日，建筑工程部和中国建筑学会在上海召开了"住宅标准及建筑艺术座谈会"，有全国设计单位、高等院校的专家学者和建筑师120 余人参加。会中只用 4 天讨论住宅标准问题，其余时间基本在讨论建筑艺术问题，大家各抒己见，畅所欲言，就"适用，经济，在可能条件下注意美观"的建筑方针问题、继承与创新的问题、建筑形式与建筑美、中国建筑创作应走的道路等议题发表意见。会议结束时，刘秀峰部长做了《创造中国的社会主义的建筑新风格》的总结报告，对十年来中国建筑创作的曲折道路进行了分析、总结和认真评价，对建筑界长期以来一直关注的几个重要理论问题提出了自己的看法，报告具有相当的学术水准。会议之后，刘秀峰又向中共中央汇报了上海座谈会的有关情况，提出"正确的解决这些问题已经成为当前设计人员和教学人员的普遍要求，而首都国庆工程的建设又引起了大家讨论建筑艺术理论问题的很大兴趣"。在座谈会的开始，首先就由专家们介绍了资本主义国家和社会主义国家的建筑发展状况，因此细致地了解国外建筑界的发展概况，分析其源流和理论发展，使人们能够对其有所了解就成为当务之急。

正是在这样的大形势下，北京院的研究室，也在 1960 年专门成立了国外建筑理论研究组。1960 年 12 月，新任北京院党委书记的李正冠身体力行，并结合北京院 1960 年在一批工程调研中所发现的问题，以及涉及的若干重要理论问题，如阶级观点和和群众观点、全局和整体、生活体验与从实际出发；以人为主处理人与物、技术与艺术的关系；正确对待古今中外的建筑遗产；集体创作与个人才华等，总结了名为《建筑创作

李正冠《建筑创作的一般问题》

128

的一般问题》的长篇报告，约 6 万余字。文中还就建筑风格、时代精神等问题与张开济总进行讨论商榷。

与此同时，他还在私下向华揽洪和陈占祥讨教学习法文和英文的问题，由于华和陈当时尚未摘掉右派的身份，李正冠后来因此事为人诟病。李滢由于留美的经历以及与几位现代建筑大师的交集，自然成为研究室理论组的主要力量。当时她收集了大量有关赖特、勒·柯布西耶、格罗皮乌斯、密斯·凡·德·罗、阿尔托等人的设计作品和理论观点，将其分别整理成册，供设计院和建筑界在建筑艺术创作的讨论中分析和利用。她提出了允许不同的学术流派存在，取长补短，把我国的民族传统和现代的经验结合起来，根据国情发展民族传统。她提出学习外国的经验要有分析、有取舍等观点，丰富了国内建筑历史和建筑理论的研究。但后来听说这些研究材料不知所终，我想还是不会丢失，说不定还保存在哪位有心的人手中。

我在 1965 年被分配到北京市建筑设计院工作，随后按规定去参加"四清"一年，于 1966 年 8 月到五室上班。当时随着运动的开展，我忙于参与红卫兵的接待工作，同时也注意院里大字报的情况。因为初来设计院，对院内情况很不了解，尤其是人事情况，从大字报里可以了解许多内幕，我就是通过大字报知道了院里的许多老职工，同样也是通过看大字报知道了李滢。她写的大字报很少，内容也完全回忆不起来了，但是她的书法却给我留下了深刻的印象。因为经常在院里看大字报，所以后来基本看到字迹就能知道是谁写的，而院里女同志书法能够拿得出手的也就是 2~3 位。记得好像有潘志英，她的书法基本是行楷，字体较端正，而李滢的书法我明显地感到是在学郑板桥的"板桥体"。郑板桥的行书字多不相连，大小错落，活泼自然，尤其是他将楷书、隶书、行书和绘画的笔意融为一体而创造的"六

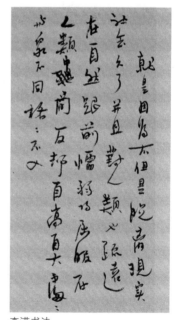

李滢书法

分半体"，其章法布局如乱石铺街，大小错落有致，既随势而就又匠心独具。我那时对书法虽无研究，但对"板桥体"还略有所知。而李滢的书法不但充分掌握了"板桥体"的特点，而且运用自如，十分熟练，故而为我留下了深刻的印象。

后来我在院里看到了李滢本人。她个子很高，估计有一米七以上，留短发并抿到耳后，脸色黄瘦，以致颧骨有点突出，她经常穿毛蓝或深蓝的中式对襟衣服，夏天上班时戴大草帽，冬天脚穿一双大皮鞋。她平时骑车上班，在两个裤脚处经常夹一个夹子，走起路来大步流星，很有一些男人气概。当时设计院内出身于名门大家的女工程师有很多，我到院时她们在衣着上已经收敛了很多，但仍然可以看出较高的艺术品位以及在着装上的追求。但李滢的装束打扮与她们截然不同，表现出特立独行、与众不同的风格。这些印象都是远观，我们并未直接交谈过。1970年设计院有412名干部下放劳动，李滢也下放到建筑公司，先后干过灰土工、木工、抹灰工等工种，并于1972年回院分配到六室工作。她认为这两年是她"第一次到劳动人民中，到施工实践中去，所以很有收获"。下放干部的回院可能还缘于1971年10月万里同志召集建设局、规划局、设计院谈工作时提出过"对老的设计人员以及下放的专业干部要用起来，要调动一切积极因素"的指示。也就是在这一时期，我从建工出版社杨永生总编那里才得知："你们设计院的李滢在美国时，曾在格罗皮乌斯、阿尔托那儿待过"。这一来，李滢自然让我更肃然起敬了。

李滢她们回院后，被分到六室工作，我却于1973年去北京朝阳区带领知青，并参加劳动一年，于1974年回院在三室做了一段时间工程以后，于1975年2月被任命为第六设计室副主任，这样就与李滢成了共处一室的同事，当时我31岁，在室里分管科研和建筑方案的审定。同事们可能是客气，见面时都叫我"马主任"，只有李滢，当时她52岁，见到我时经常称呼"小马主任"，凭空增加了几分亲切感，更像一位老大姐。当时李滢在黄晶和张长儒任组长的建二组工作，在我的印象里，黄晶和李滢的关系处得很好，李滢对工作十分热心，积极主动，经常向黄晶提出各种想法和建议，努力要多做一些事情。

我到六室工作以后，记得还到李滢家里进行过一次家访。那时逢年过节室领导都要分头进行家访，以示对员工的关心。当时的家访多是形式上的，因为一般职工所遇到的问题多是工资和住房问题，而这些问题我们根本解决不了，只能口头上表示同情。李滢家在西城西文昌胡同6号，紧挨西长安街，她当时已是五级工程师，工资178元。她爱人工资更高，所以经济上不会有什么问题，和一般技术人员40~50多元的工资相比更是天上地下了。住房是四合院的北房，但并不是中国传统的四合院，而是民国时的四合院形式。我记得她家里较宽敞，简单利索，没什么多余的东西，给我特深的印象是门窗上都挂着竹帘，竹帘又不像是完全防蚊蝇，窗户上的竹帘更像是遮挡阳光和通风之用，很有"草色入帘青"的意境。我想这房子很可能是李滢在都委会工作时分给她的，因为六室的老建筑师黄世华也住在这个院子里，黄原来也是都委会的，1953年还和陈占祥一起提出北京总体规划的乙方案，都委会撤销以后也到了北京院。李滢的住房北墙就紧挨长安街，所以她也十分担心，如果长安街扩宽，这房子就保不住了，她是宁可住平房也不愿意住楼房的。

到六室以后，遇到的重要工程就是西二环路的规划。西二环路的规划最早由四室搞了一年多，1973年2月转到了六室，当时参加规划工作的有黄晶、李滢、何方和许绍业，其间审查汇报过多次，1975年3月分别向市委和国务院汇报过。在1973年7月，市建委主任赵鹏飞就谈到，首都的改建，应该和地铁建设相结合，把城市的环路搞好，对首都面貌改变关系很大，西二环路规划要早搞出来，次年开始建设。西二环路全长约5千米，分为八个区段，其间有三座立交桥，建设内容以居民住宅和配套设施为主，其间也还有若干公共建筑。规划组和李滢在接到任务以后，即对西二环的现状规划资料进行调研。因为此前的地下、地上建设有一阶段处于无政府状态，各种竣工资料很不齐全，尤其是把原来的护城河改造成钢筋混凝土的盖板河，其断面和走向都较复杂，限制了规划用地。因此要获取第一手详细资料，就要到现场进行详细的摸底调研，只有弄清这些以后，规划设计才有准确和可靠的依据。我到六室以后，一方面，院里由张镈总指导，由各室抽调人员成立了干道调研小组，从4月到8月用两个多月时间考察了由南到北十八个城市，做出了相应的调研总结报告。同时西二环路上的一些工程也陆续下达到六室，如西便门小区、广播局住宅、海洋局贸促会办公楼、中央音乐学院教学楼、人民医院等工程，所以李滢他们前期扎实的调研，为工程的顺利开展创造了条件。

海洋贸促会外景　　　　　　　　　　　　李滢（1987 年）

　　与此同时，海洋局贸促会办公楼的工程也在进行，工程由建二组的徐桂琴任主持人，她设计能力很强，经验也很丰富，但对我的意见十分尊重，我们也还曾帮助她画过透视表现图。在海洋局贸促会办公楼工程中，我在审定时曾先后提过几条意见。一是方案开始时的设计方向，因为办公楼立面的处理，一般是一开间做一个大窗，或一开间做两个小窗，然后开间之间形成壁柱，当时我主张每开间做几个小窗，并形成连续的开窗效果，这样当外墙面采用预制墙板时，总的规格型号也不会太多，内部分割也更灵活方便。立面方案确定以后，李滢在这个工程中研究了外墙板的构造做法，除本身的保温防水要求外，还有与框架结构的联结做法等。对于这些技术做法我没有过问，因为北京院的预制墙板研究除了在住宅建筑上应用多次，在公共建筑上如 1958 年的民族饭店工程（48 米高），1964 年的中国民航局办公楼（54 米高）都积累了不少经验。北京院里当时还用试验用的预制壁板盖了一座二层实验楼，后来成为院里的医务室。二是在工厂预制墙板时，徐桂琴来问过我墙板的断面凹凸尺寸，因为这与墙板重量有关，我建议凸出部分不要小于 15 厘米，以使立面上有明显的阴影韵律效果。三是墙板都安装差不多时，一位老建筑师建议把窗下墙改换一个颜色，这样立面上框架部分、窗下墙和窗户就是三种颜色，而我认为表现工业化、装配化的办公楼还应以简洁为上，所以决定了墙板全部是一种颜色处理。从建成效果看我感觉还是可以。李滢也在工程实践中进一步熟悉了工程组织，专业配合和施工技术。

　　再后我在六室的工作也比较特殊，1976 年以后，我先后在前三门工程设计组和毛主席纪念堂设计组工作，脱离六室，后来又因要去日本学习，从 1980 年起脱产学习日文，之后又有两年去日本研修，所以对李滢在六室的情况和她退休的事就全然不了解了。

但后来我又有一次机会见到李滢。那是1987年6月6日，同济大学罗小未教授来北京院做学术报告，介绍西方近现代建筑的发展，报告结束以后我们意犹未尽，于是和少数人又到科研楼十层，即当时的亚运会设计组来座谈。李滢和罗小未先生、白德懋总都是原圣约翰大学的校友，一同参加的还有戴念慈部长。我当时忙于用长焦镜头给他们拍照，所以对座谈的内容并没有注意，但留下了他们几位的形象记录。因为用的是反转片，所以每一位都只拍了一张照片，要是有数码相机就会好多了。李滢那一张对焦不理想，但仍是对她后期形象的一次记录。那一年她64岁。自这一次以后，我就基本听不到有关她的任何消息了。

从时间上看，李滢属于继庄俊、杨廷宝、梁思成、陈植、童寯老一辈留学海外建筑师之后的第二代留学生。比她稍早或和她几乎同时代留学的老建筑师，如徐中、汪定增、冯继忠、黄作燊、林乐义、赵冬日、汪坦、刘光华、沈玉麟、吴良镛、张钦楠等前辈都在各自的岗位上发挥了作用，相形之下，李滢与他们相比就显得默默无闻，我想这里面有多方面的因素。李滢回国到京以后，先后参加了一系列的政治活动和思想改造，表现也十分积极主动，剖析自己的家庭、检查自己在国外学习时所受的影响，所以研究所党支部认为她："'大跃进'后思想上有进步要求，拥护三面红旗，能向组织汇报思想，争取帮助……工作态度踏实、认真，带病坚持工作，生活作风朴素。"她所在的小组也认为："能响应党的各项方针政策，工作积极努力，有时带病工作；靠拢组织，能经常汇报自己的思想，注意政治学习，要求自己比较严格；能从生活上关心同志。"从她在六室的工作，我也感到老大姐的态度十分积极热情，工作努力。

但是由于长期病休，她在业务上还不能马上适应设计室里的业务工作，尤其是施工图方面有些吃力。另外对李滢这样学有成就、爱国回归的海外回国人员，虽然在待遇、工资、生活补贴等方面都按照政策一一落实，但始终没有找到一个最适合发挥她的特点的工作环境和工作岗位，也使她的潜力未能充分发挥。在1982—1983年间，她又曾进行过建筑理论的研究，但听说无果而终。在她退休以后的几十年当中，我曾先后向多位建筑界从事建筑史研究或建筑评论的同行推荐过她，希望能从李滢的身上发掘出更多对中国建筑界有参考价值的材料，但看来都没有成功。赖德霖先生主编的《近代哲匠录》有关李滢的条目只有简短的几行，且内容也不完全准确。联系到她自己检查"个人英雄主义""事事但求与众不同""不了解客观而坚持主观"以及她先是好胜要强，而后又有自卑的矛盾性格，再加上爱人洪朝生回国后在低温物理和超导研究的成就，获得一系列国际、国内奖项和荣誉，已是全国人大代表和全国政协委员，相对比之下，可能会更有助于理解她后来的心理状态和表现吧。

从我所了解的李滢的情况可以看出，她应是属于早期爱国归来的海外留学回国人员中的一个特例，但了解她的这些情况对于我国建筑界来说也还是有一定参考作用的。和众多建筑前辈一样，她也不应被遗忘，所以我写了这些文字来表达对李滢老大姐的怀念。

2020 年 7 月 4 日一稿

## 附：洪朝生李滢夫妇

在 2021 年 8 月的"栋梁——梁思成诞辰一百二十周年文献展"上遇到梁再冰的女儿于葵，她向我说起她母亲对我写的回忆建筑前辈李滢的文章后很感兴趣，因为她们小时候常在一起玩耍，因此就问我是否有进一步的情况可了解。由此我就想起了李滢的爱人洪朝生。他是中国科学院研究超导的院士，而国家最高科技奖的获得者赵忠贤院士正是他的学生，是否可从这里了解到一些情况呢？此前我有机会认识赵忠贤院士夫妇，于是一周后我就给赵院士去了一封信。

很快我与赵忠贤院士取得了联系，他告诉我他和洪朝生院士接触得比较早，后来了解他们情况比较多的是洪的最后一个学生和洪院士课题组负责人，现任中国科学院理化技术研究所低温材料及应用超导研究中心的主任李来风研究员，他

注：本文原载于《中国建筑文化遗产 27》（2020 年 7 月），本次增加了插图。

洪朝生院士

洪朝生与李滢

一直负责照顾洪家晚年数十年的生活。很快我与李来风研究员联系上，他给我寄来了有关洪朝生院士的纪念集和许多他手中的李滢夫妇的照片。其中有20世纪40年代的，也有许多2000年以后的照片，一下子使我们的资料丰富多了，也使我们对于李滢的了解更加丰满起来。

李来风给我寄来了一本《低温王国拓荒人洪朝生传》，属于老科学家学术成长资料文集工程和科学院院士传记丛书系列之一，另一本《岁月有痕——纪念洪朝生先生诞辰100周年》内容也十分丰富，使我对李滢的老伴洪朝生有了进一步的了解，也找到了许多有关他们夫妇的生活材料。

洪朝生院士是我国杰出的物理学家，我国低温物理和低温技术研究的开创者。对于低温技术我是一无所知，所以先引用书中对洪院士的总体介绍：1920年10月20日生于北京，祖籍福建闽侯。1940年清华大学电机工程学毕业，1941年任西南联大电机工程系助教，1945年赴美国留学，1948年获麻省理工学院博士学位，先后在美国普渡大学和荷兰莱顿大学工作。1952年回国，任中国科学院物理研究所副研究员，清华大学、北京大学物理学教授（兼）。1954年任中国科学院物理研究所研究员。1958年任中国科技大学技术物理学教授。1975年任中国科学院物理所副所长。1980年任中国科学院学部委员（院士），同年任中国科学院低温技术实验中心主任。第三届全国人大代表，第五、六、七、八届全国政协委员，兼任中国物理学会副理事长，中国制冷学会副理事长，国际低温工程委员会副主席。1978年获全国科学大会表彰的全国先进工作者。1989年获中国物理学会胡刚复物理奖。2000年获国际低温工程理事会门德尔松奖。2011年获美国

洪朝生与李滢（组图）

低温工程和低温材料大会科林斯奖。

由于洪院士生前十分低调，所以外界对他取得的成就和他个人几乎毫无了解，不像与他同时代的许多科学家那样有名。因为他在1983年5月专门给《科学报》去信，"希望务必不要宣传我"，为此报纸还专门交了内参。看了他的介绍以后，我为他"热爱祖国、追求真理、献身科学、无私奉献、锐意进取、开拓创新"的崇高精神所感动，也为他和李滢共同生活、相濡以沫、互相扶持的58年有了新的了解。

洪院士初中毕业于北京育英中学，高中毕业于汇文中学，1943年考取第八届庚款留英公费生，1944年参加了第六届庚款留美考试和第八届庚款留英考试，双双通过，他选择了留美。留学之前的准备期间，任之恭和范绪筠被安排为指导教师，二位都是物理学大家，后都在美国留学或任教。洪在1945年赴美，同时乘船的还有杨振宁、何炳棣、杨式德等人。在麻省理工学院学习时，他常去任之恭家中看望和求教，得到任之恭和夫人陶葆楏的热情接待，"师生间情同家人"。后来任之恭的女儿在北京大学学习期间，洪和夫人李滢对她的生活和学习给予了无微不至的关怀。所以直到1972年任之恭率美籍华人学者参访团来京，受到周总理在人民大会堂的会见时，特邀洪作为翻译和陪同人员。他在致任的信中说："我有幸参与接待你们，因而在那动乱的年代里，居然能坐在周总理的近旁，几个小时地聆听总理和你们的谈话，真是莫大的幸福。"

在美期间，1949年他还和华罗庚、侯祥麟、张文浩等八人任"留美中国科技者协会"首届理事会理事，与徐光炽等三人任监事。在普渡大学时，与在美学习的邓稼先同租用屋顶的阁楼，同一个门出入，用隔断分为两小间。当时邓稼先没有公费资助，生活艰苦，经常吃不饱。有一次洪和邓二人去吃饭，两份牛排送上来，邓对洪说："我这块小，你这块大"。洪就把自己那块大的给了邓稼先。以致后来在国内邓稼先与杨振宁先生在仿膳吃饭时，杨说："这回你可以吃饱了。想当年在美国留学的时候，你可经常饿肚子的呀！"

回国前洪与清华联系，了解回国后从事哪方面的研究为宜，钱三强和彭桓武联名回复：低温物理很重要，中国也该开展这方面的基础研究，建议洪去西欧一年，以增长低温物理方面的见识。这是涉及物理、化学、生物学、医学以至国防、航空航天领域的基础和重要支撑，当时低温物理研究重点在欧洲，洪于是到荷兰进行低温物理的基础研究一年，同时参观考察了英国、法国、德国、比利时等国家的实验室。

1951 年底，洪从欧洲启程回国，开始建立中国科学院应用物理所的低温物理组，最早除洪以外，只有一名初级研究员、一名技工和一名徒工，此后逐渐配备和发展，到 1959 年扩充到 47 人。洪也在 1954 年晋升为低温物理领域的第一任研究员，研究组也扩大为低温物理研究室（五室）。1956 年应用物理所增设半导体研究室，洪任该研究室材料组组长。1958 年根据决定，将主要精力用于低温物理的研究，同时也受到冲击和审查，洪虽然多次检查，但难以过关。此间李滢多次寄信给他"催促他端正态度，深刻认识错误，努力改正错误"。洪并未因此有消极情绪。后来在中国科学院党组书记的关心和保护之下，仍干劲十足地和大家一起工作。1960 年与相恋多年的李滢结婚，修成正果。1969 年洪成为国防任务组成员，直到 1972 年任之恭率团访华并受到接见，他的境遇才得到改善。1982 年中国物理学会成立五十周年时选举钱三强任理事长，三位副理事长中除洪朝生外，另两位是谢希德和周光召。洪还任学会的学术交流委员会主任，此后还任中国制冷学会理事长。

在《低温王国拓荒人洪朝生传》一书中，对于洪朝生和李滢之间的感情生活有一大段描述，这里照录如下。

洪朝生的妻子李滢，与洪朝生祖籍同为福建闽侯。她的父亲李直士早年赴日本留学，主修搪瓷生产工艺。归国留沪，后与其兄李拔可、著名大实业家刘鸿生集资创设华丰搪瓷有限公司，任化学工程师兼总经理，并使华丰公司成为行业之冠。母亲王稚珧系家庭妇女，因搪瓷染料配置属商业机密，其捣碎、配置等秘不外宣，由其在家中操作。李滢1945年毕业于上海圣约翰大学，1946年9月至1949年8月先后在美国麻省理工学院及哈佛研究院读研究生，后赴地中海沿岸、丹麦等地参观实习，专攻建筑美学。洪朝生与李滢相识于在美期间的中国留学生联谊活动上，青春的活力、良好的学养、不凡的气质相互吸引着对方，并逐步确立了恋爱关系。后来二人同期回国，洪朝生入中国科学院应用物理所，而李滢先是回上海在圣约翰大学短暂工作几个月后，于1952年4月到北京市都市计划工作委员会工作。1953年以后，李滢因患肝病长期休养，后经名医施今墨弟子中医调理，病情好转，但工作仍是时断时续。1960年，在经过漫长的"马拉松式"恋爱后，二人终于结为伉俪。由于身体和年龄的原因，二人婚后并无子嗣，这似乎也成为二人的终生憾事。

婚后，二人住在中南海对面的西文昌胡同一个普通的院落里。他们和李滢母亲同住此院，一起生活，分别住在不同朝向的两个独立的房间。一间稍大，有十多平方米，先是李滢的母亲居住，后来是李滢的弟弟、弟媳一家居住；另一间是一分为二改造而成，面积不足十平方米，他们夫妇就住在这里。房间内除一张双人床和一张小书桌外，难以再安放其他家具。餐桌是由两个小凳子临时支起一块棋盘状的木板，木板四周有沿，避免餐具滑落。吃饭时坐在小凳或小马扎上，吃完便撤。书桌上堆满了各种书籍、文献、纸笔及绘图工具等，那是洪期生写文章

李滢

李滢与洪朝生及弟弟

或绘图的 "办公场所"。院子里住着几户人家，只有一个自来水龙头，上厕所要到院外的公厕。他们一家和院内的邻居相处得非常好，夫妻在这个小院里生活了二十六七年，刚开始院里的小孩称他们为洪伯伯、李阿姨，及至后来，院里的新生代小朋友则亲热地称呼他们为洪爷爷、李奶奶了。

他们婚后的日子平实而又温馨，在李滢身体还好的时候，夫妇二人闲暇时常骑车到外面转转，看看展览，游游公园，逛逛街景，有时也参加一些同学聚会或在家接待老同学、老朋友。据吴大昌回忆，别看洪朝生的住房很小，可我们三五个人到那里谈往说今地聊聊天，气氛还挺好。李滢是个 "很大气的人"，待人热情而真诚，对洪朝生的父母、姐姐及晚辈都非常好，相处很融洽。他们家吃饭是极其简单的，平时基本上是煮菜或肉，不炝油锅，但只要洪朝生的家人来，夫妇二人总是烧鱼、烧肉地热情款待。20 世纪 60 年代，洪朝生的母亲患上严重的骨质疏松，由于洪朝生的两个姐姐均在外地工作，每次都是由洪朝生陪母亲看病、检查。李滢对婆婆的病也很上心，由于身体不好，大多情况下不能陪老人看病，但常会委托在协和医院当医生的弟媳来帮忙。洪朝生的父亲 80 多岁后罹患癌症，李滢又多次找到弟媳共同商量治疗方案。从父亲患病直至去世，夫妇二人尽心服侍，尽到了子、媳应尽的责任与孝心。

洪朝生和李滢专业各异，但在努力工作和努力改造思想方面却惊人的一致。他们同期回国，回国后即赶上思想改造运动。1957—1958 年，洪朝生在 "反右"中迟迟过不了关，李滢一再敦促他深刻再深刻地挖思想根源，认识和改正 "错误"。

李滢与亲属（2003 年）

在生活上他们俭朴再俭朴，工作上努力再努力。在吃的方面，当时为了照顾老人，请了个小保姆，他家的饭菜，小保姆都嫌差；在穿的方面，二人平时穿着都极朴素，洪朝生常穿着半旧的制服或劳动布工作服，李滢则穿着肥大的旧衣裳，根本不像留过洋的人；在工作上，住城里期间，洪朝生通常是晚九十点钟才骑着一辆改装的轻骑摩托车——那是物理所"巧手"何寿安的杰作——从中关村赶回家中。对洪朝生的工作，李滢非常支持，从无怨言，倒是李滢的母亲对此不理解，说："他们两口子太革命了，而且老是一致，总是为了工作。"

李滢的身体一直不好，肝病稍好以后，20世纪70年代又因大脑瞬间失去知觉而从高台阶上跌落，造成严重的脑震荡，虽经一段时间的治疗和休养有所好转，但后来几乎每年一到那个季节就发作，一发作就要到医院看病。逢此，洪朝生每每相陪，细致入微。1986年，随着知识分子政策的进一步落实，中国科学院分配给洪朝生一处位于中关村黄庄的新居，洪朝生起初不肯接受，说自己住的地方离党中央近，舍不得搬走。后因李滢告诉他自己实在没有办法到公厕上厕所，蹲、起都很困难，洪朝生才答应搬入新居。

搬入新居后没几年，一天洪朝生正在外面开会，李滢突发眼疾，恰巧邓稼先夫人许鹿希在他家，连忙唤人将她送往医院，医生要立即手术，但苦于无亲属签字。待洪朝生后来赶回家中，已错过治疗最佳时机，造成双目几近失明。在李滢患肝病、脑震荡及后遗症和眼疾期间，洪朝生集安慰、陪医和悉心照料于一身，从不抱怨。采集小组人员曾问他：夫人多年来身体不好，这件事是不是很操心时，他淡淡地说"是不省心"，但那些年"我的身体一直特别好"。如今（2015年），李滢已经92岁了，她的身体状况总体上来说还是很不错的。

李滢的老母亲王稚珧是林徽因的表姐，林徽因是林家长子林长民的女儿，王是林家长女林泽民的女儿。李滢住在西文昌胡同时，就与老母亲在一起，老母对

李滢90岁生日照（2013年）

李滢与侄儿李红兵及李红兵的女儿

140

他们夫妻的评价是"他们两口子太革命了。"后来搬到科学院保福寺916号楼后，室内陈设是十分朴素简单。

2001年后，洪成为资深院士，但仍然参加各种国内的学术交流活动。他在开会时仍时时关心家中的老伴，每晚要回中关村家里。因为他担心李滢有失忆症，晚上保姆不在，他担心李滢烧开水忘记关液化气。2011年8月29日，洪院士不慎跌了一跤，造成右股骨粉碎性骨折，经手术治疗后，于10月入住中国科学院物理所物科宾馆疗养和康复，他按时锻炼，听新闻广播，下楼在院中活动，同时把银行存折、部分现金、房产证交自己的博士生李来风保管。并特别叮嘱，将来要单独付给护工五万元。在休养期间他还一个人自己洗袜子，自己能做的事绝不麻烦别人，在2013年他给所领导打报告，说明已退休，要降低自己的工资收入，要求自行支付在宾馆疗养期间的房租和电话费等，并多次为受灾群众捐款。

2014年，李来风博士去荷兰参加国际会议，遇到当年与洪朝生同一科研项目的温克，当年近九旬的温克听说洪的消息后，十分激动，并写了一封热情洋溢的信托李带回。

见到李来风教授听他说您仍然在世，这让我十分惊讶。同样惊讶的还有我的妻子雷尼。这带给我们太多的记忆……但是多少年过去了，莱顿还是那个样子，我重温了和您在一起的回忆：您还记得航行时意外落到冷水中吗？还有亨特给我们的图案？您参加我和雷尼（仍然是我的妻子！）的订婚招待会，您送给我的礼物现在还在。

我听李来风教授说，您后来也结婚了，并且您的妻子也在世。在我们这个年龄，我们正在失去太多的朋友和亲人，所以我们仍在世就是特别的快乐！雷尼和我祝您和您的妻子在我们余下的日子过得非常好。

更为珍贵的是李来风研究员还给我寄来了他整理的一些珍贵历史照片。加上纪念册中的几张照片，大大丰富了图像历史资料。其中黑白片部分为在美国时的照片，如1945年二人在美国的若干合影。另外有一张清华的老照片，经李滢确认以后，认定其是1948年李滢在哈佛与其他华人聚会的照片。彩色照片基本都是2000年以后拍摄的。2013年李滢90岁生日，留下了珍贵的记忆，还有他们夫妻与亲属们的合影。有一张夫妻二人照片可确认是1998年的。

又过了几年，有人问起我李滢弟弟的情况，我只能告诉他李滢有一个弟弟是搞水利的，情况不甚清楚，另一个弟弟李功宋是学医的，原在协和，后来对方告诉我李功宋最后是在301医院，但已于2022年4月去世，享年95岁。他曾任协和医院医师，阜外医院主治医师，301医院胸外科副主任、心外科副主任、主任，专家组副组长，教授。此前于1995年入院，1962年加入中国共产党，北京卫戍区正式医专业技术一级退休干部。可惜无法从他那里了解更多的情况了。

通过新材料的补充，我们对建筑界前辈李滢夫妇有了更进一步的了解，也希望能不断有新的内容补充进来，以充实建筑界的历史人物。他们传奇般的经历为我们提供了许多可借鉴、可学习、可敬佩的地方。

2023年3月15日一稿

## 又记

2023年10月16日我又看到中国科学院李来风研究员发来的一条信息："洪朝生、李滢奖励基金"捐赠仪式在理化所举行。消息中说10月10日在中国科学院理化技术研究所举行了基金的捐赠仪式。为了深切缅怀洪朝生和李滢二位先生，弘扬老一辈科学家热爱祖国、追求真理、献身科学、无私奉献的崇高精神，经家属同意，设立"洪朝生、李滢奖励基金"用以支持中国科学院大学低温领域发展及人才培养，希望青年科技人才能在老科学家精神的引领和激励下，勇于创新、敢为人先，为科技强国发展贡献青春力量。家属代表与国科大教育基金会签订了捐赠洪、李二先生生前积蓄200万元的意向协议，这一天正是洪朝生先生诞辰103周年。

在捐赠仪式上，捐赠方和接收方代表致辞，国科大教育基金会理事长，中国科学院理化技术研究所所长、家属代表、洪院士的学生代表分别致辞。洪、李二位先生为人均十分低调，但都怀着坚定的爱国情怀，为祖国的事业奉献了自己的一生，是仰望星空和脚踏实地的实践者，他们的精神将永续流传下去。

2023年10月又记

# 兰生幽谷遗我香

为了表示对聂兰生先生的悼念、纪念和思念，我选择了这个题目，题目出自宋代苏辙《种兰》中的两句："兰生幽谷无人识，客种东轩遗我香"。

今年1月19日晨，我从北京工业大学杨昌鸣教授那儿得知聂兰生先生去世的消息。在这之前我有一点预感，去年年底我的一本打油诗集出版，刚送来几本样书，我马上给聂先生寄去

聂兰生先生（1992年11月，作者摄）

一册，并附上了手制的贺年卡。过去聂先生收到我的书后，一般都会很快打电话或写信与我联系，但是年后一直没有回音。我知道先生久病多年，但几次都化险为夷，可没有想到这次得到的却是先生已驾鹤西去的消息……因为手头没有天津大学建筑学院现任领导的联系方式，只好委托崔愷院士代为转达我对先生去世的悼念之情。

我和聂先生相识于20世纪80年代，至今已有30多年了，先生比我大12岁。在建筑学的老八校中，除了我的母校清华大学，天津大学建筑系是我去得最多的高校（没有之一）。我在这里参加过学术活动、研究生答辩、新书首发式……陆续认识了天大的许多建筑界的前辈、同行，其中最熟悉的三位是邹德侬教授、彭一刚教授和聂兰生教授。聂先生得体的谈吐、文雅的举止、得体的穿搭、真诚亲切的待人，给我留下深刻的印象。后来我还曾遇到聂先生的弟弟聂桂生，他1959年毕业于清华大学，后在北京环保科研院从事放射性废水处理、城市生态和城市水资源方面的研究工作，和我同是两届北京市政协委员，还同在一个小组

议论时政；另一个是他的妹妹聂梅生，1962年毕业于清华大学土木系，曾任建设部科技司司长，退休后还曾担任全国工商联房地产商会会长，为推动养老住宅做过不少工作。他们都没有聂先生那样曲折的遭遇。聂先生以她的低调、平和、睿智、儒雅和达观形成了强大的"气场"，我正是从这个气场中看到她身上那丰富的人文学养、待人的亲和力和"大家"气概。在多年的交往中，也感受到她对我们晚辈的关心、鼓励、支持以及寄予的厚望。

聂先生1954年毕业于东北工学院（东北大学前身，简称东工）建筑系。东工创办于1923年，由梁思成先生在1928年创办了建筑系，1931年停办，1946年重建，1956年建筑系并入西安冶金建筑学院。北京院的张镈总曾在东工学习过，赵冬日总曾在东工任教，北京院的建筑师黄晶、苏雪芹等骨干都是东工毕业的，东工的毕业生在建筑界还是十分活跃的。我有一次和聂先生说："我的亲戚曾在东工任教，肯定教过您！"她问是谁，我说是体育教研组的马骥超和李梅青，那是我的五叔和五婶，是体育界的前辈。聂先生对我说："记得，记得，是教过我们！"

我和聂先生的交往有多个渠道，其中之一是民间组织"现代中国建筑创作小组"的学术活动。1985年5月在武汉华中理工学院举行了小组成立后的第三次学术活动，当时华工建筑系在周卜颐、陶德坚先生的操持下，刚成立几年就十分活跃。在那次活动中有老一辈的刘开济、罗小未、关肇邺、齐康等人的学术报告，也有中年或更年轻一点的建筑师，如卢小荻、聂兰生、鲍家声、张跃曾、林京、罗德启、向欣然、刘亦兴、丁先昕、宝志方和李傥等人介绍学术成果和设计作品。聂兰生在这次会上谈到"建筑设计的创新和传统的运用"，并成为小组的正式成员。小组的学术活动很多，像1987年8月在新疆举办的一次活动，规模很大，去了几十人，参观了乌鲁木齐和南疆的新老建筑，还受到王恩茂同志的接见，记得聂先生也参加了那次活动。

第二个渠道是《建筑学报》（简称《学报》）的编委会。聂先生和我都是《学报》的编委，当时《学报》基本每年召开一次编委会，既是对学报工作提出希望，也是编委互相交流和参观项目的好机会。有时还专门就一个专题由大家发表意见，像1991年在上海召开的编委会，我们就参观了龙柏饭店、锦江饭店、花园酒店、上海商城、上海交大闵行分校等项目，还去看外滩夜间灯光。但偏偏没有找到聂

学报成都编委会（中排中为聂先生）（1993 年 4 月）

先生，把大家急得不行。又如 1993 年编委会在四川成都召开，我们除了参观体育场、棕北小区、人民商场等新建筑群，还参观了二王庙、望丛祠、峨眉山的报国寺和伏虎寺。后来有几次活动我因公事没有参加。1999 年 7 月的编委会在珠海举行，除了参观珠海的新建筑，还安排了对尚未回归的澳门的考察，我们参观了博物馆、大三巴、市政厅等，还专门参观了莫伯治老设计的、刚落成的新竹苑。这些和赵冬日、严星华、莫伯治、张祖刚等前辈，以及与聂先生、鲍家声、郑国英、张锦秋等学者共事和交流的活动，对我来说都是十分难得的学习机会。

　　还有一个渠道就是中国建筑学会或建筑师分会举办的讨论会或学术交流会。1985 年 11 月在广州召开了 "繁荣建筑创作学术座谈会"，在会上发言的都是学界前辈和当时活跃于建筑界的人物，如戴念慈、张镈、汪之力、赵冬日、龚德顺、刘开济、张钦楠以及齐康、聂兰生、陈世民、程泰宁、熊明、潘玉琨、布正伟、卢济威、鲍家声、顾孟潮、莫天伟、吴国力等人。我那时第一次参加如此规模的全国会议，除以上的前辈外，还见到了闫子祥、林克明、唐璞、徐尚志等老前

145

辈，所以忙着用长焦镜头给这些老人拍照，结果没有认真听大家的发言，只记得闭幕式中戴部长的总结发言还点名批评了一些观点，而且情绪十分激动，严词厉色，但直到今天我都没弄清楚他批评的到底是谁。此后给我留下深刻记忆的是 1992 年 11 月在

作者和聂兰生、彭一刚先生（1992 年 11 月）

长沙举行学术交流会。有两个单元的学术交流，向欣然、刘克良、周庆琳和崔愷都做了报告，我也介绍了亚运会体育中心的环境设计。会后大家去武陵源、张家界、王村、大庸、猛洞河等地参观考察，当时参会的张开济总已经 80 岁了，从猛洞河乘船上岸时，天刚下过雨，山路泥泞难行，我们大家七手八脚把张老抬上岸来，张老却想出一个上联求对："张学良，学张良，忍辱负重。"当时聂先生和我们都很感兴趣，一路苦思冥想，但可能思想不够开放，一直在人名上打转儿，所以最后也没想出更好的下联来。但那次游猛洞河时专门给聂先生和彭一刚先生拍了照片，这两张照片都被我用在《建筑学人剪影》一书中了。我们还利用这机会和聂先生、彭先生拍了合影，想来这也是二十年多前的事情了。

通过这些活动我和聂先生逐渐熟稔起来。聂先生对我非常关心和爱护，我对先生也非常尊敬和热爱，我们之间的联系一直比较密切。先生自 2005 年患病，需要经常透析，2013 年她还得过急性胰腺炎，住院四个月，贺卡、书信、照片及电话是我们的联系手段，虽然交往并不算特别频繁，但每年都有互动，这回我把手头有的与聂先生的书信、贺卡初步找了一下，就收集了十二封，已成为我珍贵的收藏了。

几张手制贺卡都是先生用她娟秀的字体专门写在特别的水印笺纸上，有的是宝华斋印制，浅浅的水印十分素雅，用词看得出是聂先生仔细拟就，同时也可以看出先生深厚的人文修养。如 1999 年末的"春回大地之际，九九归一之期"，

146

因为正是 20 世纪末进入新世纪的时刻。2001 年初的贺卡写着"斗转星移天上龙蛇际会，花开花落人间又逢新春"。"新年之际，恭祝健康如意，事业有成。"那年正是龙年蛇年交汇之际，看来先生还是动了不少心思。

聂先生对她的学生、弟子更是充满了母亲般的疼爱之心。2007 年 10 月，先生的研究生张江涛因突发心肌梗死去世，年仅 37 岁。江涛从 1997 年来北京院，很快就展示了他的组织能力和创作才华，先后参与了一些重要工程，如北京市高法办公楼、全国人大常委会办公楼、北京电视中心、东城区法院等项目，短短十年间就成长为北京院的骨干力量，曾任四所的所长助理、工作室的室主任和总建筑师。我因四所的中国驻印度大使馆的改造工程曾在 2000 年 8—9 月与江涛一起去印度考察。虽然江涛性格内向，不太擅长表达自己的感情，但工作认真负责，作风朴实，勤于学习。他的去世令北京院同事们深感悲痛，也让聂先生伤感不已。她在病中专门撰写了"哀婉芳华"一文，说"这是我第一次为悼念我的学生撰文"，在回忆了江涛本科和读研的过程之后，先生满怀深情地说："作为师长，我是多么希望他在这条路上能成熟、成才、成功。想着他的聪慧和勤奋，我相信他能够达到他自己和他周围亲人所期望的目标，而这一切在瞬间永远消逝的时候又多么令人伤痛！生命对于他过于短暂，宛如夜空中的流星，还没有弄清来去的踪影便匆匆逝去。对于我曾寄予厚望的学生的突然辞世，这是我近年来所遇到的最令人伤心的事……留给大家的将是永远的思念。"白发人送黑发人，这是多么让聂先生和大家痛心的事情啊！

进入新世纪以后，我工作的重点更多地转向文字和出版工作，除整理有关业务和学术的内容之外，涉及自己业余爱好的一些内容如诗歌、摄影等也都整理了一些，这些不成熟的拙作也都向聂先生奉上。一开始我寄到建筑学院，后来发现不能及时送到先生的手中。有一次我的一本书于 7 月份寄出，五个月之后先生才看到（2012 年），于是我以后就把书直接寄到先生家里。先生收到后一般都要写信谈她的感想和意见，但可能是病情的原因，从 2016 年以后就改为电话了，在电话中听到先生的声音当然很高兴，但从讲话的声音判断，先生的身体情况并不理想，听来好像正在吸氧，说话有些受限。但就是这样，2017 年 1 月有一次因为我没有注意，先生接连打了三次电话我才接到，真是太对不起先生了。

2011年5月我收到聂先生赐赠的《聂兰生文集》一册和长信一封，先生说："算来您先后已经寄给我七本书了，我这里无以回报，愧甚！近日凑成一册文集奉上，发表过的文章，无甚阅读价值，这是我出的最后一册书，留个纪念吧！"这本47万字的文集共有五个板块：建筑创作与地域建筑文化（11篇）；住宅设计研究（14篇）；建筑评论（12篇）；我国城市住宅的发展历程与展望（5篇）；随笔、访谈（5篇）。这些文章都发表在改革开放以后，先生说："我衷心感谢改革开放政策，它给建筑业带来了空前的繁荣，也使我能够把我的所学，尽量发挥出来为社会所用。感到遗憾的是当我打算全身心地投入我热爱的专业工作时，已年近半百。"道出了先生内心的无奈。通过这本文集，我对于先生的研究成果和学术方向有了初步的了解。但也感到正如先生所言，如果没有那些年的曲折，先生得为建筑事业做出多大的贡献呢！先生说："留给我的时间并不长，而我也真感到有些力不从心，因为要做的事情确实很多。"这真是一位热爱建筑、热爱建筑教育的前辈的肺腑之言，这本书也是先生留给我们的宝贵财富。

先生在给我的信中也写道："自2005年底患病之后，基本上淡出了建筑场地，除跑医院之外就是阅览一些颐养性情的书籍，如诗集、画集、摄影等等，所以很喜欢读您的赠书。"实际上也是如此，我奉上的有关建筑设计等方面的著作，先生基本上不置一词，但对一些消闲、解闷的书先生还是很感兴趣的，对此也发表了许多评论。

我曾先后给先生寄过两本有关人像摄影的书，一本是在清华百年庆典前出版的《清华学人剪影》，另一本是涉及建筑界人物的《建筑学人剪影》。先生告诉我："《清华学人剪影》那册，我翻了好多遍，找我认识的人。书中收集225位清华校友和教师、领导们的照片，实在难得……此书翻了几遍以后，我好奇地数了数我究竟认识多少位清华毕业的同仁和学长们，竟有70余人。有些是一面之交，不少人到现在我们还保持来往。令我感兴趣的是多年未见的老师和同仁们此刻的形影如何？我看十分年轻的李道增院士，变化很大的、几乎令我认不出来的张守仪先生，张先生为人热情、快人快语，我因为搞住宅研究曾去她家拜访，有一次正值她上完课，带我一同去超市买菜，一同吃饭，这餐饭令我久久不能忘怀。那是20世纪80年代的事，已经过去30多年了，那情景仍历历在目。"而对《建

148

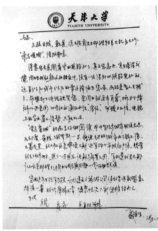

聂先生信影

聂先生给作者的书信

筑学人剪影》（就是过了五个月之后才收到的书）聂先生说："我从头到尾翻了几遍，很感兴趣。因为其中能有一半人曾经谋面，有些甚至交往多次，会晤多次……多年未晤的老领导都在这本书中相见了，甚感欣慰。已经逝世的老专家的照片尤其宝贵，有些青年建筑师的照片如不说姓名，我几乎认不出来了，相见也未必相识呢！正如京戏'武家坡'的戏词中：'少年子弟江湖老'，再过十年照片上的人物，不知能否容颜依旧？"年前又把刚出版的《建院人剪影》给先生寄去，里面是70年来我拍的北京院的二百多幅人像，先生也会认识不少人，但不知还有机会看到吗？

这里还引出了聂先生对于京剧的爱好。除了我自己的著作，我还曾把我们大学同班同学编撰的两本纪念册寄给她，一本是《班门弄斧续集》，收集了同学们的书法、绘画、篆刻作品，里面也有我的作品。先生直言："阁下的书画……我欣赏您书法的个性，更欣赏您的诗作，《盖叫天故居》那首诗写得最好。对于诗歌我不精于此道，也许评得不对，我之所以喜欢你这首诗，是因为我是京剧迷。"这是说我在杭州游览时路过杨公堤盖叫天故居时写的一首诗："杨公堤畔老宅多，百忍堂前影婆娑。氍毹南北见功力，粉墨春秋存艺德。英名盖世三岔口，杰作惊天十字坡。一代名优今何在，鹤立雄视午太阿。"其中五、六句系故居内的对联，由此引起了先生对所喜爱的京剧的共鸣。2018年11月我寄给先生《南礼士路62号》一书，先生在电话中告诉我，她先看了《梅葆琛》一文（梅葆琛是梅兰芳的

149

大儿子，北京院的结构工程师）。文中也多处谈到京剧，可惜我在这方面与先生没有更多的交流。

这一类书也引起了先生的感叹："深感我们这个专业离人文科学只有一纸之隔。"对于书法，先生说："我很喜欢书法，没经过正规的训练，也没有好好学习。或许有一天我也去练练字，但不会有什么好成绩，因为我不能持之以恒。"其实从先生娟秀的硬笔书法中可以看出她对书法的间架、气势还是很讲究的，对书法也有很高的品位和鉴赏力。她说她收藏有清华胡允敬先生的一幅墨宝，对于我们同学在《班门弄斧续集》中的书法，她也有中肯的评论："叶如棠部长的书法自然是精彩的，我有一幅他的墨宝，挂在客厅里。后来听说宋春华同志字写得也很好，今已一见果然名不虚传。白福恩同志曾与我有一面之识，后来听说他的字写得很好，很见功夫，而且不止一个人和我这么讲，但我始终未得一见，在这本书里……他的书法正、草俱见功力，难怪他的书法在建筑界有如此佳誉……退休后在书法上有此成就，令人羡慕。"（聂先生还不知道白是京剧老旦名家李金泉的弟子，不然感慨会更多些了）。对高寿荃"那一手潇洒的书法"的评论也十分到位。对于我那不入流的胡涂乱抹，先生也十分宽容，给了"欣赏书法的个性"的评价，实际上是对我的鞭策和鼓励。2014年天津大学和中国工程院在天津大学有一次联合书法展，我也送展了好几幅，并已被天大收藏，现在回想还很汗颜。可是在急功近利的当下，我也顾不上再去练字，只能由它去了。

自我2008年出版了第一本打油诗集《学步存稿》后，每出一集都请先生指教，先生都有所反馈。先生说："建筑学的人文科学含量，在工科学中是最重的，很多建筑师也很有文采，但能写诗的不多，我喜欢读诗，但我不会写。""我不会写诗，这几年正值病中，偶尔胡乱凑出几首，伤感情绪太重，也就作罢了。很羡慕能写诗的朋友，能有这份高雅的余兴。"对于我的诗集，先生写道："有的诗，我感兴趣的，竟读了好几遍。有些诗我自己也有切身体会，只是我不会用诗歌的形式去表达……有些则是我颇有同感的……也有些诗写得很轻松，令我哑然失笑……常说'诗言志'，从中确实反映出作者的心境。"先生接着还说："我也喜欢这本诗的装帧和排版，因为有插图，就显得生动多了，它可以帮助诠释诗中的内容，一首诗一页的编排也好。"对第三本诗集，先生在2013年的信中说："有几首诗写得很生动、平实，又趣味横生。我对'元旦打油'一首和'防治SARS'这两首颇有感触，这就是我们这一代人的生活和经历，有些无奈，但也颇感欣慰。生活就是这么丰富，五味杂陈。'访韩二首'我给老伴读了两遍，读后令人哑然失笑。"最后先生还说："等您的'四稿''五稿'出版。"2019年底我的第四本《学步余稿》出版，作为最后一册诗集已送到先生的手中，但却再也听不到先生的点评，怎不叫人伤感呢。

2012年以后的三年中，我每年中有半年的时间去美国探亲，兼照看双胞胎孙子，在向先生说明了这一情况后，先生满怀喜悦地告诉我："得悉去美国看望双胞胎孙子，真为您高兴，实在值得祝贺。因为在我的熟人和朋友中，没有一位得到双胞胎儿孙的，这百分之几、千分之几的幸运降临在您家，可就是'吉人天相'了，本想打电话祝贺您，因为近年耳聋，听力下降，所以还是用20世纪的通讯办法，'写信'，我视力不佳，电脑上的字也看不清楚，只能如此。"2015年给先生写信时，顺便寄去了一张孙子的照片。先生回信说："两位小宝宝的照片令人爱不释手，看了又看。哥哥弟弟长得很像，又稍有差别，弟弟的脸圆些，但看上去都很健康活泼，笑得真可爱。衣着相同，又略有差别，免得闯祸之后，打不清'官司'。人到老年一见孩子就高兴。信中谈及您两位又能赴美照顾，能去就去吧！能看到这两位孩子成长为英俊少年，辛苦也值得的。"

由于早年受到不公正待遇和退休后长时间的病痛，聂先生真可谓是"壮志未酬"，但她一直关心晚辈和提携后人。这些年先生给我写的这些亲切感人的书信就充分体现了这一点，尤其是在她病中的十几年，仍在时时鼓励和支持我的每一点小进步。上面的简要回忆和怀念并不能完全表达出我的悲痛和崇敬之情，再引用一首郑板桥的《题画兰》诗，作为献给聂兰生先生的一瓣心香。

身在千山顶上头，突岩深缝妙香稠。

非无脚下浮云闹，来不相知去不留。

高风明德，教泽流芳，先生走好！

2021年2月21日

---

注：本文首发于微信公众号"AT建筑技艺"（2021年3月3日）。

# 回忆好友胡正凡

2021年2月25日晨七时，华中理工大学建筑学院的胡正凡教授走了。

正凡突然走了的消息震惊了我。好几天时时都想到他：冥冥之中，一饮一啄，莫非前定？一个月前的1月24日，正凡在微信中告诉我："我九十年代用'河洛理数'算过，我庚子年为'剥挂'（原文用的就是挂字。作者注），命中有一大劫。今年以来身体一直不好，可能难逃此劫！不过心态很好，80了，对于一个右肺切掉大半的人，已很知足！"我当时回答他："庚子马上就要过去了，你小心一点就是了。"我还自嘲："其实从轮回看，也是该轮到咱们了。"此后的时日中我们还互相讨论了许多事情。他发来的最后一条微信是2月9日，我在除夕（2月11日）给他发去一条微信，但一直没有回音。我想马上进入辛丑了，应该平安无事了吧！不想一语成谶，正凡因心衰引起的器官衰竭，还是撒手西去了，想来真是让人伤感！

胡正凡教授（2015年4月）

在华中工学院时的胡正凡（1994年）

152

我们同在 1959 年考入清华大学建筑系建五班，当时我对他印象最深的是素描画得特别好。我们那一年入建筑系没有加试美术，所以在美术素描课上，像我这样虽爱画画，但没有受过正规训练的学生真是费了很大劲还不得其门而入。那时班上也有画得好的同学，有那么两三位，一出手就看出不凡，正凡就是其中一位。第二个印象是他是上海来的同学，但不像一般上海同学穿着那么整齐，像是上海话讲的，穿着有点"邋里邋遢"，衣服像是多日未洗净，脸色不好，好像不常洗似的，整天斜背着一个鼓鼓囊囊的大书包，独来独往。因为不是一个小班，我俩当时又都很寡言，所以交往也很少。后来知道他因肺病休学，比我们晚了三年才毕业。虽然如此我们班并未因此"见外"，仍一直把他视为班上的一员，和他保持着联系。毕业 20 年后的 1985 年底，我把班上通讯录寄给他后，收到他的来信："从通讯录中多少可以看到同窗学友的近况，实慰我心。尤其是不少当年未见到的学友，如郝允升、李平，这次也有了信息，真令人喜出望外。他们两位是我的同室。然而可悲的是，同班另两位竟已作故人，岁月蹉跎，老之将至，如此而已！"他还告诉我："我现在仍忙于教学，除此之外做些工程……好在有忙不完的事，连写稿也只好暂搁一边。所以仍然有一种自我安慰式的充实感。至于当官，我这个人不是料，坚决不干。七品芝麻官、差役之类的官，两头受气，实在不感兴趣。每个人的条件不同，应该允许作出符合自身条件的选择。""华工建筑系还是那个样子，陶老师明年将去加拿大探亲，要暂时辞去副系主任职务，年轻人忙着准备出国，中年人忙着抢官做，每家都有一本难念的经。我宁可去撞钟，也不愿去念这本经。不管怎样，家庭还算安定，基本的业务条件还算可以，有了打太极拳的地方，我愿足矣。"

此后我们班的出版活动都要邀上他。1995 年为出版毕业 30 周年的纪念册，正凡寄来了他的一些照片。到 2003 年，班上又动议出一本诗文集《班门弄斧集》，为此向正凡约稿，也许是忙，他迟迟没有交稿。在多次催促下，他来信告诉我："多次催稿，如交白卷，实在有愧，只得匆匆将就，写了一篇短文。如果赶不上付梓，就不必加入，以免耽误出版。""由于'非典'影响，一大堆琐事都挤到了九、十月份，考卷、讲义、讲课、论文，教书匠的日子就是如此。"但他的《往事追索》一文仍得以收入，并让同学们知道了当年他的一些窘境，尤其是一些在求学时不为人知的情节，"1960年前后的每个中午，清华图书馆底层的阅报栏旁，总有一个十七八岁的男生在用午餐，冷馒头、冷咸菜，加上开水桶中的冷开水，那便是他的中饭。由于家母和姐妹三人先后罹患重病，单靠每月几元的家庭汇款和3元的助学金实难维持生活，他只能如此。好在天无绝人之路：食堂早餐一月只需3元（每餐一毛），晚餐只需4.5元（每餐一毛五），而且早中晚可以分餐购票，主食又不限量。于是他省去了'昂贵'的每餐两毛五的中餐，一箪一瓢，不改其乐。与今天的贫苦学生相比，这实在不值一提，些许小事本当随风而去。但古人云'铎韵在风'，若不提及，又如何能得到谅解和理喻。""人生多难，人皆有之，惟程度和种类有异而已。"他在想起已逝去的同学后，感叹："一别之后从未谋面，40年前的'再见'竟成为'永别'！掩卷沉思，不由得百味涌上心头。个中滋味怎一个'忆'字了得。"我们才知道当年求学时，他是这般刻苦节省，这也大大伤害了他的身体，后来的肺病休学肯定是与此有关的。

2004年班上筹备出版《班门弄斧续集——书画集》，编委们了解正凡的手底功夫，所以一再给他去信催稿，正凡于9月回信："我已给思浩学友处寄去特快专递一份，画稿复印件6张（并附信一封）。多年来并未注意存档，画稿底稿大部分已寄给了出版社、杂志社，自己手上的复印件也散落各处，'只在此屋中，尘厚不知处'。常有老伴帮忙才找出一些，说是'遗珠'，实在有愧，只能是聊以充数而已。目力已差，已画不了钢笔画，望见谅。"于是正凡的钢笔画作在《续集》中占了五页的篇幅。全班有69位同学提供了书画稿件，也是一时盛事。到2008年我们出版《班门弄斧三集》时，就没能约到正凡的稿子。

我们班历年的集体活动，正凡参加的并不太多，估计一是他在武汉，路程较远，二是他又曾出国访学，加上身体不好，需要手术和休养，还有教学工作等。记得有一次是1996年4月底建五班在深圳的聚会。这也是建五班毕业后第一次在京外举办大型活动，在周密的筹备之后，同学加家属共47人与会。正凡也参加了这次活动，因为他在1995年未能到京参加毕业30周年活动，因此更是被大家团团围住。在忆旧时同学们提起他在校时的大书包，一个说："想起了大书包，包中有饭盒，盒中有馒头……"另一个说："我翻过，只有这些，确实没有书。"这些场景搅动了正凡那些沉睡而苦涩的回忆。"可叹梦回时分，镜中一头白发，

求学时的胡正凡（1968 年）

胡正凡的钢笔画

流水年华与烟云，往事俱已付予苍烟落照。"2015 年是我们毕业 50 周年纪念，在清华园里活动时又见到了正凡，大家一起照了些相，但他神龙见首不见尾，并未全程参加我们的活动，也没有和我们住在一起，估计自己还有另外的安排。

胡正凡是我国环境心理学研究领域的开拓者，心理学是研究人类心理现象及其影响身体的精神功能和行为活动的科学。除基础心理学的研究之外，应用心理学的领域有了很大的发展。环境心理学就是介于环境科学和心理学之间研究环境（自然环境和社会环境）与人的心理关系的学科，其研究课题十分丰富。正凡早在读研期间，就以"环境—行为研究初探"为题进行了研究，而且一头就扎进去三十多年，最后成为建筑界该学科研究第一人。

刚刚改革开放的 20 世纪 80 年代，学术思想十分活跃，国外的社科新学科、社会科学与自然科学互相渗透的综合学科、边缘学科、交叉学科、分支学科都有大量介绍。我那时刚从日本学习回来，在从事设计工作的同时，对环境科学、城市科学等综合性学科、创造心理学、环境社会学等分支都很感兴趣。20 世纪 80年代初，在美术界和建筑界还曾有过一阵有关环境和环境艺术的讨论。《美术》

杂志在 1986 年第 3 期曾出版环境艺术专集，我也以《环境杂谈》为题发表了有关环境、城市环境和环境设计的论文，提出了有关城市环境的五个层次作为目标。此后中国艺术研究院美术研究所主办的《中国美术报》成为主要阵地，陆续开展了有关城市环境和环境艺术的讨论。当时我感觉由美术家、雕塑家、壁画家为主力的环境艺术讨论，多侧重于环境艺术和环境景观的讨论，有一定局限性。所以我在 1986 年 4 月 16 日的《中国美术报》刊登过一篇以《我主张强调环境设计》为题的短文，提出环境设计是包罗万象、全方位、全频道的综合艺术，环境设计的核心是要协调"人—建筑—自然"之间的关系，也就是从物质环境到视觉环境、生态环境、社会环境及精神环境的不同层面来认识环境设计，而不能单纯地瞩目于艺术内容。1994 年 12 月，我又在《美术》杂志第十二期发表《环境设计琐谈》，除了企业的合作、居民的参与和合作等内容之外，还介绍了环境设计的新领域，如声景艺术等，以及对环境认知的新手法。正凡当时在《新建筑》连载了他的部分研究成果。后来在我的工程实践中，如国家奥林匹克体育中心和首都国际机场 2 号航站楼，我都有意识地在这方面做了些探索，还总结并发表了有关环境设计的文章。而正凡在 1988 年去美国访学，有了专门深入研究环境心理学的好机会，比我的了解系统和深入得多，所以看了正凡的研究成果以后，我从理论到方法等方面都学习到很多东西。

《环境心理学》是正凡和他老伴林玉莲共同编著的高校建筑学与城市规划专业的教材，从 2000 年的第一版问世到 2018 年第四版付梓，中间经历了将近 20 年时间。在 2019 年他寄给我第四版教材时，本书已经重印了 40 次，从印数可看出其在业界的影响。加上了"环境—行为"研究及其设计应用的副题，其定位更为精准。正凡是善于做学问的，他用"咬定青山不放松"的精神，写下了这本五十多万字的著作，耗尽了他一生的心血，是他最主要的学术成果。环境心理学是一个由多学科组成的庞大科学体系，由于涉及学科众多，又是历史较短的新兴学科，因此对研究对象的狭义和广义、研究目标的重点和方法、发展方向的预测，都会有不同于心理学的解释，也存在着学术上的争论。正凡首先在这一问题上综合了国际上的各种流派观点，加以整理和厘清之后，特别强调理论与实践相结合，所研究课题的最终目的都是要解决实际问题，因此从学以致用的角度出发，收集了大量的案例和图片。记得在前几版的教材中，正凡还因为在书中要使用我拍摄的两张照片而专门来征求我的同意。另外正凡做学问的特点是锲而不舍、不断求索。在这次第四版教材出来以后，正凡特地告诉我，为了这一版的修订他是下了大功夫，花了大气力的。因为以前文中的许多内容都是转引的二手材料，这次为了更准确地表述，他又专门找了原始材料重新翻译校改，而且随着时代的发展又有许多新的研究成果出现，所以新一版的内容做了很大更新，至少有一半以上的内容做了调整和修改。另外正凡还特别指出自己在文风和论述方面也在努力加以改进。这里也可以看出正凡深厚的人文学养和扎实的写作功力。

通过深入研究，正凡对于这一学科的分析十分到位。一次，我给他转发了一条国内某大学同是研究这一课题的中年教授去世的消息，并介绍了该教授对环境行为学的研究文章，正凡回答我："把环境心理学看作环境行为研究的一个分支，这是日本的主流观点。欧美很少有人响应，我赞同日本的这一观点。这样，生态心理学、人机工程学、生态美学、城市人类学等派生出来的分支就有了归宿。"但他也告诉我：这位教授刚50岁多一点。"年轻人走得太早了。文章的缺点是所引用的观点都是几十年前的。"正凡很清楚，"环境—认知—行为—心理"方面的研究，还有许多工作要做。"来自多学科的理论和方法能够再次交汇和碰撞，兼收并蓄。"即以象征和隐喻而言，中国传统的"风水"术和堪舆学已包含许多这方面内容，在人们的潜意识中也有大量可探讨之处，正凡在他的成果中也初步涉及了这些，但还未来得及展开。还有一次我向他介绍许多发烧友要在春分时在特定的地点拍摄落日和央视大楼的特定关系，并附上了照片。正凡马上回答："在学术上称之为'瞬间景观'，富有'哲理'。"

去年疫情暴发，想起身在武汉的朋友，不由得十分惦记，后来才知正凡已在上海的女儿家居住。我们最早通过手机短信联系，后来费了好大劲彼此又加上了微信。感觉正凡虽然内向，不是那么爱表达，但终究现在都是退休之身，彼此还是随意谈了许多事情。

正凡介绍了自己在上海的生活。他告诉我："我用阳台来种菜。这是即将开花的西红柿，韭菜十盆。老两口包了两顿饺子。不错了，一茬韭菜可以吃两顿。"后来西红柿结得又大又圆，他还在上月专门发了照片来让我看，我回复："很有成就感啊！"他说："我喜欢吃面食，很想念北京的炸糕、馄饨侯和炸酱面，还有滑熘鸡丝和里脊，川菜当然更喜欢，可惜因疾患吃不了辣，有时偷偷吃一点，老伴会训的。我的早饭：三全猪肉大葱馅饼、一个鸡蛋、一碗小米粥。中饭：东来顺牛肉水饺（网购）。晚饭：刀削面加蔬菜。几乎完全被我老伴同化了。上海没暖气，吃米饭炒菜一会儿就凉了，我们只在卧室里用电暖气。""我在上海学会了炒菜做饭和认真细致。"

胡正凡家中阳台的西红柿

但正凡也有糊涂的时候，一次我们收到快递，里面是生猪肉和时鲜食品，不知是谁寄来，后来正凡来信说是发信时地址弄错了寄到我这里来了，被我享用了，最后我只好回赠了阿胶糕让他保养一下。

疫情防控期间有的服务行业维持不下去了，他告诉我："我的头发长得快像太平军了（俗称长毛）。"我告诉他："疫情防控期间可以让你老伴或孩子试着理发，只要小心一点不会出大问题。即使有问题，你不出门别人也看不到，只要试一两次后就可以掌握，不是什么高技术。我们家自打结婚以后就是老伴给我理发，她的发式也由我来理。"但后来有一次开会，遇到曾是正凡研究生的刘凯教授，刘教授拍了一张我俩的照片，我给他发过去，正凡见后问："你的头发是老关理的吗？怎么和我的一样，我的是老伴理的，我称之为'新冠式'。"我说："那是我们大院理发室给老人理的统一发式，十元钱。"

人年纪大了病痛就会多起来，关于健身和保养的内容也是我们经常聊的话题。正凡由于身体不好，久病成医，所以对中医很有研究。自己也敢开方子。有一次他给我发了一个人的讲话，提到："中医如果对患者说你去找西医看看，那你是真有病了；西医如果对患者说你去找中医看看，那你的病是没救了。"并感叹："好中医实在是太少了。许多所谓名医一张方子经常有30多味药，很恐怖！有的神医连方子都不给，只写1号方、2号方……"他劝告我们："现在医生也改变了态度，见到我们就说，快80了，有点病很正常，指标差10%没什么大关系。瞧你自己还能自己买菜，很不错了。是药三分毒，吃点营养的，双歧杆菌不错，开点吧！"当然在疫情中，我们互相介绍抗疫的方法，国外有什么新技术，新发地疫情的进展等都是话题。正凡还是有幽默之心，1月25日我发了一段关于"新冠路"的视频，他回应说："建议改名为'冠心路'。"就在春节前的月初，我还给他发了一段介绍一个人在上海新锦江对面"十面欢腾"大吃海鲜的录像，正凡马上警告："痛风马上发作！""我2008年血尿酸接近400，但我一直吃得很清淡。医生说，长期高血压，肾功能衰退了。"我也和他交流经验："只有痛风才疼得受不了，单纯血尿酸指标高还不至于这样。我上个月体检，指标444，我想可能是那几天吃了海鲜。我的指标一直在最高限上下徘徊，这对肾不好。"这些交谈发生在他去世半个月前。

人老了还爱忆旧。正凡说："过了75岁以后，忽然发现'能记忆的时长'缩短了，五年前校庆在清华聚餐的事历历在目，你、老关、应朝、马丽和我几个人一桌，席间还谈起了杨鸿勋。但昨天的事都记不起来了。唉，昨天与老伴提起房八的徐锡安（新华社副社长），忽然记起，斯人已逝，弹指一挥间，匆匆三年了。"谈起清华的毕业生分配，他感叹："以前清华毕业生都是到祖国最需要的地方去，现在是一心到美国去。"他说："我原来在四川的山沟沟里工作，我分配到拥有一万职工的三线工厂，算是好的，但很偏僻，汶川地震时那厂子给彻底震毁了。""我原来会说四川话，但现在几乎忘光了。"

去年清华建筑系去世的老师和各种消息都很多，正凡对老师的启蒙、教导和嘱托都记忆犹新。奚树祥学长在网上发表了《我的同学蒋维泓》一文，我转发给了正凡，他说："文中所提到的人中只认识周卜颐、罗征启、刘小石和梁友松。在武汉讲园林建筑课程时，曾专门去上海园林设计院向梁总请教过一些与苏州古典建筑的有关问题。清华建筑系那时最大的不幸是'与政治挨得太近太近'。"之后是老建八的同学悼念曾善庆先生。正凡回忆："曾善庆先生教过我，鼓励我用十八笔画画一个苹果（水彩）。对我影响最大的是中央工艺美院的何镇强老师，他在我们研究生阶段教过我，因为班上才几个人，因此受益匪浅，在钢笔画和水彩画方向有所提高。"他也为自己的大量钢笔速写，在最后一次大搬家时搞丢了而惋惜不已。

正凡说自己"考研并获得学位是为了跳出来，我社会活动能力不行，领导不准我调走，只好考研"。他是李道增先生的硕士生，论文题目是《环境——行为研究初探》。李先生去年3月19日去世后，正凡回忆："李先生的特长是剧场设计，指导学生时相当宽容，态度和蔼。但讲课、作报告、管理行政确实不如高亦兰等先生。正是他的宽容，使我大大加强了独立研究能力，一个人'胡'搞。这一点我铭感五内，因为我一向不喜欢别人'管死'我。有时想，幸亏跟了李先生，才做成了相关研究，换一个管得严的肯定做不成。"因为在做论文时，他有一个住宅方案被看中了，有人希望正凡在硕士论文中发展下去。"我不干，宁愿去啃理论。"建九的王亦民和建八的胡正凡是李先生的1979年级的弟子，辈分较高。李先生告别会的一个花圈上就写着"王亦民、胡正凡等36位弟子敬挽"。后来在李先生的追思会上，正凡说："追思会网络视频会议是清华搞的。我那两天头昏乏力，请假了，只发了一篇纪念文章。另有一个会议视频，有1.2G，我的破手机没法看。"他看了网上我回忆萧默的文章《一叶菩提传后世》，回忆道："认识萧大哥（萧默）是在20世纪读研的时候。但后来我去了武汉教书，很少与他联系，甚憾！"在文中因为还提到汪坦先生，他说："读了此文又想起了对我鼓励有加的汪坦先生，在我走投无路之际，是汪坦先生说了一句：好得很，接着搞！愿汪坦和萧默先生在天堂安好！2000年前后，我因肺部手术后遗症大咳血抢救，被西医折腾得死去活来，没有得到汪坦先生仙逝的消息，深表遗憾。读了你的文章，汪先生的音容笑貌又一次再现，历历在目！我愿在回忆中老去，真是人生一大快事！"

还有一次我给他发去清华建筑学院录制的访问郑光中教授父女的视频，正凡说："刚认识郑光复先生的时候，我曾经错把郑光中先生当成他哥哥，同他说，郑先生，您出差来清华呀！转眼间郑光复先生已仙逝多年了。郑光中先生胖得认不出来了。"我还曾给他发去几

胡正凡和李道增院士（2015年4月）

张我拍的老先生的照片，正凡都有所点评。发去朱自煊先生照片后，正凡说："朱先生如西双版纳小乘佛教中的佛像。自在富态，世事皆为烟云。"我发去吴良镛先生照片，问他这可是弥勒像。正凡说："男人女相，福泽绵长。"我还发去两张关肇邺先生照片，正凡感叹："没想到这么老了，瘦骨嶙峋！"紧接着又补充道："2015年校庆时见过他，那时还比较正常。不过此相貌有罗汉相，如无大病，必定长寿。"看来正凡除对环境心理学中的风水术有所研究外，对于相术也有相当的造诣。

对正凡的教学工作我一点也不了解。和刘剀教授交谈中，他也谈了对正凡导师的印象："胡老师这一生确实颇为坎坷。不过导师一直都很坚强乐观。""胡老师对弟子们都特别好，当然也特别严格，对导师我是又爱又敬。""导师挺为自己的学生自豪的，上课的时候还经常说谁谁是他的弟子。我们回报导师的太少，很有些遗憾和惭愧。"在华工建筑系30周年时，正凡曾以《香远益清》为题，除回忆建筑系三十年历程外，还回忆了可爱、可气和可敬的弟子。孟子说："君子有三乐……得天下英才而教育之，三乐也。"从事教育工作几十年的正凡，这些也反映了他忠诚于教育事业的作为和胸怀。

曾看到一篇文章说："成年人最深的友谊，从来不是相互捆绑，形影不离，而是各自随意，彼此在意。"我和正凡认识六十多年，彼此的交往虽很有限，但我始终认为我们是"声应气求"的好友，君子之交淡如水。在我印象中他是秉承自由思想和独立精神的，讷言敏行、卓尔不群的学者和教师。在他逝去的时刻，我再引用他留给我的几句话作为本文的结束，作为对他的纪念。

"人只活在一呼一吸的瞬间，过去存在于记忆，未来存在于臆想，因为每一个'未来'都有可能变成'现在'。"（2020年9月21日）

"大家这辈子都很努力，对得起'人生'。"（2020年3月26日）

正凡，我觉得你是对得起你的人生的！

2021年2月28日初稿

3月3日完稿

---

注：本文原载于《难忘清华》（天津大学出版社，2021年3月）。

# 名楼长在亦欣然

昔人已乘黄鹤去，此地空余黄鹤楼。

此前鼠年里已经听到过太多师长友人去世的消息，不想刚进入牛年又听到了不幸的消息：中南建筑设计院向欣然于 2021 年 2 月 22 日中午在上海去世。此前在微信上，向总自 2 月 7 日以后就再没有给我发过任何消息，为此我在除夕（2月 12 日）那天上午给他发去一条祝贺牛年春节的消息，在晚上九点收到他的回复："祝老马与老关全家牛年大吉，新春快乐。我重病卧床休息不便多言，从简了，致谢。见谅见谅。"大惊之下我当即在半夜请求他："可否简告一下？"第二天下午他回复："胃癌开刀两年，现复发，并引起胃肠梗阻，无法进食！现在等死。这种现象发生多次了！能结交你们为友，幸甚。"

看了回信的诀别之言我眼泪都要掉下来了。因为一来我一直不知道他患有胃癌，另外我知道肠梗阻的厉害，我的一位姨父就是患此病，当天我陪他在医院，

向欣然（1992 年作者摄像）

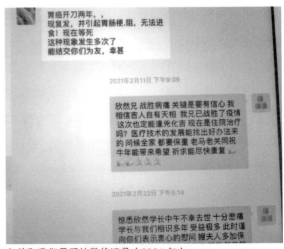

向总和我们最后的微信记录（2021 年）

因不能手术，还没过夜他就去世了。但面对好友我还是尽量想让向总宽心，于是回信说："战胜病痛，关键是要有信心，我相信吉人自有天相，我兄已战胜了疫情，这次也定能逢凶化吉。现在是住院治疗吗？医疗技术的发展能找出好办法来的。我们同祝牛年能带来希望，祈求能尽快康复。"向总没有回复。九天之后还是听到了不幸的消息。向总的儿子通过微信告知了他的病情："2019 年 5 月发现胃癌在武汉协和医院切除、2020 年 8 月复发，于年底赴上海继续治疗，春节期间病情恶化，上周一（15 日）呼叫 120 急救，后转院临终关怀病房，于 2 月 22 日上午 11 点 30 分去世，他走得很安详。"很快《长江日报》为此专门发了消息，同时有数百条留言，除希望向老一路走好之外，多数留言为："经典作品，永传后世""人去黄鹤留，享誉越千年""为武汉留下了无比珍贵的城市印记""武汉人会记得您的""一生做好一件事，难能可贵"……面对广大人民群众的赞誉，我忍痛在微信上向向总家属表示："得到那么多武汉人民的支持和评价，向总也可以瞑目了，摘录两句李白诗送向总：'送君黄鹤楼，泪下汉江流'。"可见只要为人民做过好事的，广大老百姓是不会忘记他的。向总虽然和我见面的次数不多，但我们经常通过信件、电话和微信交流，几乎是无话不谈，也是直来直去交换不同看法的好友，所以悲痛之余，用文字记述一下我所了解的向欣然总成了我内心强烈的愿望。

向总出生于 1940 年，浙江镇海人，在汉口文华中学毕业后，1957 年考入清华大学建筑系学习，也就是比我高两届的"建三班"。他们班在我们低班同学中有极好的口碑，正如我们的老师关肇邺院士所说："（由于）第一次大规模加试了美术，入学的都是全国各地的高才生……"有许多是原留苏预备班的学生，因中苏关系恶化无法出国而分配来，所以是很有水平、很有特色而又各具个性的一个班。传说班上就有号称"八大怪"的个性同学（据称向总也名列其中）。但让我们特别佩服的还是他们的业务能力，尤其是美术和建筑

大学期间的向欣然

163

表现，在系馆走廊中挂出的水彩示范作品的建三学长们的名字，我们都耳熟能详。记得还有一次是颐和园的钢笔画表现，画幅都很大，他们的手法纯熟老到，作品挂满了系馆一走廊，让我们低班同学钦羡不已。他们毕业以后，建三班同学当中先后出了一名工程院院士、两名获"梁思成奖"的全国设计大师，还有多位在国内、外都很有名的单位领导或技术尖子。也正是这个缘故，因同学、同事以及工作中交往等关系，在他们班六十多人中，我后来竟认识了有一半以上，对建三班学长的崇拜是其中的主要原因之一。

在清华六年的学习中，对向欣然我是只闻其名不识其人。记得第一次遇到他是 1985 年在他工作的武汉市召开的一次民间组织"中国现代建筑创作小组"的学术会议。这个"小组"成立于 1984 年 4 月，在中国建筑学会指导下开展活动。这次会议于 1985 年 5 月在华中工学院举行，当时由成立不久的华中建筑系的陶德坚老师负责这次活动，6—9 日期间每天都有学术交流发言。那时向总设计的黄鹤楼工程已近竣工，所以他在 9 日下午介绍了黄鹤楼的设计，并在 10 日下午亲自陪同参观，并介绍了黄鹤楼和他设计的湖北省博物馆。那几天我和向总在华工同住一间客房，因此交谈的机会也就更多一些。有一个细节给我留下深刻印象：当时创作小组初创成员只有二十几人，所以也利用武汉会议的机会发展新的成员，向总也是发展对象之一。在参加小组之前每人要填一张表，向总填表之前小心翼翼地问我："填了这个表以后会不被打成什么'××组织'吧！"看来他曾参加过"五不准学习班"，这曾让他吃了不少苦头，所以在这次填表时还心有余悸。

当时向总负责的黄鹤楼工程也基本完成。这次黄鹤楼的重建是它 1800 年历史中的第 27 次重建，从 1950 年有人提议起，到 1985 年最后建成，中间经历了35 年。最后启动是从 1975 年开始的，向总所在的中南建筑设计院从 1978 年起参加了方案的征集，那时向总刚从"学习班"解放出来，正如他夫人所说："正因为你那时刚从'学习班'出来，所以才碰上了黄鹤楼设计，你这是'因祸得福'。"他自己可能也没想到，黄鹤楼设计成了他"人生中的一个拐点。"

向总受审查的这段历史，后来我从他的片段回忆中也有所了解。1976 年唐山地震后，为便于照料刚出生的二儿子，他就参加了单位组织的民兵小分队，可以晚上值班白天休息，比较自由。在十月的一天早上，有人说在隔壁武汉军区出现了一条大标语，他们跑去看，大标语上写着"打倒四人帮"，标语有一人多高，那时大家还不知道北京发生的情况，所以十分惊愕，向总脱口说出一句"大逆不道"的话。当时周围的人都没说什么，各自回家了。过了几天打倒"四人帮"的消息传来后，事情明朗了。向总自觉此前有点"失言"，但也没太在意。谁知后来室里书记找他谈话，态度十分严厉，他才知道有人"告密"，事情有点严重，于是没有承认。接着第二天院里就宣布他"犯有严重政治错误，决定停职检查，参加学习班说清问题。"于是让他到楼上一个小房间交代问题，但下班后还可以回家。向总说最初也没"逼供信"，就是学习毛选、和看管他的人聊天抽烟，后来在无人监督和陪同的时候，向总就抄写"毛选"练习仿宋字，自认"写字水平提高很快"，后来又换了一位女士来监管，隔三岔五来让他"认真交代问题，深挖思想根源、阶级根源。"并时时训斥他。但时间长了也没人再来顾及他了。而别人看他长时间待在学习班里，肯定问题严重，也不敢理他，只有少数人偷偷地跑到家里来安慰他。直到1977年末，不知怎么学习班就结束了，宣布对他的结论是："犯有政治思想错误，属人民内部矛盾，回设计室工作，以观后效。"后来一位曾当过"右派"的老领导对他说："你家庭出身不好。有的话，别人讲是认识问题，你讲错了就是立场问题了。"向总说："要永远记住这个教训。"最后向总直言因受此事件影响，"文革"以后第一次增加工资时，他和爱人都被取消了资格，孩子在幼儿园也受到歧视。但最后他的那位室书记和监督他的那位女干部都升了官，对此向总调侃："苦了我一个，幸福几家人！"很有点黑色幽默的意味。

向总参加黄鹤楼工程设计时，最初只是画表现图的配角，但清华出身的绘图基本功使他的表现图大获好评，助力不少，方案得以入围。此后他就成为设计组四名正式成员之一。在继续绘制表现图的同时，还被指派做一个补充陪衬方案，不想阴错阳差，配角的补充方案经审查后变成了"推荐方案"，"从客串开始，逐渐唱起了主角"。最后在1979年3月，完成了"如鸟斯革、如翚斯飞"的四望如一，层层飞檐，高五层，攒尖顶的设计方案。此后方案又经过领导和专家的层层审批，于1980年2月最后得到批准，从1981年8月起进入"边设计，边施工"的施工图设计。为了确保设计质量的同时又不影响进度，向总坚持"凡是需要先期进行施工，对建筑方案和造型影响重大的内容（如建筑的平、剖面以及各层飞

向总和黄鹤楼

向总和黄鹤楼表现图（1995 年）

檐和屋顶），由我亲自设计绘图，哪怕时间再紧，也要加班加点尽力去完成（当时没有电脑，全部图纸都是手工绘制的）"。到 1982 年 6 月施工图完成，从方案设计、方案调整、调查研究、南北请教，直到工种配合、加工订货、施工细节、内部陈设、庭院布置等工作，向总几乎全部是亲力亲为，这方面的情况可见向总在 2014 年 9 月由武汉出版社出版发行的《黄鹤楼设计纪事》一书。书中附有大量施工图纸和相关照片，包括许多不为人知的细节和人事关系上的矛盾，尤其是为了工程，向总到处求教专家学者能人，恶补传统建筑知识，学习技术的故事，这里我就不再详述。书中向总写道："由于日夜操劳，营养又跟不上，当时我 1.8 米的身高，体重不到 120 斤。"可能也是因在一次工程协调会上，主管副市长看着这个刚刚 40 岁的小伙，用不那么信任的口吻问起："你能把黄鹤楼搞好吗？"向总大声回答："搞不好黄鹤楼，我去跳长江！"此言一出，四座默然，这也促使向总在工程中是如此拼命。记得黄鹤楼建成后，电视台曾放过录像，其中有一个镜头就是向总沿着长江边走边抽烟边做苦思冥想状，后来我调侃他，导演就应该在下一个镜头安排，你思考差不多后，把烟头一扔，人"扑通"一下就跳到长江里去了。

　　黄鹤楼建成以后，最高兴的是地方领导，其次是武汉的许多老百姓，他们认为这是城市名片，大大提升了城市的形象，并自然成为城市的标志。但也有不同的声音，学界有人认为这是伪造历史的"假古董"，在建筑创作上毫无价值可言；还有人认为这是"劳民伤财""政绩工程""保守倒退"等等，向总自然很不服气，在多种场合表明自己的观点。后来在《黄鹤楼设计纪事》一书中，他解释为什么在黄鹤楼建成30年后才写这本书的理由："一是历史需要沉淀，总结还是晚一点做为好；另外就是检验设计作品的社会效果需要时间。经过30年'事实胜于雄辩'，它所带来的经济效益和社会效益有目共睹，有口皆碑。"向总说："这首先应归功于老祖宗给我们留下的这份珍贵的文化遗产；但毕竟是我再现了它的辉煌，使消失的历史变得可以触摸和亲近。""同时黄鹤楼项目获得新中国成立60周年'中国建筑学会创作大奖'，这意味着我的劳动得到了学术界的肯定。"看来他对那些反对意见始终耿耿于怀。记得他在20世纪80年代曾在一次会上作了题为"'假古董'与新建筑"的长篇报告，但没有收入他的《设计纪事》一书中。当然此后也在全国若干地方引起重建或新建名楼的热潮，除滕王阁外，其他的都无法与黄鹤楼相比。

可能是由于黄鹤楼的成功，向总在1988—1992年当选了第七届全国人大代表。这也出乎了他的意料，因为他回忆不久前选武昌区人大代表，他作为候选人员只得了7票，可现在一步登天，成了"国家主人"，变成了全国人大代表，向总的"天真"劲儿也上来了，成了代表中发言积极尖锐大胆的一个。他说《代表法》中有规定，代表在会上的发言不受追究，以至于他的小组中武汉著名的"中国外科之父"裘法祖院士曾对他说："老向，你每一次发言，我都替你捏一把汗！"向欣然在他自己写的回忆中有这么一段，其中还涉及我。"有次发言，谈到改革中的失误，我说：'造成许多困难的原因，主要是确实少一个较为完整系统的改革总体方案，对于某项改革举措出台后引起的连锁反应，缺少预测和对策，结果按下葫芦冒起瓢，疲于应付，盲目性很大。'我还用建筑设计方案设计原理为例，绘声绘色，形象生动。"这段记者采访录像，第二天就在央视播出了，"我正得意间，接到北京院马国馨（建五）打来电话问，向总是不是要搞'政治设计院'？"这是因为我看向总在发

任全国人大代表的向总在人大会堂

言中提到："我是设计院来的，我们都是把设计方案和图纸先考虑好，然后再付诸实施……"我觉得他比喻不甚恰当，容易引起别的联想，所以用半开玩笑的口吻给他打了电话，提醒一下。向总说可能是他在会上表现过于积极，最后在选举七届人大常委会委员，居然有人投了他一票，在现场唱票的时候，突然听到了"向欣然一票"，令他当时不知所措，大为尴尬。向总还有若干试图履行他人大代表的举动，我在电话中对他表示了不同看法。后来向总的人大代表只当了一届，再开会就没他的事情了。

在向总加入创作小组之后，随着1989年10月建筑学会建筑师分会成立，他又成为分会下属的建筑理论和创作专业委员会成员，有几次我们一起参加专业委员会的学术活动。一次是1992年11月在长沙的交流会，19日上午的会议，向总、周庆琳、刘克良和崔愷做了报告，会后我们去武陵源、张家界参观，23日去猛洞河，因为乘船的时间比较长，所以我们年轻一辈分别和关肇邺、罗小未、彭一刚、聂兰生等前辈一起照相。还有一次是2002年10月，在贵阳市召开学术会议，会后去黄果树、天台山和屯堡参观，我因肠胃不适，没有心思看景，但仍在黄果

向总和关肇邺、罗小未等（1992年）

向总与作者在黄果树（2002年）

向总在贵阳（2002年，作者摄）

树瀑布前和向总合影留念，这也是我和向总唯一一次合照，他看上去比我精神多了。后来我还在旅馆为向总拍了一张他在健身器械上笑容满面的照片，并被我收入2011年出版的人像摄影集《清华学人剪影》之中。

此后我们就没有再见面的机会了，但是常常电话联系，而且一聊起来就是半个小时一个小时，聊的内容也是天马行空。

那时我把我出版的每本著作都寄给了他，并撺掇他也把有关文字和体会结集出版。为《黄鹤楼纪事》的写作我们讨论过多次，2012年1月在电话中讨论书的写法，我是反对写成工程报告的形式，而建议偏向人文故事化。后来，向总很想把他手绘的设计图都收入书中，因为这些图纸中都凝聚了他的心血，但不知这样做是否合适？我认为还是可以多收入一些，十分支持，后来他的施工图纸收入了四十余幅。2013年3月我在美国时他来电话讲了书中四部分的内容，准备用一个月时间看完清样，也询问了稿费和版税，此后出版过程中我也提醒他在出版合同中要注意版税的问题，我是考虑黄鹤楼在作为旅游景点时，这类书籍肯定会畅销，出版社肯定也会重印多次，但可能向总当时只求出版社能把书印出来，最后只拿了一笔不多的稿费和若干本书，没有考虑重印数和版税的条款。

对黄鹤楼工程我还曾向他提出过一件事：我在参观工程时发现，在正面右下栏杆台基上镶了一块深色的石头，上面刻了建筑师和结构师的名字，我认为这种做法有欠缺，现在工程不重视设计师的情况固然存在，但上面首先应署上设计单位的名称，因为我们的工作是一种职务行为，按那时的《著作权法》规定，设计

向总在黄鹤楼前

作品著作权应属于单位，而设计人有署名权。向总听了之后没有反驳，也没有回应。另外我在看了多幅黄鹤楼的空中鸟瞰照片之后，感觉最上面的攒尖顶如能比现在设计得更高些，可能效果会更理想，这个问题在地面的视角不容易发现，但在空中时就会比较明显，对此向总也没有回应。向总有许多学术观点常有与众不同之处，常能一针见血击中要害，也是我们经常直率地交换意见的谈资。

《设计纪事》一书出版后，我又曾建议他把表现图和绘画作品结集出版，当时他们建三班已有多人出版了自己的画集。他在2011年2月曾把一部分黑白画稿寄给我，把20世纪60—80年代的速写，加上部分2010年的作品共50幅，并注明："由于眼疾，近期绘画改用粗笔或追求版画风格，今后还将不断摸索，敬请同学和朋友们指正。"我估计这是同年他在湖北美院美术馆举办速写展的内容。我在2016年也曾出版过一册"手绘图稿合集"寄赠向总，他收到后在电话中不客气地告诉我："您老兄的水彩实在是不敢恭维！"在2017年5月，他的《建筑师的画——黄鹤楼总设计师向欣然绘画作品集》出版，全书分设计篇、采风篇、差旅篇、老城篇、东湖篇、访美篇等部分。其中包括黄鹤楼重建的效果图，历史图像资料；为了设计借鉴，调研考察古建园林的资料；出差外地的速写；在武汉生活的记忆；退休后因眼疾去东湖看绿养眼的感受；访美探亲时对着电脑的写生。那是他从1965年以来画作的积累，共163幅，看得出他在表现、用笔、构图等处一直在不断探索，的确是宝刀不老，名不虚传，让我望尘莫及。记得他还曾对我提过，曾有心把武汉三镇的老房子都绘上一遍，但最后只选了29幅，可谓是"壮志未酬"。但我一直认为画册中收集的作品应从1957年或更早开始才算完整，除了在学校学习时的习作，他曾是《新清华》的美编，还创作了大量的国际时事漫画，刊登在《人民日报》《光明日报》《世界知识》和《新体育》上。那是在1958年，向的父亲被划为"右派"后，家里失去了经济来源，没有工作的母亲只好去街道上打工，并靠卖血来补贴家用。向总只好依靠学校的12.5元助学金完成学业，六年当中只回过一次家。这时他想起在中学时就曾利用自己的美术才能在地方报刊上发表过漫画作品，于是"重操旧业"，以揭露和讽刺美国为题材创作了许多漫画。向总曾回忆，当年《人民日报》《光明日报》《世界知识》的稿费都是每幅10元，《北京日报》《河北日报》每幅5元，只要能有稿费进账，生活就能有所改善并能贴补家用。向总发表的作品曾得到著名漫画家方成的指导，文化名人赵朴初也曾为向总的漫画配诗，同时他的画也引起著名漫画家华君武的注意。一次华到清华来做讲座，还让校方专门把向总找去见面鼓励，并多次通知他参加美协漫画组的讨论会，由此他也认识了许多漫画家。向总的两幅漫画作品还曾在中国美协1963年的全国漫画展上展出。这些珍贵的作品太应该整理并收入画集之中了。画册专门请湖北省美协主席唐小禾先生作序，唐先生评价："其内容的生动、丰富，构图的有趣，用笔用色的娴熟潇洒，绝不逊于一些专业的画家。"最后付印之前，向总还把封面设计发来征求我的意见，但我提了之后也未得响应，看来他是早已胸有成竹了。画册出版之后，他开列了一大串要赠给北京老师和同学的名单，将近三十本书直接托运我处，嘱我代寄分发，这也是对我的信任了。

在电话中他也会谈些有关于他自己家庭的事。他告诉我中南院有个传统，每当有职工子女考上大学以后，在院内的网络传媒上都要有所表示。大儿子向上考上东南大学，向总还觉得力度不够，后来小儿子向荣考上了清华，在院内宣传以后，向总表示"风光"了不少。至于向上的女儿向天歌，向总更是赞不绝口，舐

向总的钢笔画（组图）

向总的漫画

犊之心可见。除"小小年纪已 1.75 米高，大长腿"之外，她的各方面进步和才艺都令爷爷自豪，尤其是文学和绘画的天赋，看来有家传基因成分在内。2016年 5 月向总给我寄来了 11 岁的她在天津百花文艺出版社出版的绘本作品，除想象力特别丰富之外，她对建筑的记忆力和表现力都很精准，确实让人刮目相看。向总十分骄傲地告诉我，因为这本书，百花出版社还准备让她成为签约作家，但家里考虑孩子的学业和前途而予以拒绝了。当然向总生活中也有不快的地方，曾提起他因老伴的事情与院里有关领导闹了矛盾，我也劝告他，因为这里面涉及个人恩怨，所以不容易得到大家对你的同情。

我和老伴为了帮助在美国的儿子伺候双胞胎孙子，从 2012 年起连续四年每年中都有半年时间去美国探亲。向总在 2013 年也去美国探亲，但我们的时间并不重合，我们 10 月份刚到美国，他们在 11 月就回国了。虽然我们都同住在美国新泽西州，却没有相遇的机会，后来听说他儿子有了双胞胎女儿，后来又搬家到了芝加哥。他们二老身体又不好，我们年岁也大了，就都没有再去美国了。

大概是 2016—2017 年，向总和我互加了微信私聊，其优点是可以转发许多感兴趣的内容，但彼此交流则多是情况报告之类，没有什么太多争论的内容。他曾告诉我他参加过一个高班的微信群，但因与其中一位意见不合，争论了一段后他一气之下就退出了，个人之间的微信私聊就不太会有这些事情。向总发给我的内容大致可有以下几类。

因为向总许下"终身为黄鹤楼服务"的诺言，所以有关黄鹤楼的消息他时时通报给我。2017年11月，中南设计院院庆65周年，他发表了"黄鹤归来向天歌"的回忆长文，讲述工程的设计经过，并将文章发来给我；2018年1月31日，英国首相特蕾莎·梅访问武汉，专门游览了黄鹤楼；2018年9月28日，在黄鹤楼举办了题为"匠之心·鹤之情"的展览，即当代黄鹤楼建筑设计与壁画创作手稿展，向总的大量手稿和图纸都在此展出。同年11月25日湖北电视台连续播放了"大写湖北人"的多集节目，介绍黄鹤楼总设计师向欣然，并辅以"一个人，一座楼，一辈子"的副题，我看了之后对向总说：电视上你真是口若悬河啊！他连称：不敢不敢。2019年3月我向他转发了《国家人文历史》杂志中由激扬文字写的一篇文章"黄鹤楼是怎样被重建的"。在回顾了黄鹤楼重建的历史后，文中引用了梁思成先生的一段话："盖中国自始即未有如古埃及刻意求永久不灭之工程，欲以人工与自然物体竞久存之实，且既安于新陈代谢之理，以自然生灭为定律；视建筑且如被服舆马，时得而更换之；未尝患原物之久暂，无使其永不残破之野心。如失慎焚毁亦视为灾异天谴，非材料工程之过。"亦即梁先生提出不求原物长存之说。向总看后对这一段话十分重视，因为黄鹤楼建成之后就有一种观点认为其是"假古董"，向总对此一直不以为然，这次从梁先生的话中找到了重要的理论支持依据，于是微信问我："梁的中国建筑不求永恒的观点我早有所闻，但不知原文出于何处？求解。"当时我回答他我手中只有《梁思成文集》，没有《全集》，无法答复。后来他同班同学王瑞珠院士查到这段文字出自梁先生于抗战期间，在四川李庄完成的《中国建筑史》旧稿（同时为赴美国讲学完成了英文稿），1953年梁先生讲中国建筑史时以此为讲义，油印了50份，现已编入《全集》第四卷14页，向总也把这个消息转发给了我。2020年10月1日，黄鹤楼正式开放了夜间模式，采取"光影＋演艺"的方式向广大观众展示，因此很受欢迎。向总通知我这一消息后，还特地转发了当年10月8日这一天，黄鹤楼的游客达到2.45万人，也是去年同期游客数8000人的三倍。他作为黄鹤楼的设计师，始终在关心着这一工程的每一个进展。他退休以后，原来在黄鹤楼工程主管的那位副市长曾在2016年专门找到他，让他过问一下东湖风景区的绿道驿站设计，向总也很感动，觉得副市长没有忘记他。

向总对自己的家庭、子女的成就甚至几个孙女的情况也和从前一样，时时和我交流。2017年他专门发来双胞胎孙女之一的画作和回国探亲时跳舞的视频。8月专门发了一篇长文，详细讲述他和老伴儿2013年去美国探亲时，老伴胃部大出血看急诊住院及手术的经过，当时入院交了6 000元押金，在住院和手术后结算，住院费为16万元，手术费是2万元，在了解了他们的状况之后，最后住院费全免，手术费只收了3 000元。向总的长子向上是上海华建集团华东建筑设计研究院的副总建筑师，在2018年时向总发来介绍向上在港珠澳大桥人工岛口岸的工程，历时6年完工，向上作为设计负责人，在工程中排名第三，还另外介绍了向上在华建招聘员工时的照片。

2019年是我们班入学60周年，同学们在成都聚会，向总在网上看到了我们班在成都活动的照片，里面有一张照片是我坐在另一位同学的轮椅上的照片，他以为我出了什么问题，赶紧在微信上问我是怎么回事？我马上向他做了解释，只是一时好玩之举。

2020年春节，武汉成了全国乃至世界关注的焦点，建三同学和我们也都惦记身处武汉且行动不甚便利的向总二老情况如何。向总2月16日转发了他在上海的孙女向天歌的文章，当时她在中学高一班，作文在学校的征文活动中入选，

向总全家福

她指出在充满了"武汉加油""支持武汉"的贴心话的同时，生活中对于武汉人的排挤和不负责任的言论无处不在。"生活在武汉的亲属还有生活在武汉的朋友，使我体会到了疫情在武汉的严重，以及武汉人民为抗击疫情付出的努力和代价""我希望能够给予武汉这座城市最大的善意——以偏概全地针对一整个群体，指责谩骂毫无疑问是带有偏见的，对于全体武汉人的仇视是不负责任的行为。"所以这个年轻人最后呼吁："病毒是我们共同的敌人，武汉人不是。"表现了年轻人的正义感和判断力。

紧接着在2月20日，向总又给我转发了他在建三班微信群中发表的长文"我感谢，我祈祷"，这也是在那十分严峻的抗疫形势下，居住在武汉的一位老人写下具有他自己风格的心情独白，也是向总在微信上发过的最长的一篇文字，我全文照录如下。

"我，向欣然，现在正在阅读我们社区昨日的疫情公告——按照市里地毯式大排查的要求，社区已发现确诊、疑似、发热、密接等人员，都已做到了'应收尽收，应治尽治'……离开小区大院了。

我居住的社区隔壁就是定点医院，但一床难求，求诊的人通宵排队，队伍快要排到小区的后门口了（小区赶紧封闭后门），这都是新冠疫情初期的事情。

由于我们的社区基本上就是原来的设计院职工生活区，所以大家都很熟悉，都是老同事、老邻居，所以他们的突然离去，使我们感到惊恐，感到难以接受。

在那个黑云压城的日子，我们两个空巢老人是多么无助！

就在此时，微信里传来建三同学的声音：'因为你在武汉，所以我们会更加关心和支持武汉的抗疫斗争。'

是的，1963年我班毕业分配到武汉（中南建筑设计院）的，共有3人，如今只有我一人尚在武汉坚守。

随后，陆续有同学在网上向我表示问候和祝福，更有同学直接打电话安慰和鼓励我，远在美国的同学还和我在微信里展开了私聊……这一份份友情似亲情，给了我温暖和力量，我将永远铭记和感恩！特别令我感动的是，有同学还转达了一位老师对我的关心，他要我'多保重，多喝水，多熏艾草……'

其实我对死亡并无太多恐惧，我已经活过了中国人的平均年龄，正常死亡是迟早的事。但是这样的'他杀'，我是于心不甘的！

我已经有一个月没有下楼了，我常常站在 5 楼的阳台上，望着周围死一般寂静的世界发呆。

以前有太多的帖子，劝老年人什么也不要关心，什么也不要想，只要吃好玩好生活好就行了。这有一定道理，因为你就是想了、关心了又有什么用呢？！你还能为改变这个世界做些什么吗？

不过有句老话：朝闻道，夕死可矣！所以我还是忍不住，要关心，要去想。

想到这一切，我只有祈祷，祈求在大灾大难之后，中国会有一个清平的世界……"

之后我和向总微信的私聊，又恢复了正常，我们继续谈着黄鹤楼的夜间模式；关心着熟悉的老师和同学的情况；记得他先后问起过罗征启、梁鸿文、关肇邺、彭一刚、罗小未、张锦秋……我均一一作答。2020 年 10 月建六班同学在网上举办了一次美术作品展，向总看了以后告诉我："比我们建三班强多了，和建五班还有的一拼。"可是这一切，在 2021 年春节过后却戛然而止了。在我心目中那个有着传奇般经历，孤傲、直率、睿智、尖刻，有时又很天真的净友和兄长，在久病之后就这样去了。想起他在临终时的肺腑之言："能结交你们为友，幸甚！"就悲痛莫名。话又说回来，向兄，我能得你为友、为兄，又何尝不是我的大幸呢！

2021 年 10 月 11 日初稿，10 月 13 日修改

---

注：本文原载于《中国建筑文化遗产 29》（天津大学出版社，2022 年 9 月）。

# 由书及人的回忆

终于看到了吴德绳院长的文集《趣匠随笔》的样书，记得在多年前，他曾把最早写的一些随笔文字的录入稿送我学习，后来又曾在微信上多次看到他的后续文字，我一直鼓动他结集出版，让更多的人可以从中学习，但不知什么原因，直到今天我才看到初步的成果。

吴德绳院长（2011 年）

吴德绳院长既是我的领导（他于 1992—2003 年任北京院的院长兼党委书记，在几个重点工程中他是我的直接领导），又是设计院的同事。他自 20 世纪 70 年代来设计院，一直在七室从事援外工作，我和他虽打交道不多，但也有交往的机会。同时他又是我的学长，在清华他比我早三年毕业，我们还是中学校友，育英中学是我们共同的高中，我上高中时他已毕业，而育英的高中部后来已独立成六十五中学。但无论在中学还是大学，我都不认识他，可以说我和他的缘分不浅，平时我一直尊称他为"吴院长"，这次他的大作让我作序，我说写一篇学习心得或学习体会还是很愿意的。

吴院长的随笔文集中共收录了 66 篇文字，并精心组织成七个部分，每部分都是由相近的内容组成，所以读来很有条理。初步拜读以后，我想先汇报一下自己的关心重点。

首先我最感兴趣的是"协和医院"的部分。大家都知道吴院长的父亲是著名的医学家和医学教育家、两院院士、泌尿科专家、当然他还是周总理医疗组的组长，后官至全国人大常委会副委员长。这也是我一直深感骄傲和得意的地方，每次我给别人介绍设计院的吴院长时，都要加上一句，那是吴阶平的儿子。他在文中不承认自己是"高干子弟"，的确，他的这个"高干"与那些征战多年的老干部的"高干"不同，所以我更多地把他视为"名人子弟"，除他父亲和众多吴家的名人之外，赵元任还是他的舅舅。既然是名人和名人之后，就有进一步窥探和了解他们的兴趣。记得我看到吴院长的一篇文字说过他是由著名的林巧稚医生接的生，以至多年以后林还向他父亲问起这个孩子的情况。文中介绍了名人家庭中的家教，许多做法都是出乎人们预料的"另类"，也给人很多启发。但是吴院长没有回忆他的家庭在医学上对他的熏陶，按说他对此应该懂得很多。记得我有个大学同班同学因肾病来京，我顺便向吴问起他父亲平时是否出诊的情况，他半开玩笑地说不用找我父亲，我就能给看了，我就是在那次才知道尿毒症除人工透析以外，还可以腹膜透析，当时我还以"无照行医"的玩笑回敬了他。

协和医学院是人们十分崇敬的医学殿堂。记得我考大学那年（1959年）正是协和医学院的第一次招生，八年制的学制听起来就让人肃然起敬。当年我父亲是震旦大学毕业的医生，平时受到家庭的影响，高考时也曾动过报考协和的心思。但后来一想，这是第一年招生，肯定报名竞争会十分激烈，思忖再三还是放弃了报考八年制的协和，转而报考六年制的清华。我知道震旦是法国体系，而协和是英美体系，所以对协和、对医学始终存有敬畏崇拜之心。后来甚至还曾想过，如果来世能够重新选择职业的话，可能会放弃建筑师转而投身医学的吧。故对随笔中作者介绍的协和的每一个细节或规定，都充满了好奇之心。

我对随笔文集另一个感兴趣的地方就是他的中学时代。育英中学是个有悠久历史的学校，最早成立于同治三年（1864年），是私立教会学校，1900年后改称育英学校。我们就读时虽然在时间上相错开，但在空间上还是有关联的。他在文章中提到随"国脚"年维泗去踢球，是到两千米以外的操场，那实际就是育英中学在骑河楼的三院，也就是1955年后成立的只设高中班的六十五中学。那里除新建的教学楼外，还有400米跑道的大操场，这在那时的中学当中是很少见的，所以足球的传统一直传承下来。化学老师孙鹏的足球技术在北京教工队中十分有名，也是我们崇拜的对象。当中也有的成为北京青年足球队的成员，后来的校友中还有著名足球教练金志扬。

178

当年由高中部成立六十五中学时，保留了当时育英教师队伍中的精英和名师。在文中作者多次提到化学老师对他的厚爱，我读来更备感亲切，因为这位化学老师就是我高中时的班主任郭保章老师。郭老师1926年生，安徽阜南人，1950年毕业于北京大学化学系，以后到中学任教。我在中学时化学很一般，只记得老师讲课时嗓门很大，中气十足，同学中还传着老师的一些趣闻。倒是大学毕业以后，我和郭老师的联系紧密起来，得知他后来曾任一个中学的校长，又曾任首都师范大学化学系教授。我们中学同班同学多次和郭老师聚会，去拜访他在龙潭湖的家，教师节时送上我们的问候。当他知道吴德绳是我的院长以后，马上回忆出："我教过他。"此后他和吴院长也建立了联系，就像文中所说："如今他已九十岁高龄，教师节时我都给他打电话问候，他的头脑还是那么清晰，还记得我是做正二十面体模型的学生。"郭老师还曾把他的著作《中国现代化学史略》和《中国化学史》分别在1998年和2006年签名赠予我。郭老师在2018年5月1日去世，享年92岁。在遗体告别时遇到好几位中年妇女，讲起郭老师是她们在延安插队时的带队老师，关心和照顾她们的分配和就业，这更增强了我对郭老师的敬爱和怀念。吴院长的文中对郭老师的慈爱所表现的感恩不尽的心情同样令人感动。

采用小品散文的文体写作是本书的一大特色。这是一种轻便自由，可与小说、戏剧、诗歌等相提并论的文学形式，其短小灵活、简练隽永，可将作者经过思考的点滴体会、零碎感想、片段见闻传达给读者，其内容题材不限，传达的思想和道理也没有限制，在中国的历史十分悠久。国学大师钱穆就认为，《论语》可称为中国最古的散文小品，散文之文字价值，主要就在小品。又有文章认为小品始于晋代，当时把佛经的译本中的简本称为"小品"，而详本则称为"大品"。民初王国维先生认为"散文易学而难工。"其规律有"托物言志""借文抒情""形散而神不散"等。20世纪20年代起，梁实秋、徐志摩、周作人直到鲁迅，都是小品散文的高手，虽然对其社会功能和作用有着截然不同的观点，但总的来说都有微言大义，言近旨远，深入浅出，情趣幽默等特点，同时也有历史小品、叙述小品、抒情小品之分。在《趣匠随笔》的各篇文字中，可以看出作者对这种文体驾驭自如，随手拈来，独具情趣，给人以深刻的印象。

作者在耄耋之年反思自己成功的原因，一是快乐的生活性格，二是勤于思考

吴德绳在国际建协北京大会（1999年）

的偏好。我以为勤于思考正是我在与吴院长的交往中体会到他的重要特点和优势。对于"思考"一事，自古以来就有许多这方面的论述："心之官则思，思则得之，不思则不得也。"（《孟子》），"学而不思则罔，思而不学则殆"（《论语》），"博学之，审问之，慎思之，明辨之，笃行之"（《中庸》）。只有通过思考才会产生思想，所以西哲苏格拉底的名言："没有思考过的生活是不值得过的。"就思想而言，"思"就是理性思维，"想"就是想象力，这也是处于大变局的时代人们所要追求的目标。

吴院长之所以有勤于思考的偏好，除天分以外，与他的家庭环境、学养积累、社会经历、勤学力行有极大关系。他的专业技能已达到运用自如的地步，但他并不满足于停留在单纯的技术层面，而是经过深思熟虑上升到更高的哲学和方法论层面，从中悟出许多智慧和道理来。尤其是出任设计院的行政领导、主管单位的全面工作以后，视野更加开阔，考虑问题就不单限于单一专业，而更多要考虑全

面，各专业的协调综合、轻重主次。在我负责首都国际机场 2 号航站楼的工程时，吴院出任该工程指挥部的副总指挥，当时由于是三边设计，现场设计组的压力很大，工作一度有些被动，除通过吴院长的工作在指挥部上层将矛盾一一化解之外，也给设计组提出了许多卓有成效的解决办法。以致后来他还总结出了建筑专业与其他专业如何配合，主持人如何主管全局又兼顾各方面的许多高见。在宛平抗日战争纪念雕塑园工程中，也有紧密的联系。

吴院长总结："勤于思考，善于思考，是优良的作风，如果养成了习惯就成了好的品质，会一生受益。问题如果多与工作有关，属敬业；如果多与常识有关，就属爱好；如果和各种事情有关，就是乐于探究。"事实的确如此，对于遇到的每一件事，他常常都要问一个为什么，能不能改进得更好？这样就能在平时我们熟视无睹的地方发现问题，并进一步想出更好的解决方案来。这里我想起建筑界前辈杨廷宝先生送给毕业生的一句话："处处留心皆学问"，就是指需要到处留心，无论是看书学习，还是参加生产实践，要有观点，有准绳。可见勤于思考不仅可以总结出思想，还能悟出学问。这些经验都可称之为宝贵的人生智慧。

吴院长还有一个让人十分佩服的地方，那就是他的动手能力，他不但善于思考，还勤于付诸实践和行动。对理工科学生来说，动手能力常是许多人（包括我在内）的弱项，但吴院长却能应对自如，得心应手。我早就知道他有修表、修空调等许多机械方面的特长，这是他的强项。像在文集中提到的他出国去阿尔巴尼亚时，为大使馆在节日时修理冰箱的过程，那恐怕是大使馆的专业电工师傅也想不到的办法。他平时经常提起在工程中遇到设备系统调试或运行过程中，常常碰到许多专业师傅都难以处理的问题，但由于他的观察细致，实践经验丰富，都能出人意料地找出解决办法。由于动手能力强，他也很早就拿到了国际驾照，在院里率先骑过美国哈雷摩托车，驾驶意大利菲亚特小汽车。我也曾拿着一个挂钟求他修理，他夸下海口："我只修那些北京亨得利钟表店都修不了的活儿。"当然这些动手能力和实践经验，都与前面所讲的勤于思考有着密切关系。心灵才能手巧，在多思的基础上多动手，自然就能达到"知行合一"的境界了。

在七室工作时，因吴院长经常出国，所以我和他接触不多，他升任院长以后，直接过问过我们的许多重点工程，在工作中我对他的了解就更多了一些。直到他退休以后，对于他这种复合型专家在学会等机构的社会活动和评审很多，但每次有机会见到他，我都会很高兴，因为他幽默诙谐，妙语连珠，所以自称"趣匠"也是很有道理的。而我们的见面多是互相说着地方话，彼此开着玩笑，除我常被他"修理"以外，这时我也常常口无遮拦，有许多得罪之处，我想他也不会放在心上。就拿这次让我写学习体会这件事，写到最后我想到他的随笔中多是短小精干的文字，言简意赅，短短的文章就说清楚了一个人生哲理，而我却是啰里啰唆、连篇累牍写了一大堆，可能还不得要领，看上去似乎有喧宾夺主之嫌。念在多年老友的情分上，又兼有学长、上级、同事的多重关系，加上我本来就想找个机会写写他，这次就利用这个机会一起诉诸文字了，想来他也不会怪罪吧！

记得我在学长处还曾看到过有些文字还未收入这本文集之中，他现在虽然"赋闲"，但仍然精神矍铄，精力充沛，积极思考，笔耕不辍，希望文集的后续部分二集、三集能够尽快问世。同时也借此机会祝老学长身体健康，全家幸福！

---

注：本文原载于《趣匠随笔》（中国建筑工业出版社，2022年7月），此处按序言原文发表，并增加插图。

# 追寻史源启后昆
## ——深切怀念建筑学家曹汛学长

曹汛（2008 年）

曹汛（2009 年）

2021 年 12 月 12 日，在这个寒冷的冬日，人们在八宝山告别厅兰厅，和 6 日刚刚故去的建筑学家曹汛学长告别。告别室门前是东南大学朱光亚教授撰写的挽联。

寂寞三段论　筚路蓝缕辟得光明前路

苍茫史源学　清源正本照亮继起后昆

另外告别室内的花圈上，也有许多挽联。

啸傲嵩岳寒山　寄情网师环秀　建筑园林两担云彩

勾稽鲁班明仲　畅论东郭南垣　哲匠宗师千古风襟

这好像是他的助手刘珊珊和黄晓所撰。这些精心构思的句子都清楚地勾勒出曹汛先生作为一位建筑学家、文史学家、园林学家的成就。

在现场我见到了曹汛学长的夫人和子女，除表达慰问外也询问了他的病情，得知他在两年前就患胰腺癌，一直与病魔抗争，直到不治。他一直准备要出版的文集全集也还没有消息。后来遇到北京建筑大学的张大玉校长和建筑学院张杰、金秋野院长，他们都说早已安排了专人协助完成此事，并准备在明年争取付梓。

我认识曹汛学长 20 多年，我一直以老曹称之，他是高我四届的清华建一班学长。在学校时我并不认识他，但知道他们班在 1957 年"反右"时在清华也是名噪一时。以至他们班被划为"右派"的原党支部书记吴庆林后来和我们一起在 1965 年毕业，是离休老干部，今年已过了 90 大寿。另一位被划为"右派"的倪炳森是现华南理工大学倪阳设计大师的长辈，最后比我们还晚一年毕业。听他们同班同学介绍，老曹虽然身为班长，那时也差点"中招"，但是小班的班干部保护了他和其他人，所以他们小班没有人被划为"右派"。老曹后来回忆："建一一班团支书记史九如是调干老党员，为人正直，党性很强。上面派下 3 名'右派'指标，支书认为我们小班没有'右派'，我极为赞同，整个清华也只有我们班没划一个'右派'。因为没跟上形势没完成指标，支书被撤职，我也因'反右'不积极受到严厉批评，我看明当时形势，主动辞掉班长的职务。"但老曹对学校里他"反右"时差点"跌倒"，后来又被当作"白专"典型批判始终耿耿于怀，所以我注意到他一直和他们建一班保持距离，班里几次出版的纪念册中都没有他的文字，他也没有提供任何材料。

我与老曹真正结识是在 1993 年 5 月，《建筑师》杂志和南昌市土建学会联合主办的第一届"建筑与文学"学术研讨会，两界人士共有四十多人到会。在那次会上我见到了许多文学界的名人，如马识途、公刘、蓝翎、陈丹晨、叶廷芳、何西来等，以及当时还比较年轻的张抗抗、舒婷、韩小蕙、方方、瞿新华、赵丽宏、刘元举等人。建筑界的人士我大部分都认识，但像老曹、陈薇等专治史学的人物我则是第一次见到。当时会议组织者为这次研讨会专门印制了一本纪念册，让参会和未来参会的人每人一页写下自己的简介和感想，并附有本人的照片。老曹的介绍一下子就吸引了我。

"在下曹汛（下面介绍自己的学历和工作经历，本职和兼职等内容略）。半生苦学，着眼于中国传统文化深层意蕴的挖掘，主攻建筑及园林历史及理论，兼及文物考古、碑刻题记、书法绘画、唐宋诗词、曹雪芹的家世等学科分支。同时又钻研治学方法，年将知命，始觉透彻，乃至于得荃忘鱼，戏称'荃学'，亦解嘲也。为了保持底气与后劲，年过半百，仍在拓宽掘深，垦荒耕耘，而不急于一时多出成果。治学主张文理渗透，融会贯通，史论结合，而自甘寂寞，不求闻达，固守僻学，不务显学，鄙视官学和'假大空'。写文章追求严实细密，天衣无缝，论证确凿，咬叮嚼铁。"

184

这真是一份生动活泼的个人介绍。老曹为人健谈直爽，加上他已调入北京建工学院建筑系，又是我的学长，就对他很有亲切感，所以我们很快熟稔起来。

那次聚会，除学术讨论之外，我们还参观了江西许多名胜，如井冈山黄洋界、五指峰、八大山人纪念馆、滕王阁等，许多景点是要乘坐较长时间大巴的，老曹和我常坐在一起。在车上他一直在看一本书，有时还在上面点点划划，我一问，是一本《全唐诗补遗》。他告诉我这是复旦编的，但经过他细致考证，已发现书中有若干首非唐诗而是宋诗，还有几首诗作者为无名氏的也被他考证出作者姓名，还有若干处谬误，等等。我当时看他就是手持一卷诗集边看边议，然后引经据典，侃侃而谈，让我更加佩服。

老曹在会上发表了他对教育，尤其是建筑教育的看法，进而涉及他近来对绍兴沈园的研究。他认为应该提倡人文建筑学，强调建筑文化。他以闻一多和林徽因先生为例，认为古建筑和中国园林是建筑界和文学界的共同热点，但又常常存在一个共同的误区。话题一下就转到了绍兴的沈园。他说沈园本是清初的园子，沈家后人传下一张园图，上面胡乱题了一些陆游的诗词，尤其是那首"红酥手，黄滕酒，满城春色宫墙柳"的《钗头凤》词，于是人们就联想到了陆游和他表妹唐婉凄美的爱情故事。沈园也变成了绍兴唯一有 800 年历史的宋代园林。但老曹经考证以后认为这实为大误，虽然有郭沫若的题匾、名词家夏承焘题写"钗头凤"词，但他认为"钗头凤"一词实际为陆游 45 岁入蜀后在成都张园所写，与绍兴沈园全无关系。因为张园是后蜀燕王故宫，所以才有"满城春色宫墙柳"之说，而"红酥手，黄滕酒"是反映陆游"裘马轻狂锦水滨"的狂放生活写照，红颜劝酒，绿袖传杯而已。老曹深叹"我们文学界和建筑界全弄错了"，所以警告人们"人怕出名，大名家们更要格外小心，免得被人拖进误区里去。"为此，老曹专门撰写了题为"陆游《钗头凤》的错解错传和绍兴沈园的错认错定"的长文，后来分别连载于《建筑师》杂志 1996 年和 1997 年的 73 和 74 期。但是如果大家较了真，可能就会断了绍兴沈园的财路，所以那面根本不予理会，依然故我。

也是在那次会上，我听到老曹说他做这些研究工作的根基和出发点在于认定了陈垣先生对于历史文献所倡导的史源学。我是第一次听说此论，所以后来还专门看了一下涉及史源学的介绍。陈垣老是史学界的考证学家，"土法为本，洋法为鉴"，史源学是研究历史的方法之一，即研究历史必须追寻史源，这里面涉及目录学、年代学、校勘学、避讳学、版本学等多方面的内容。通过史源指出后人在使用这些材料时所产生的种种讹误，从而找出一些规律性的东西。陈垣先生在开授此门课程时十分注重实例分析，"择近代史学名著一二种，追寻其史源、考证其讹误，以练习读史的能力，警惕著论之轻心。"他的教材中提到了赵翼的《廿二史札记》，认为与《日知录》等文献相比，此书的错处最多。恰好我手头有赵翼这本著作，其内容为作者研究由《史记》到《明史》共36卷588条笔记。可是要挑出里面的毛病又要下多大功夫，考证多少文献？而且有大量的文献可能史源上并无问题！想到这里，我不由得钦佩老曹那种"咬定青山不放松"的韧劲。所以他后来陆续写了不少挑过去文献中毛病的文章，诸如《姑苏城外寒山寺：一个建筑与文学的大错结》《〈营造法式〉的一个字误》《唐人诗题中的"日东"，后世有讹为"日本"者》《张南垣父子事辨误》《嵩岳寺塔建于唐代》等文，估计这也得罪不少人。有人说他得罪了郭沫若，有人说得罪了刘敦桢，还有人说寒山寺的老方丈都让他气死了！

老曹在唐诗以及相关文史的考证，常不为建筑界所知。正是"后者每惊讶于其学识之淹博而不知其所由来。盖文史在先，是为厚积，建筑、园林在后，此为薄发，其建筑史、园林史研究并非空穴来风，而是建立在对文献典籍的博闻强记和研精覃思上，因此才能言人所不能言。"也是那次会见，我也注意到老曹还有不修边幅，不拘小节之处。我因有时吃饭不小心，常在胸前布满油迹而为老伴诟病，而这次会见时，发现老曹右腿的裤子上有巴掌大那么一块油迹，十分之显眼，可是老曹也还是毫不理会，泰然处之。

认识老曹以后，我也曾将自己的一些拙作奉上求教，但从未见老曹有什么反馈，估计是过于浅显而不入他的法眼，尤其是一些不入门的打油诗。除文史论著外，后来我还看到老曹的许多建筑速写，多为铅笔，笔法苍劲有力，极有特色，与他的性格为人十分相近。又有一次北京地坛书市开放，我去随便转转，见有一套广西民族出版社1991年版的《徐志摩全集》五册，内容包括诗集、小说、戏剧集、散文集和书信及日记，价钱也不贵，于是买了下来，提着书继续在书市闲逛，不想一下子遇到老曹，他看到我买的书，马上下个结论：这个全集并不全！我问他为什么，他说起码书信集就不全，因为有一部分给林徽因的信件还一直保存在林那里。直到最近看到老曹编著的《林徽因年谱》，他还曾策划过林徽因文集的编著，才想到这是他长期关注研究的一个课题。

2002 年 9 月在杭州举办了第二届"建筑与文学"学术研讨会，大部分参会者都曾参加过第一届研讨会，老曹也参加了这次会议。正好他在 1997 年退休之后，1999 年应台湾树德技术大学之聘开设了建筑考古学、中国建筑史、古迹建筑社区保护规划设计等课程，使其平日研究成果得以发挥传授。他体会颇多，十分高兴地向我们介绍了不少那里的情况。与上次会不同的是，经过这些年城市化的飞速进展，房地产的畸形发展也引起老曹的极大关注，他直言："现在房地产炒得发烧发疯，那疯狂的势头远远超过 1958 年的'大跃进'，住宅楼越盖越高，越卖越贵，面积大又不适用，多有'黑厅'和'刀把式'采光，'京味豪宅'竟有一户五个厕所的，真是匪夷所思了。"他大声疾呼："走错的路还是要走回来，应该大量推行 60 平方米两室一厅经济适用住宅和 90 平方米两室两厅小康住宅……我教学生时示范作的 90 平方米，两室两厅，明厨明厕'仁智住宅'和两室两厅，透地透天，有家有庭'天堂住宅'，不仅堪称佳品，工薪阶层也买得起，但是都推广不出去。"最近我们各城市正在大力推行每户 40 平方米、50 平方米、60 平方米的公租房，90~125 平方米的共有产权房，不由得让我想起二十年前老曹的先见之明。

虽然老曹没有太多从事建筑设计的机会，但他对建筑界的情况还是十分清醒的，他尖锐地指出："如今的建筑界更是一言难尽，不少建筑师实话实说，悲叹自己不过是'妓女'而已。我不愿听命于人，还希望洁身自好，不能随波逐流，更不肯误人子弟，教学生做那种人。乃至我上到'最后一课'，总算讲出一些真心话，几位好学生不免热泪盈眶。"也是在这次研讨会上，我抓紧为老曹拍了一张人像照片，还自认抓住了他睿智耿直、疾恶如仇的特点，被我收入在 2011 年为纪念清华大学百年校庆而出版的《清华学人剪影》一书之中。

此后我与老曹偶有过从，当面交流不多，但电话时有，看得出他仍在孜孜不倦，勤于笔耕。几年前有一次在电话中长谈，他谈起准备出自己的全集，恐怕要有二三十册之多，我当时十分感动，鼓励他要抓紧时间，不想却"出师未捷身先

曹汛（2002 年作者摄）　　　　　　　　　曹汛（2010 年）

死"。2016 年是清华汪坦先生百年诞辰，清华为此在 5 月 14 日要举办纪念会，
忘记是什么事情使老曹对纪念会的安排很不满意，在会前两天给我打了一个电话，
表示自己原本要去参加，但现在决定不去了。因为汪师母已于 2014 年 10 月去世，
这次会议汪先生的女儿们肯定会参加，我再三劝他也没有成功。在开会那天我开
车去清华的路上，他又打电话来，我又劝他为了汪先生也一定要设法出席，顾全
一下大局，但最后他还是没有参加。老曹的执拗孤傲的脾气由此也可见一般。

　　老曹对自己一生的境遇很不满意。他曾说："回顾自己的这大半生，因为'反
右'挨整而导致荒唐分配走进坎坷，中间十多年最好的年华又因'文化大革命'
白白荒废，剩下的二三十年时间，拼命挣扎……有些人对我写了一些专业以外的
文章不大理解，甚至以为是不务正业，其实学术文化本应该是一个整体，跨学科
也算一种特长。"他更进一步解释："不是我兴趣转移，只是对建筑和建筑界的
失望。'丈夫有志不得行，案上敦敦考文字'，国家不用，我自用之，亦可悲矣。"
老曹引的那两句诗我还专门查了一下，语出宋诗人苏舜钦的《对酒》一诗，"予
年已壮志未行，案上敦敦考文字"，而前一句可能与元代陈镒的一首《送王本立
赴京师》中的"丈夫有志取侯封"混在一起了，我想主要是老曹腹中的诗句也已
太多，而熔铸为一了。

　　老曹自己归纳："我一生坎坷天命多辟，只想努力工作和认真读书做学问，
究其一生也未找到一个合适单位。正因为如此，这才走出一条自己的治学正路。
还真得感谢清华那些批我斗我，把我分配到森林采伐系的人。当然更要感谢那些
仗义、有胆识的朋友，为我不平，为我呼吁，希望帮我改善治学条件。可是直到

曹汛与汪坦先生夫妇（作者摄）

现在我还是很困难，有许多重大发现……都是干着急没有条件去做……我已年悲老大，只愿走自己的正路。我不能为建筑史的荒浅有所匡救'可怜无补费精神'，人家油盐不进，就只能徒叹奈何了。"我想他这种怀才不遇的情绪也许是那个主张刨根问底的史源学让老曹陷得太深，求根溯源本身只能是相对求解，使之更为接近事实真相，当时时刨根问底而又求解无方时，就需要设法从中解脱了。

我整理这篇文字，希望从一个侧面来反映我所敬重的老曹。当然老曹曲高和寡，他快人快语、疾恶如仇的性格引一些人不快，在学术观点上学界也有不同的看法，但彼此都没有争论过招，这些都不能影响我们对老曹学术成就的肯定。他那数百万字的有关建筑、园林和文史方面的专著和专文，是建筑文史学界的重要成果，都会成为后人研究和学习的重要文献，不会被人们所忘记，其钻研求真的精神也值得称道。只是可惜他还有许多思想和成果没能进一步发掘整理出来，真是专才无由去补天，"长使英雄泪满襟"了。

曹汛学长千古。

2021 年 12 月 25 日一稿

注：本文原载于《清华校友通讯》复 89 期（2022 年 7 月），本次增加插图。

# 向刘冰同志汇报建五班

刘冰同志 1996 年元旦留影

刘冰同志晚年

敬爱的老领导刘冰同志离开我们已经四年多了，今年是他的诞辰 100 周年，他长期担任清华校党委第一副书记，是蒋校长最重要的助手，主管全校日常党务事务工作，对推动清华教育事业的发展起了十分重要的作用。作为 1959—1965 年在校学习的"五字班"一员，我们建五班和大家一样，始终（就是在校期间或毕业以后）感受到刘冰同志对我们这一辈人的关注和爱护。

自 1952 年的院系调整之后，清华开展了以学习苏联教育先进经验的教育改革，但在执行过程中，也发现存在许多教条主义的倾向。从 1958 年起，提出了"进入新阶段，创造新经验"的目标，刘冰同志按照蒋校长所主张的"教育事业是关系党和国家前途命运的大事，对正确的就要坚持"，学校进入探索适合中国国情和清华校情的教育体制革命。这是清华建设的一个十分重要的新的历史阶段。非常幸运，我们就是这个历史阶段的亲历者和力行者。

先从入学招生说起。从 1959 年起恢复全国招生统一考试，学校为了纠正在 1958 年过分强调阶级路线、提高政审标准的偏差，修订了政审标准，强调了重在本人表现，取消了工农及工农干部的优先录取。

这样和 1958 年的招生相比，1959 年的新生构成有了较大的变化，除工农出身的生源外，知识分子家庭出身的学生比例增加，一些家庭出身有问题的同学同样按照分数和表现被录取。以建五班为例，全班 89 名新生中，北京和上海地区的生源有 49 名之多。在年龄构成上，18 岁及以下的有 43 人（17 岁及以下的有 17 人，占全班人数的 19%）。

当时按照毛主席提出的"三好"和"又红又专"的要求，蒋校长将其具体化为"要培养红色工程师，培养体魄健全、红专结合的能创造性地解决科学技术问题和不断推进生产前进的工程师。"所以在我们的六年学习中，虽然经历了各种政治运动、技术革命、"三年困难时期""八字方针""中苏论战"，等等，也有过一些"左"的干扰。但是学校在贯彻"高校六十条"的过程中，通过填平补齐，纠正了一些"左"的做法。最后无论是基础课程、实践教学和实习、还是真刀真枪的毕业设计等各个环节，都完成了预定的教学计划，达到了学校所要求的基本目标。

在思想政治工作上，延续了蒋校长从 1957 年起实行的政治辅导员制度，在建五班陆续派来了高班的虞庆余、单德启、颜华峰做我们的辅导员，从思想到学习到生活关心同学的成长，关心大家的进步。1963 年校方提出表扬"四好班"（思想好、学习好、劳动好、身体好）的决定。刘冰同志指出："培养四个作风（革命的、科学的、民主团结的、艰苦朴素的作风），创造'四好班'的活动，正是培养同学又红又专、又健康、全面成长的好办法。"我们建五班自此以后曾四次被评为"四好班集体"，也从一个方面反映了这个集体在当时的大环境下，关心政治、思想进步，学习上刻苦钻研，积极参加生产劳动，坚持体育锻炼的优良班风。

这种团结向上的风气一直持续到几十年后的现在。尤其是 1965 年蒋校长提出"上三层楼"的要求，即爱国主义、社会主义，树立共产主义世界观，把对同学的政治要求具体化、形象化，成为我们长期努力的目标。

蒋校长和刘冰同志都十分重视在学生当中发展党的组织，从而体现党在学生中的影响力和凝聚力。蒋校长曾指出："青年时代入党，对党的思想教育接受深刻，更容易成长为较为成熟的党员。""学生在学校中不入党，到社会上工作有很大限制。"所以在校期间，学校十分重视在学生中党的知识教育和党的组织发展。

到毕业以前，全班共有 36 名同学加入了党的组织，约占全班同学数（86 名）的 41.8%，这个比例远远高于 1965 年时全体学生中党员比例数的 12.5% 和"五字班"中党员比例数的 23%，他们此后都在不同的工作岗位上发挥了重要的作用。

学校坚持"又红又专、全面发展、因材施教、殊途同归"的教育思想。1957年蒋校长提出"至少健康地为祖国工作五十年"的目标，我们班先后有 10 人次参加过校田径队、摩托队、击剑队、体操队和排球队。在此期间虽然也遇上了"按热量办事"的时候，也有四位同学因病推迟毕业，有两人因病退学，但大部分同学坚持体育锻炼，保持了健康的体魄。学校从 1952 年起保留了音乐室及教研组，从 1958 年起组织了学生社团，这为同学们在文艺方面施展自己的才华创造了条件。在校期间我们同学有 44 人参加了舞蹈队、军乐队、曲艺队、民乐队、合唱队、话剧队、钢琴队、管弦乐队、京剧队、手风琴队、《新清华》美编、舞台美术组、北大美术指导等十二个社团，许多人成为社团的骨干力量，我们先后还有十名社团成员集中居住，便于平时发挥更大的作用。

按照蒋校长的"三阶段、两点论"，加上建筑系本身的教育理念：定位于科学和艺术的结合；教育是理工和人文的结合；学科架构突出建筑、城市、景观和技术四位一体；注重学生创造力和综合解决问题能力的结合；以职业建筑师和专业领军人物为培养目标。所以老清华的"通才教育"在我们学习过程中也起了重要作用。蒋校长多次强调理工科学生也要学好人文社会科学，除政治学习和马克思主义教育外，我们的课程中安排了中外建筑历史、美术（包括素描和水彩）等课程。加上清华大图书馆有丰富的人文、社科、典籍等藏书，每人有六张借书证，方便我们查找各种图书。另外建筑系的图书馆和资料室更是保存了大量西文和俄文的书籍和期刊，包括许多艺术画册。在这种宽松的环境和氛围中，同学们课余可徜徉其中、各取所需、自由发展，为毕业后从事的各种工作打下了良好的基础。

1965 年毕业时，我们这届的毕业证书上是由校长党委书记、第一副校长和党委第一副书记三人共同署名的，而此前历届的毕业证书上，只有校长和第一副校长的联合署名。刘冰同志在四十年后谈到这件事情时说："1965 届的毕业证书上有三个人的签字，你们是唯一使用这个版本的一届毕业生。"当时蒋校长对刘冰同志说："教育部一旦出问题，我首先要承担责任（蒋校长从1960年起任职教育部副部长后任部长并兼任清华校长、党委书记），如果我不在学校了，清华的工作要由第一副校长和第一副书记担起来，清华的工作不能停顿。"由于次年的"文化大革命"，这一届毕业证书成为清华教育史上的一个孤例。另外在我们毕业以前，校方还要求进行一次档案的清理，要求把原档案中的思想汇报，政治运动中的总结或检查、个人所写材料未做过结论的，都从档案中取出另行存放，也体现了学校在政治上对同学们的爱护和负责，也为我们进入社会大学创造了较好的工作环境。

以上是建五班在这六年校园生活的简单回顾，六年的学习生活为我们在政治、业务、身体各方面都打下了比较坚实的基础。但对一个班集体乃至集体中的每一个成员，在进入社会，在复杂的社会环境中游泳，在这个社会"大学"中究竟表现如何？这是对每一个人的考验，也是对清华的教育成果漫长的测试和检验。

当年毕业时我们都是"服从统一分配，到祖国最需要的地方去"。我们建五班毕业86人，其中分配到中央各部委和解放军的共有68人，分配到各省、市、自治区的有9人，另有3人留校、6人读研。大家全部服从分配到单位报到，然后分别参加劳动，或参加"四清"，或参加三线建设……一年后"文革"开始，也有8位同学受到不同程度的冲击：或大会批判，或隔离审查，或取消预备期，或被打成"反革命"……但最后还是有惊无险，全部获得平反。此后一段时间内，大家或忙于工作稳定就位，或忙于结婚生子，或忙于分居调动，而最后逐渐形成安居乐业的局面。最后统计全班同学的职业状态如下：从事设计工作的有62人（占72.1%），从事教学工作的有12人（占14.0%），从事行政领导工作的有6人（占7.0%），从事业主或企业工作的有6人（占7.0%）。除原有6人读研后取得学位外，后来又有5位同学先后读研取得硕士或博士学位，有15人有在国外或香港地区工作或长短不一的讲学、进修经历。

从事设计工作的同学都取得了高级职称和一级注册建筑师的资质（或美国、加拿大的相应资质），还有人另外取得了规划师、建造师、监理工程师等资质。多位同学享受国务院政府特殊津贴，或被评为各级有突出贡献专家、立功受奖或

1965 年 7 月建五班毕业照

获全国或省部级劳动模范称号。由于分配到中央各部的人数较多，许多人都参与涉密工作，如为党中央服务的工程，在马兰基地或 221 厂参与导弹、核试验、地下核试、三线建设和国防工程、核电站和核废料处理等工程，他们都是"虽做惊天动地事，却是隐姓埋名人"。在民用建筑设计方面，根据从事专业的不同，我班同学分别作为观演建筑、体育建筑、交通建筑、邮电建筑、教育建筑、居住建筑、办公建筑等方面的专家在业界享有盛誉。谢超常参加过 1978 年的第一次全国科学大会，受到党中央和邓小平同志的接见，并荣获"在我国科技工作中做出重大贡献的先进工作者"。沈大钟原军乐队员，因在核电安全方面的专长，被国防科技委员会推荐为国家应急管理专家组成员（2006）。马国馨原军乐队员，先后获得"全国工程设计大师"（1994）和中国工程院院士（1997）称号，并于 2002 年获"梁思成建筑奖"。大家的许多设计作品获国家和省部级奖项。

从事教学工作的同学分别任教于清华大学、北京建筑大学、深圳大学、北京工业大学、中央美术学院等院校，他们忠诚于党的教育事业，培养了大批后继人才。深圳大学的许安之原是管弦乐队队员，还荣获深圳市工程勘察功勋设计大师称号（2020 年）。

师恩难忘——建五班同学毕业50周年（2019年）集体照

从事行政领导工作的几位同学中，叶如棠，原民乐队员，曾任建设部部长、副部长、全国人大环资委副主任；陆强，原话剧队队长，任四川自贡市市长，省建委副主任；王景慧，原田径队员，任住建部规划司司长，为表彰"对中国历史文化名城保护理论与规划建树和中法文化交流的贡献"，曾获法国政府"艺术与文化骑士勋章"（2005年）和中国科协授予的"全国优秀科技工作者"称号（2012年）。因在历史文化名城保护和世界文化遗产申报方面的成就，山西平遥古城将一条街道命名为"王景慧路"。林峰曾任北京市有关领导赵鹏飞、郑天翔同志的秘书，侯士荣曾任深圳福田区区长，白福恩原京剧队员，曾任保定市建委主任兼总工程师。他们都兢兢业业、忠于职守、爱岗敬业、造福桑梓，都已平安退休。（宋春华原是管弦乐队员，曾任建设部房地产司司长、副部长、长春市市长等，因于四年级病休，故未计入）。

建五班同学在校时，大家就亲如兄弟姐妹、互相帮助，主动为生活上遇到困难的同学解决疑难，并在共同学习、生活、劳动和旅游的过程中结下了深厚的情谊。工作以后，大家更是勤于联系，互相学习，互相关照。在全班同学中，有16位同学结成了8对夫妻，另有14人与清华外系外班同学成为佳偶。对同学最后所在城市的统计结果是：居住在北京的有 49 人，居住在深圳的 14 人，居住在上海和成都的各 5 人，在美国和加拿大的 4 人，此外在山东、西安、广州、保定、河北、杭州、厦门、无锡、兰州和香港各 1 人。由于有一批热心于班级活动的同学们作为班级的黏合剂和润滑剂，保证了几十年中建五班同学间各项活动的顺利运行。

自 1979 年起，同学间的第一版通讯录问世，此后连续更新版本了七次，成为大家共同关注的"联络图"，也成为大家交流的重要纽带。大家虽然地处天南海北，但是凝聚力和号召力依旧。如 1995 年毕业 30 周年活动有 81 人（包括家属，以下同）参加；2005 年毕业 40 周年活动有 96 人参加；2009 年入学 50 周年活动在上海、苏州、杭州有 95 人参加；2011 年清华百年庆典有 62 人参加，2015 年毕业 50 周年有 116 人参加，2019 年入学 60 周年活动在成都有 47 人参加。另外我们还组织过集体出游，如 1999 年九寨沟游有 60 人参加，2010 年长春游有 47 人参加，2012 年台湾游有 15 人参加，2019 年甘肃游有 26 人参加。尤其是进入 21 世纪以后，大家陆续退休，有了更多的闲暇时间，而清华校友网和微信等新技术使大家的联系和交流更为方便。我们做了初步统计，1966—2014 年，超过 10 人以上的同学聚会就有 86 次，其中在北京有 56 次，在深圳有 24 次，这些聚会中在 2000 年以后举办的就有 58 次，说明聚会联谊活动已成同学间的常事。

为了加强同学间的情谊交流和交通信息，建五班还利用各种机会组织全班的出版活动（包括正式的和非正式的出版物）。如 1995 年第一次出版了《清华大学建五班纪念册》，每个同学用一页的篇幅介绍自己的情况，表现了"一去相隔千万里，隔行隔山不隔心"的手足情谊。2003 年正式出版了《班门弄斧集：建五诗文集》，72 位同学供稿，全书 40 万字，由清华大学出版社出版。2005 年《班门弄斧续集——建五班书画集》出版，70 位同学供稿，40 万字。2009 年《班门弄斧集三集》出版，61 位同学来稿，全书 67.9 万字。2011 年《画忆百年清华》出版，书中收集了 41 位同学的画作。2015 年《清华建五纪事：毕业 50 周年（1959—1965）纪念》，用编年记事体例表现了建五班在毕业后 50 年中个人和集体的主要活动。全书 310 页，收入文字 1570 条、图片 1267 幅，由天津大学出版社出版。2019 年出版了《夕阳无限：清华建五毕业 50 周年到入学 60 周年活动纪事》，全书收入照片 371 幅。2021 年又出版了《清华建五在校六年记事》，收入 60 多年前的老照片 277 幅（后两本由张思浩、赵欣然二同学编辑）。所有这些出版物都已提供给校图书馆、清华校史馆和清华档案馆收藏。而这些凝聚了同学情谊书籍的出版，除增进同学间的关注之外，也有赖于全班同学的鼎力支持，以及逐步形成了行之有效的编辑班子。

除集体的出版物以外，个人的正式或非正式出版物也十分活跃，据统计全班有 25 位同学先后出版了 70 多种出版物，其中包括学术专著、译著、教材、辅导读物、文集、诗集、书法集、摄影集、画集、收藏集、回忆录、小说、篆刻集等内容。在各种报刊和学术杂志上发表学术和科普论文近千篇。同学的各种收藏和艺术爱好在毕业以后也得到充分的展现：吴书庆原为话剧队员，在集邮领域卓有成就，从 1995 年起先后 11 次获得集邮界的国际和国内一系列奖励，并于 2012 年被中华全国集邮联合会评为"全国集邮先进个人"。高寿荃潜心于楹联书画的研究，从 1985 年到 2021 年，先后在法国、加拿大、日本及澳门和国内举办了十余次楹联书法展。何惟增原为军乐队员，被《中国摄影家》杂志授了"中国优秀摄影家"称号（2001 年），他所编写的《建筑摄影》一书，作为高校教材已修订再版重印了近 10 次。

建五班同学感恩母校，回报母校。1995 年我们毕业 30 周年之际，向建筑学院捐赠了梁思成先生的半身铜像，这也是建筑系建系 49 年来，梁先生辞世 23 年来的第一座先生的纪念像，以表达我们对建筑学院创始人的怀念。2005 年我们和全体"五字班"同学一起，向学校捐赠了常青树，植于主楼前广场。同时我们又曾为梁思成和林徽因二位先生在室外立雕像，因为与西区相比，东区的人文气氛太弱，后来虽经北京市城雕管理办公室行文同意，但因校方始终未同意只得作罢。我们上学时许多家庭经济困难的同学是依靠国家的助学金完成六年学业的，所以 2007 年时，在校期间一直享受助学金的叶如棠提出为了回报学校和社会，决定参加清华校友总会的"清华校友励学金"，定向资助建筑系低年级那些经济困难、学习勤奋、生活俭朴的学生完成学业，成才报国。捐款除从班费中按每人100 元向学校集中支付外，其他由同学自愿捐赠，一直延续至今。

从 1984 年起到目前为止，全班同学中先后有 13 人去世。除 2 人为突发车祸外，其他都是因病，但绝大多数同学都实现了"为祖国健康工作五十年"的目标。

目前班上年纪最大的是离休干部、年届九十的吴庆林同学，他至今还是精神矍铄，身体健康。

在汇报了我们班毕业 50 多年后的情况之后，更要汇报我个人和刘冰同志的交集。应该说无论是在校六年还是毕业以后的几十年中，我和刘冰同志都没有直接面对面的交往，但是就像刘冰同志时时关心着"五字班"的同学一样，我们也时时关注着刘冰同志，并不放过每一个机会为他拍照或书信联系。记得最早是在1996 年元旦，老文工团定在蒙民伟楼聚会，刘冰、高沂、艾知生、贺美英等领导同志都来了，那时刘冰同志 75 岁，向我们发表了热情洋溢的讲话，我为他拍的照片后来收入我为庆祝"清华百年"所出版的《清华学人剪影》一书中。

当时已退休的清华老文工团员和老校友也就是在 1996 年聚会后两周组成了清华艺友合唱团，张五球任首任团长，经过长期训练和磨合之后，先后在国内外举办过多次专场或合作合唱音乐会。在合唱团成立十周年之际，我们准备为合唱团的十周年出一本纪念画册，时任团长韩铁城交给我一个任务，就是请学校老领导和现任领导题词。为此我专门找到了校友总会的承宪康学长，在我印象中，承学长是待人十分热情真挚而又办事极为认真的。在他的建议下，我们向刘冰、张孝文、方惠坚和贺美英等领导同志发了信息，很快在 2006 年 5 月，我收到了刘冰同志的题词："德智体全面发展的瑰丽之星——刘冰 2006 年 5 月 15 日"，同时他附上了一封短信："送上我写的几个字，写得不好请谅解。代问张五球、韩铁城同志好！顺致敬礼——刘冰 2006 年 5 月 14 日。"领导们的题词给合唱团员们极大的鼓舞，我们在刘冰同志题词旁还配了一张他在 1998 年文工团建团 40 周年时与三峡工程总公司副总经理秦中一学长（合唱队员后任学生文工团团长）的合影。十周年纪念册《清风华年》出版后，我们马上也向刘冰同志奉上，因为知道了他家的住址，所以每年寄送贺卡问候也是常态了。

在 2009 年 3 月 29 日我又收到了刘冰同志亲笔书赠的《风云岁月 1969—1976年的清华》一书，刘冰同志还专门题写了"马国馨同志留念"，对此我自然是受宠若惊，我对此书喜爱非常，它也成为我藏书中十分珍贵的一册。这次在写这篇文章时我又重读了一遍，刘冰同志经历了清华"文革"的全过程，前后两次被打倒，但他有胆有识，坚持真理，顶住了超乎寻常的巨大压力，对"四人帮"进行坚决

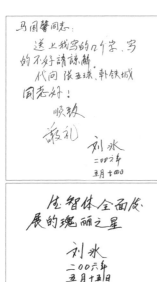

刘冰同志 2006 年信及题词　　刘冰同志赠书并题字

的斗争，表现了一个老共产党员的高风亮节，也是他留给我们宝贵的精神财富。

随着"五字班"入学 50 周年的临近，在奚和泉教授的主持下，从 2008 年起"五字班"的代表们开始筹备，其间多次传达了刘冰同志对五字班的倡议和关心。刘冰同志指示："你们是优秀的一届，要好好总结你们的经验和教训，你们如果总结好了，可以给年轻一代留下一笔精神财富。"五字班的纪念文集经过筹备，在 2009 年 4 月 25 日举行了《半个世纪清华情》的首发式，全书共收入"五字班"同学 74 篇文稿，其中有建五班的 8 篇稿子。那天下午"五字班"的 600 多位同学齐聚大礼堂，刘冰、何东昌等老领导出席了大会，刘冰同志讲话时非常激动，还唱了《你是这样的人》的歌，表示对周总理的怀念。那时刘冰同志已经 88 岁了，已显老态，我也趁此机会为他们拍了照片，并写了一首小诗。

孟夏清和日，乘风访学堂。

师长趋耄耋，同窗多发苍。

故园添新景，旧忆集书香。

半纪庆一会，更期情谊长。

后来我又给刘冰同志寄去了我们建五班此前出版的三册《班门弄斧集》，在

刘冰同志

刘冰同志与何东昌同志（2009年4月24日）

刘冰同志2009年11月给作者的信

11月底收到了刘冰同志的回信。

　　寄给我的建五班同学的三本著作，收到后我用了几天时间看完书画，再看文字和诗歌，虽然粗略，但印象深刻。

　　这些作品都是从心里发出的声音，感人啊！这是对梁思成同志在天之灵的安慰，是对蒋南翔教育思想的颂歌。

　　谢谢你们，亲爱的建五班同学们。

　　致以崇高的敬礼

刘冰 2009.11.29

　　再次见到刘冰同志已是清华百年庆典，2011年4月24日在人大会堂的庆祝大会之前，党和国家领导人和部分清华校友合影留念，一开始我没有注意，合影结束以后发现多人围住坐着轮椅的刘冰同志，伍绍祖学长还挤上去和他握手，我也利用这个机会为刘冰同志又拍了几张照片，这时的刘冰同志已是90岁高龄了。

　　2015年当我们完成了编年纪事体——《清华建五班纪事》的出版之后，马

刘冰同志在人大会堂（2011年4月）

上又给刘冰同志寄去一册，并以建五班的名义写了一封信，除汇报我们毕业50周年的三天活动外，重点说明过去班上的出版物多是收集同学们学习、工作和生活的片段回忆，而这次则集中表现班集体和大家在50年中的学术、理论、公益、旅游、聚会等社会活动，并逐年列出，希望能从一个侧面反映建五班在毕业后五十年中的成长和发展，也为清华教育史上补充一些新的内容。记得刘冰同志是回了信的，他讲到自己最近身体不好，看东西都有些困难等。当时我是将原信特意收在一个地方，这次却遍寻无得，真是太遗憾了。这时刘冰同志已经94岁了。

当下我们这些老学生都已进入"80后"，许多事情也都已接近"盖棺论定"。当回首往事时也是感慨万千，大家也一直在探讨对母校、对建五为什么有这么深的感情？记得大家经常强调我们大学六年所处的时代，前面没有赶上"反右"，后面没有遇上"文革"，我们那么幸运、那么凑巧，这固然是一个方面。但更幸运的是我们处在清华园这样一个融洽的大环境中，她有优良深厚的学术传统和人文氛围，有那么多名师，还有蒋南翔和刘冰同志这样爱护学生、认真负责、忠诚

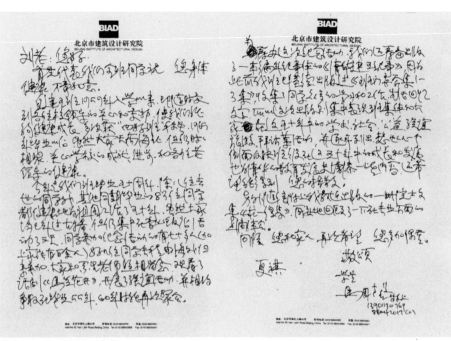

作者 2015 年给刘冰同志信

教育的领导，他们"不唯上、不唯书、只唯实"，敢于坚持真理、独立精神、实事求是，提出符合清华实际和特点的一些做法，能够在当时的那种复杂环境中与众不同、独树一帜，从总体到局部，从原则到执行，形成自己的教育理念、体系和特色。尤其是在蒋校长主政教育部以后，又有刘冰同志长期主持学校日常工作，大力贯彻校党委决定的一系列做法，流传着"刘冰报告、南翔精神"的说法，所以把这一时期誉为清华教育建设的重要新阶段是丝毫也不为过的。一滴水足以见证大海，我们就是在这个潜移默化的过程中逐渐成长、成熟起来的，建五班的历史可以见证那个阶段清华高等教育的成功。

在回顾中国共产党百年历史的时刻，我们也更加怀念老领导刘冰同志。

2021 年 8 月 30 日二稿

注：本文投稿于《刘冰纪念文集》（清华大学出版社），本次增加了插图。

# 一片冰心在校园

2021年很快就过去了，在这一年中，我所认识的师长、同学、同事、校友等竟有十八位先后离世，让人十分伤感。尤其是1月份，已有包括聂兰生先生在内的三位师友去世，2月初是吴观张院长去世，春节过后2月22日是向欣然去世，紧接着就是秦佑国和胡正

秦佑国先生（2011年，作者摄）

凡相继去世，真是让人难以接受。按说佑国比我还年轻一点，没想到因病突然去世了。5月时他的研究生、在北京院工作的韩慧卿博士找到我，说起他们这些秦先生的弟子（即"秦门弟子"）准备为导师整理出版学术文集和纪念文集，并邀我为此写篇文字，我没有犹豫就答应了下来。

佑国是比我低两届的建七班学友，他于1961年入学，在这以前的两届（包括我们班）都是三个小班近九十人，到他们这一年一下子减成了两个小班五十多人，不知道是不是因为三年困难时期的调整所致。但他们在前几年的学习中，还是赶上了蒋南翔校长院系调整和学习苏联，纠正一些偏向，使教学思想逐渐成熟和完善，通过贯彻"高教六十条"，从清华实际出发，无论基础课程、实践教学和实习，还是真刀真枪的毕业设计等，都形成了一套较完整的做法，成为清华教学史上一个十分重要且难得的阶段。然而建七班没有我们那么幸运，他们最后两年赶上了"文化大革命"，学业受影响不说，毕业分配也不如意。在校时佑国给我留下深刻印象（这也是我事后才知道的），就是他那时每月靠国家15.5元的

助学金完成学业，除去吃饭用 12.5 元外，就剩下了 3 元零用钱，学建筑在纸张和颜料上开销也很大，可是为了买一本字典，他宁可每天晚上只啃馒头，以每顿节约下 1 毛钱，后来还是班上赵大壮等同学在 1964 年买了一本字典送他。我想起我是在 1962 年 8 月花 5.2 元买到了这本郑易里编撰的《英华大词典》，当时是因要选修第二外语英语，很需要一本好点的字典。我原有一册老的字典，但是因其为韦氏音标，很不实用。而时代出版社出版的这本字典从 1957 年起，到 1962 年已印刷了十次，印数达 20 万册。我那时其实家境也很困难，我们弟兄八人加上父母共十人，就依靠父亲的 120 元工资度日，加上当时我和哥哥正在上大学，其紧张程度可想而知，可我也没有申请助学金，完全依靠家里的积蓄和亲戚帮助，每月拿出 20 元上学。所以对佑国的节食购买《英华大词典》一事我很有同感和共鸣。1968 年，他被分配到邮电部，又经农场锻炼和八年的 536 厂工作之后，于 1978 年报考了清华建筑物理专业的研究生，于 1981 年留校，后来成为建筑系"文革"以后的第一批博士生，并由此开始了他在清华的教学和研究生涯。2011 年退休后继续回聘，如他所言"人生旅途新起点，执教清华三十年。"

"秦门弟子"要为导师整理出版学术文集和纪念文集一事让我十分感动。因为建筑系的老师去世以后，许多人曾写过回忆或纪念文章，但筹划为导师出文集一事，在建筑系可能是第一次（此前还没有听说过）。由此也可以看出佑国在为人、学养、性格等方面的人格魅力，也说明他在学生中的威望，很受学生的爱戴。我和佑国相识较早，后来交往不太深。但在他 1990—1996 年、1997—2004 年任建筑学院副院长和院长期间，经常有机会见面，并对他主政学院期间的作为比较注意和了解，进而感受到他身上的刻苦钻研、坚持原则、敢于担当、勤奋努力、立德树人的品质，加上通过对他的学术成果和一系列文字的研读，更感到他是一位有才华、有思想、有追求的学者和教育家，他的逝去不仅是建筑学院的损失，更是清华大学甚至建筑学界的损失。

师者，传道授业解惑者也。佑国常常说："我一直钟情教学。""我感到最大的欣慰是得到学生的认可。"从他的许多教学成果中都可以看出：他参与编写的《建筑声环境》《建筑热环境》都入选教育部优秀高教教材；他所指导的研究生李保峰、龙长才的博士论文分别获得 2004 年和 2005 年的优秀博士论文奖；他

秦佑国先生（2015 年）　　　　　　　　秦佑国先生（2016 年）　　秦佑国先生（2017 年）

2006 年起为清华本科生的通识教育开设新生研讨课"建筑与技术"；2004 年获北京市优秀教师称号；2006 年获中国建筑学会建筑教育奖；2009 年为全校非建筑专业的本科生开设"文化素质教育核心课"——"建筑的文化理解"课程，极受同学欢迎；同年获"宝钢教育基金"优秀教师奖；2010 年在良师益友活动十周年时，他获得研究生推选次数最多、获"感动清华"纪念奖；2016 年获首届清华新百年基础教学优秀教师奖。所以他感叹："余生尚愿多教书。"

　　"人生七十不稀奇……桃李天下自得意。"佑国四十年教书育人，确是桃李满天下。2009 年年度，24 名同学为佑国庆祝六十六岁生日，他一计算，是年正好指导硕博生、博士后及在读生 66 人，夜不能寐，写下了"六十六岁月炎凉，六十六桃李芬芳"的句子。佑国在 2004 年发表文章，提出大学教育不仅要讲"素质"，还要讲"气质"，不仅要讲"能力"，还要讲"修养"（人文修养、艺术修养、道德修养、科学修养）。在学校方面，"气质"和"修养"教育，一是校纪校规的"养成"，二是校风、环境的"熏陶"，三是教师的"表率"。佑国也是这样身体力行的。从"秦门弟子"的回忆中可以看出他们都十分怀念那时的研究生沙龙，可以和佑国老师共处，师生如友，谈天说地，看幻灯，聊旅游，议人生，论读书，其情浓浓，其乐融融。不由得使我想起我上大学时，六年中只去过汪坦先生家小聚会 1~2 次，但至今都给我留下难忘的印象。也就是在汪先生家，我们欣赏汪先生赖特风格的钢笔画，谈论凡·高的艺术生涯；在那里我第一次知道了音乐家马友友，第一次听说史学家陈寅恪；汪先生讲他如何注意在信封上贴

秦佑国先生发言（2017 年）

秦佑国与关肇邺先生（2017 年）　　　　秦佑国夫妇（1999 年）

邮票以使之构图最佳，这种亲密无间的师生关系，应该也是清华的重要传统之一吧！佑国还是很好地继承下来了。

佑国勤于思考，敢于担当，对办学方向、学科建议有自己的想法，这在他任两届副院长、两届院长的十几年中可以看到，也是我们这些校外人士可以明显感到的地方。这里只是简要归纳一下我所知他在任学院院长期间的重要事件：

1998 年 4 月，学院成立景观园林研究所，同年首次通过城市规划与设计硕士教学首次评估；

1999 年 12 月，原属热能工程系的建筑环境与设备研究所及其专业并入建筑学院，与学院的建筑技术研究所合并，组建建筑技术科学系；

2000 年 9 月建筑系原建筑设计三个教研组合并组建建筑设计研究所，同年 11 月成立住宅与社区研究所；

2002 年国务院学位办公室批复，学院的城市规划与设计、建筑设计与理论专业再次被评为全国重点学科。供热供燃气、通风空调工程被评为全国重点学科；

2003 年 10 月，学院成立景观学系，同时成立资源保护与风景旅游研究所，至此建筑学院形成了"一院、四系、多所"的多元化架构，体现了人居环境科学"建筑、规划、景观"三位一体的基本理念。

当然在这期间还有许多教学成果的奖项……

在此期间我曾有机会与佑国交流过这方面的问题，对于学院的教学组织建设、学科发展、办学目标、国际交流及建设一流大学和学科等，他是有自己的想法的。记得他谈了建筑学专业与其他专业的区别，如何突出科学与艺术结合、理工与人文结合，对建筑学专业教育评估标准的看法等。我除同意他的一些看法之外，还着重提出看建筑学术的水准的标准之一要看是否有学术上的不同学派，是否有各自不同的独立思考。佑国当时回答我，对国家大剧院方案，我们就有不同的意见和看法。我说：不同意见和看法比较容易提出，但要形成具有特点的学派，能在国际上占有一席之地就不那么容易了，更难的是能形成容纳不同的学派的环境。就像佑国所讲的："不要大家都走一条路，过一座桥。"

在此期间我还注意到佑国曾发表过一篇涉及历史考据的重要论文："梁思成、林徽因与国徽设计"。这主要是因为 1998 年在社会上对此事有一些不符合事实真相的"回忆"，对中华人民共和国国徽的创作过程有所歪曲。在这种情况下，作为学院的主要领导，他充分认识到自己应负的责任，当时佑国挺身而出，执笔写出这篇重要论文以正视听。从文章内容看，他认真阅读了大量历史档案和资料，尽可能真实地还原了国徽创作的全部过程：厘清了各阶段方案的进展，各次讨论的细节，各界与会人物的多次发言，以及梁思成、林徽因以及清华大学的工作小组在创作过程中，尤其在艺术要求和艺术形式上的主要观点，在国徽创作时几个关键点的创造和贡献。对国徽中国旗、天安门、齿轮、嘉禾之间的主次轻重关系加以分析，详尽地还原了历史的真实。整篇文字逻辑缜密，证据清楚，有事实、有分析、有条理，说服力很强。由当时佑国这种身份的人出面来重温这一段史实是十分必要和恰当的。"档案还原真历史，告慰前辈在天灵。"看得出佑国为这篇文字的写作下了极大的工夫，也是他的学术成果中十分重要的一页。

十分凑巧的是我和佑国还有两次文字上的交集，回想起来也很有意思。

一次是 2009 年在国庆 60 周年前夕，国家住宅与居住环境技术研究中心准备

207

出版一册反映60年来我国住房建设成就的书。要在当时70~80岁的人中，通过"住房亲历"的回忆或访谈，挖掘我国住宅发展活的历史，以此来反映住房建设的发展历程和成就。全书共约稿和采访了39人，他们的出生年代从1929年到1959年，很巧的是佑国和我都在其中，而且是两种不太一样的类型。

当时我是以"筒子楼22年记"为题第一个交了稿。因为我1965年分配到北京院以后，先住单身宿舍，1968年结婚，一年以后才在院的单身宿舍中分得一间住房，而且在这筒子楼的一间房里一直住了19年，直到1987年45岁时才分到了单元房，那时我儿子都已经16岁了。所以当时很想吐槽一下长期住在筒子楼里的酸甜苦辣，也想"黑色幽默"一下。但佑国的文章内容和我的不一样，他的题目是"我的住房故事"，着眼于从出生、小学、中学、大学直到工作以后的住房变化状况。我看了以后的感觉就是写他前后搬家的次数特别多，如果从大学毕业算起，他前后搬家十几次，从竹筋棚子、芦席棚、长外廊、平房到单元房。即以佑国1978年回清华读研始，他自己统计搬家六次。后来清华北大合建蓝旗营小区，1998年分房，佑国说："清华是按职位、职称、年资算分，排序批房。两院院士吴良镛先生排第1号，我是10年的教授，3年的建筑学院院长，排第100号。房子是每层6户的塔式高层住宅，我挑的是南面的一套，客厅和主卧室均朝南，三室两厅两卫，建筑面积119平方米。"实际上据说按当时的政策，现任院长是可以住进140平方米的院士楼的，但佑国考虑建筑学院的具体情况，他放弃了这次机会，做这个决定也是很不容易的，从这里也可以看出佑国的为人和胸襟。

我们之间的另一次文字交集是在2010年，当时北京市建筑设计研究院《建筑创作》杂志社准备出版一套《低碳设计参考手册》系列丛书，让我写一篇序言，并准备将其作为这套系列丛书的总序。于是我以"低碳热点自由谈"为题，写了可持续发展理念的提出、温室气体排放问题、低碳发展面临的价值观和发展观念的转变，以及我们将面临的严峻挑战，尤其是低碳城镇化和低碳建筑面临的压力和问题等。因为作为总序，所以只是针对丛书的主题发表意见，和第一册丛书的内容不太相合。而丛书第一册的出版内容是由窦志和赵敏夫妇撰写的《办公建筑生态技术策略》，是以赵敏做佑国研究生时的硕士论文为基础，再加以拓展、补充而成，其重点在绿色生态建筑。佑国为本书专门写了序言，并结合本书内容作了访谈。此前我知道佑国除在建筑物理方面的成就以外，对绿色建筑也很有研究。早在2001年，他就编写了《中国生态建筑技术评估手册》，在2008年北京举办夏季奥运会之前，他又承担了国家科委立项开展的"绿色奥运建筑评估体系研究"，会同多家单位最后完成了《绿色奥运建筑评估体系》一书，并获北京市科技进步一等奖。后来还承担了国家"十五"科技攻关项目"绿色建筑关键技术研究"和2005年的北京市绿色建筑评价标准的制定工作，对推动我国绿色建筑的发展起到了重要的作用，并于2007年获国际住宅协会"绿色建筑杰出人士成就奖"。他在书中的访谈除回顾绿色建筑的发展过程外，还厘清几个重要的概念："低碳"不能涵盖"绿色"，"低碳"不能代替"绿色"，"低碳"只是绿色建筑的一个方面，"绿色"应该包含更丰富的内容，对我有很大的启发。也就是因为他在这方面的成就，他先后出任了中国建筑学会绿色建筑专业委员会主任、北京绿色建筑促进会主任等职务。

回顾佑国的学术成果，就可以发现他的学术方向比较多，在许多不同领域的交叉学科都有所建树。除了前面提到的对建筑学教育的想法和实施，在建筑物理方面，他是中国建筑学会建筑物理分会理事长；对建筑设计也有独到的心得。在我们设计首都机场时，在不同的评审会和讨论会上，都可以听到他在机场设计上的独到见解；他关于国徽设计历史的回顾和讨论，就涉及建筑历史领域的一段公案；记得他还发表过"坚决反对重建圆明园"的文章，这在20世纪末也曾是社会关注的热点，叶廷芳、汪之力等专家都曾发表过截然不同的看法，这又是涉及遗产保护利用的问题；他还利用自己在清华开设文化素质教育核心课的机会，把开课讲稿整理成《建筑的文化理解》丛书，并以三个分册的形式出版，分别是"科学与艺术""文明的史书""时代的反映"，此后赠送给了我。佑国是那种术有专攻、但在横向相关领域或交叉学科上又有很大的拓展的复合型专家，这固然缘于他主张的科学与艺术结合、理工与人文结合的理念，加上勤于读书、善于思考、勇于实践的结果。应该说在我们提倡自主创新的时代，这种类型的专家会起到更大的作用。

我没有想到的是，后来我发现佑国还是我的"诗友"。我从1996年起，曾有一段写打油诗的兴趣，于是陆续积存了一些诗稿，在退居二线后，2007年选了其中的百首诗作，辑成《学步存稿》一书，分赠亲朋、师长、好友求教。不想很快得到佑国的反馈信件，原来他也对此道感兴趣，并附上他的一批诗作。主要是毕业分配以后，在农场和工厂锻炼时，怀念母校、怀念同学、怀念家人的作品，他说："写了一些小诗，音韵、平仄说不上，但情感是真实的。"如怀友的诗："何处为家？处处为家，七载同窗各天涯。"怀念家人的"遥看牛女分河汉，蓝鹊何日渡我还？"怀念母校的诗："今春复作桃花吟，已是崇明非圆明。""薄暮柳梢月初上，思之亦神往。"读来都十分感人。后来他说："1970年自解放军农场出来以后，数十年没有写诗。2009年忽然又有

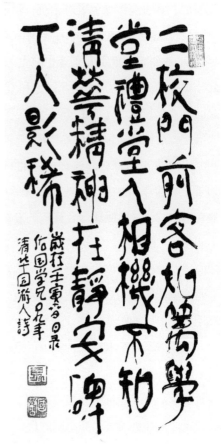

作者书秦佑国诗句

了'诗兴'，竟写了几首。究其原因，一是被马国馨、何玉如与吴亭莉学兄寄赠他们的诗集勾起来的；一是进入老年，怀旧之情日增。"但佑国后来的那些诗作并未陆续寄我，我也是最近才见到。其中一大部分是在国内外旅游时触景生情，见物有感，还有一部分是忆旧或读书感怀，题材和内容十分丰富。但给我留下深刻印象的是他2015年和2009年的诗作重复了一个主题，那就是对王国维墓碑的提及。2009年时他以"清华园游人"为题写出："不知清华精神在，静安碑下人影稀。"到了2015年，六年之后，仍以"清华园游人"为题写出："清华游人依然多，静安碑前仍冷落。"感叹人们对静安先生不甚关心，也从另一方面揭示了诗人在做深度思考时的内心世界，特别是他对于"独立精神、自由思想"境

界的追求，由此也有助于加强我们对佑国的理解。"诗言志"，他的诗作不仅可反映他在文学方面的爱好，还可以让读者从诗作中体会到他批判性的心路历程。

在我印象中，平日佑国比较认真严肃，不苟言笑，但从他所作所为来看，内心还是十分活跃和热情的。尤其他作为建七班留校同学的主要人物，在他们班的集体活动中起了十分重要的主导和组织作用。我手中有一册他们班毕业五十周年时出版的精美纪念集《筑匠人生》，全书近 500 页，内容丰富，图文并茂，装帧考究，佑国出任了本书的主编。书中收集了 55 件师长前后的题词，81 位师长的照片，看得出主编和编委会在一年多时间里下了很大力气完成了班级的这一纪念巨著，诚如后记所说："由留校任教的前建筑学院院长秦佑国负责组织编制工作，包括材料汇编、总体结构、分工安排、重要决策和校对审核等。"而我自己感到十分得意的是，为庆祝清华大学百年华诞，我曾编辑出版了一册人物摄影集《清华学人剪影》，书中收集了在清华学习、工作过的师长和校友共 241 人，而在建七班《筑匠人生》一书中，采用了我拍摄的老师人像共十一幅。但可惜的是我那本书中没有收入佑国的照片，我一直引以为憾。此后为了出版《清华学人剪影续集》，特地抓住机会为他拍了照片，准备在续集中使用。但随着新的《民法典》的颁布施行，其中的条文对于肖像权的使用规定十分严格，看来续集一时无法出版。但是这张照片还是可以寄托我对"中国共产党优秀党员、著名建筑教育家、建筑家秦佑国教授"的怀念之情。佑国秉承"不逐名利身力行，一片冰心在校园"，在清华建筑学院的教育发展史上，佑国应可以占有一席之地。

2022 年 1 月 15 日夜 2 时一稿，1 月 25 日修改

---

注：文中所引用诗句，均出于秦佑国教授诗作。

本文原载于《秦佑国纪念文集》，清华大学出版社（2024 年 2 月）。

# 小议北窗忆陈师

2022年1月20日，陈志华先生驾鹤西去，享年92岁。消息传来，学界为之悼念。陈先生是著名的建筑学家、建筑教育家，他的学术成就涉及建筑史学、建筑美学、建筑评论、建筑理论、遗产保护、乡土建筑等诸多领域，著作等身。他也是我十分尊敬的老师。我和先生最

陈志华先生在会议上（2014年）

后一次见面是在2014年9月的一次会议上，那时他85岁。后来就听说老先生罹患阿尔茨海默病，病情日渐严重，以致识认困难。虽知先生年高病弱，但突然传来辞世的消息，还是让人伤感悲痛。

陈先生去世的次日，我曾在微信上录了自己2002年的一首旧作作为纪念。

治史纵横赖广角，聚落考察用长焦。

身怀伏枥千里志，老骥何须叹无槽。

诗中的"广角""长焦"二句还要从福建考察土楼说起。

2000年12月12~16日，应福建省建筑设计院黄汉民院长的邀请，陈先生（那年71岁）、张锦秋、何镜堂、李秋香和我在黄院长和夫人陪同下，考察了福建南靖、永定等地的几十座土楼建筑。黄院长是研究土楼建筑的专家，测绘和出版过多部专著，对各处土楼遗存如数家珍，和地方官员也很熟识。而地方更想从陈先生的考察，听取他对土楼保护利用，以及申报世界文化遗产方面的意见（经过各方努力，福建土楼于2008年被联合国教科文组织列入《世界遗产名录》）。虽然那几天有大雨，但考察仍十分顺利，田螺坑土楼群鸟瞰照片拍摄地是拍照的经典角

陈先生在雨中考察

陈志华先生在考察中（2000 年）

作者和陈志华先生（2000 年）

陈志华先生在土楼中（2000 年）

福建考察（左起黄汉民、何镜堂、陈立慕、陈志华、张锦秋、作者、黄某、李秋香）（2000 年）

陈志华先生（左6）在承启楼前（2000年）

度，但因雨和大雾，我们第三次去时才拍成。因雨后山路泥泞，为了陈先生考察方便，有的山路上专门铺洒了稻壳，还有一处山路刚修成了三天。这是我第一次看到这些文化遗存，大开眼界，拍了不少照片。

同时我也拍了一些人像照片。当时给陈先生拍过一张他正在拍照时的照片，"广角""长焦"即受此启发。另外我还拍了陈先生满面笑容在土楼和一群孩子在一起的照片。

至于诗中有关"槽头"的两句，则是我在考察土楼两年之后，看到先生所著《外国古建筑二十讲》一书，那是三联书店出版的，已印了几万册以上。先生在该书《后记》中写道："待我们喘息初定，市场化的大潮席卷而来，淹没一切。做学问依然困难重重，挣扎几年，便到了退休年龄，'老骥'连槽头都没有了，哪里还做得起'千里'之梦。满打满算，我这一代人有多少时间学习，多少时间做研究？学问从何而来？"当时我读后很受震动，觉得先生有很多悲愤和无奈。想来先生肯定觉得还有许多工作要做，有更多的研究计划没有完成，但自1994年退休以后，工作和研究条件就不那么方便了。从先生在乡土建筑研究时遇到的各种困难也可以说明这一点。这可能也是"一刀切"的弊病。许多学有专长的专家退休以后就无法继续发挥他们的学识和智力。当然陈先生并没有因为"槽头"的失去而放弃其研究和探索。他说:"我这一代人,从事建筑学术工作的,大多到了60岁以后,才相继出版了重要的专业著作。"他的许多重要著作都是退休以后陆续问世的,所以我才在感动之余写出了:"老骥何须叹无槽!"

我那首诗的题目是"为陈志华先生拍照打油",把先生那样严肃的困扰用调侃和开玩笑的打油诗形式写出来,也是有点胆大妄为和失敬了。这就要从我在大学中和此后几十年里和先生的交往及对先生的了解说起。

我到清华读书以后,并不是在大学三年级(1962年)上外国古代建筑史课程时才知道教这门课程的陈先生的名字,而是在刚刚入学的1959年之后的一个月。大一的课程有建筑概论和建筑设计初步,通过启蒙学习第一次接触到希腊罗马柱式。开学后不久,有一天我去东安市场里的丹桂商场,那里有著名的旧书店,宽大的台面上放满了各种旧书,在那儿忽然发现了一本专门介绍西洋古典柱式的专著,原价1.66元,旧书只售1元,于是我马上买了下来。这本书就是陈志华先生和高亦兰先生翻译的1949年版米哈伊洛夫的俄文原著。由建筑工程出版社于1959年4月出版的《古典建筑形式》一书,第一版印了4000册。当时陈先生26岁,也正是他说过的:"我们工作的黄金时期,也是在三四十岁。"这本书

陈志华先生

《外国古建筑二十讲》题字

作者1959年购入《古典建筑形式》书影

我珍藏至今已经63年了，也不是我吹牛，我敢断定清华建筑系的毕业生中持有此书的人当时不会超过十人。这本书是当时最早的涉及西洋柱式和实例的介绍，许多专有名词一时还找不到合适的中文名词而只好音译。后来先生在《北窗杂记》第84节谈到，实际这是他在系里教"建筑初步"课程时，苏联专家带来了莫斯科建筑学院的教程，要求从欧洲的古典柱式入手，所以他赶紧翻译了这本书。而他后来去见林徽因先生时，林先生却表示不赞成从柱式入手引导学生进入建筑学领域，而应该从建筑和人的关系入手。这给陈先生留下了深刻印象，陈先生由此归纳出"建筑学是人学，'人学'就是'仁学''仁者爱人'"，这一思想主导了先生此后几十年思考问题的方式。

清华大学在1966年以前，虽然是以理工科为主的培养工程师的摇篮，但建筑系却显得十分另类。因为我们的课程中，有许多涉及人文社科和艺术美学的内容，如《外国古代建筑史》《中国古代建筑史》《外国近现代建筑史》这"三史"，还有美术课程。系图书馆中有大量涉及这些历史和艺术内容的藏书。我们都十分喜爱"三史"课程，但除上课以外我和陈先生的交集并不多。我那时是中国古代建筑史的课代表，那门课由莫宗江先生主讲，而他常因夜里加班太晚而需要我在上课时跑到他家里叫他，给我留下深刻印象的是堆在茶几上像几座小山一样的烟头。陈先生在回忆中也说道："有一次，早晨上课，他没有来……我们怕他熏了煤气，几个人去找他，推门进屋，他竟还在蒙头打呼噜。"但陈先生体会："莫先生是一桶油，我们是灯芯草，只要跟莫先生蹭一次，总能蹭上点儿油点三天火。"可惜我那时少不更事，全没在莫先生那里蹭上一点儿。只记住了莫先生在考试时规定试卷上有一个错别字就要扣一分，让我至今写文章时都是小心翼翼的。

历史是一种思维方法。梁启超先生说过："历史者，叙述人群进化的现象，而求其公理公例者也。"陈先生也强调："建筑史的教学目的主要是提高建筑师的素质，包括文化素质和精神素质。""一个人素养之中，最深沉的莫过于历史意识和历史感了。"我至今仍深深感到历史的学习对一个人从事任何工作的重要性。虽然当时外古史和外近史课程都不是那么好上的，但我们仍从老师们的传授之中，开阔了眼界，增长了知识，"以史为鉴，可以知兴替""究天人之际，通古今之变，成一家之言"，从历史的研习中学到正确的历史观和方法论，学到理性精神和批判精神。所以那时的教科书我珍藏至今，虽已过去 60 年，但仍时时翻阅。陈先生在 2003 年 8 月为我们建五班出版文集赐稿时，曾包括他在 1960 年出版的《外国建筑史》教材中的一首诗作。

> 未敢纵笔论古今，一枝一节费沉吟。
> 为怜新苗和血灌，斗室孤灯夜夜情。

据先生讲他当时作了两首诗，但另一首我始终没有看到过。

当时先生刚刚 31 岁，他用心血和汗水浇灌出了我们使用多年的这本教材，但是先生的"黄金时代"相当坎坷，并不顺利。"我们最富有创造力，精力最饱满的时候，却一次又一次地在政治运动的浪潮中被迫'学游泳'"。正是我前面提到的三联书店那本书的"后记"中，先生介绍了他是如何躲过了 1957 年"反右"的"那一劫"，又是如何在以后的政治风浪中生存："运动一来，被抛出去吸引炮火，以掩护别人过关。我成为收获大字报最多的'老运动员'。虽然采取放低姿态，苟且地活着，做些革命者不屑于做的又脏又苦的杂役，但学术思想上'屡教不改'。"以致后来还被"戴上牛鬼蛇神的帽子，被横扫进牛棚，受尽折磨，受尽侮辱，整整八年"。各种细节此处就不多引述了，感兴趣者自己可去寻了这本书去读。尽管如此，先生仍是初心不改，继续着他的思考、他的呐喊和他的开拓："我深深知道，我的努力是微不足道的。我之所以不怕冒犯一些人写这些随笔，是因为觉得对我们国家的现代化有责任，一个普通人应该有的责任。"这是先生在他的《北窗杂记》自序中所说的话。

在改革开放以后，还没有互联网和新媒体的时代，许多人和我一样，都是通过"北窗"这个小小的窗口来了解陈先生的所思所想、所爱所憎和所褒所贬的。《建筑师》杂志从 1980 年第二期起，开设了先生以窦武为笔名的"北窗杂记"专栏。据说当时专栏开设前，第一任主编杨永生先生曾被陈先生将了一军："我是敢写的，你们敢登吗？"杨先生回答也很痛快："你老兄只要敢写，我就敢登。"在双方的胆识和默契下，我们得以看到从 1980—2012 年陈先生发表的 131 篇文字，跨度为先生从 51 到 83 岁之间共 32 年间的思考（当然从 1982—1991 年没有写过一篇，另外也有 3 年，在一年中只写出了一篇）。杂志创刊前曾邀我出任编委，我因觉得自己年资尚浅婉拒了，但每期杂志都赠我。像很多人一样，我收到杂志以后首先翻到先生的专栏，以先睹为快。后来1992年先生的《北窗集》出版了，但全书30篇文字中只收入了4篇杂记。1999年河南科技出版社的《北窗杂记》出版，我购入之后发现只收入了1998年以前发表的65篇杂记，幸好又从后面的各期杂志中陆续看到了此后发表的文字。这次利用纪念先生的机会，我又把全部杂记大致浏览了一遍，深感这些文字应是研究陈先生学术人生和成就的重要文献，是集先生学术大成之作，从中也可以看出先生是如何秉承独立精神写出这些批判性的文章，现在看来有许多内容还有待于研究者深入细致发掘。

《杂记》的文章没有标题而只有顺序号，是不是受了五四时期的《新青年》的影响不得而知。《新青年》杂志从1918年4月起，设立了关于社会和文化的短评栏目"随感录"，这个专栏以数字为顺序，不设醒目的篇名，陆续发表不同作者的评论文字。陈独秀、刘半农、钱玄同、周作人等都先后发表过作品。鲁迅先生从1918年9月起发表作品，编号从25号起，共写了27篇，最后都收录在《热风》一书中（最后10篇附有小标题）。这些短小精悍的议论文字，在读者中引起了强烈的反响。看得出一百年前先哲们和《新青年》提倡的"德""赛"二先生，和陈先生在文章中反复强调的"建筑的现代化，主要就是建筑的民主化和科学化"是一脉相承的。

赖德霖博士对陈先生《杂记》的全部文字做了详细的分类和研究，并且拟就了标题，根据内容将文章整理为十大类。先生论及的范围十分广泛，远远超出了先生平时所从事专业的范畴。我想这应和先生在1947年进入清华时所报的社会学系有关。我们常常讲，在大学毕业以后，马上就进入了一个终身学习的"社会大学"。这一学习许多时候是被动的，而社会学就是一门以认识社会，剖析社会以及如何改造社会为目的的专业，尤其是在社会转型时期所出现的各种社会矛盾和问题更为社会学家们所注意。他在清华社会学系的老师潘光旦、费孝通也是如此。潘光旦先生前后发表过250多篇研究社会问题的文章，费孝通先生在《观察》杂志仅署名文章就发表了近30篇。陈先生在文章中也经常流露出社会学方面的理论和方法，如他在撰写外国建筑史时坚持用历史唯物主义的方法，实际上社会学界一直认为马克思是科学的理论社会学的奠基人，历史唯物主义第一次把对社会的认识置于科学基础之上。又如先生提到"许多人只从工具理论层面认识现代建筑，没有从价值层面认识现代建筑"，这也是20世纪德国的理论社会学家韦伯所提出的研究方法。

所以用社会学的思考来观察社会，就会比单纯从建筑、历史或城市角度出发的研究更为主动和深刻。我们进入社会以后所遇到的权利、利益、关系、法律、行为、城市、农村、家庭等诸多问题都属于社会学以及其中的应用社会学的范畴。应用社会学的分支学科很多，建筑学和城市规划是为广大人民服务的专业，即以应用社会学中的分支城市社会学为例，它就是研究城市的社会关系，包括城市的经济生活、政治生活、文化生活、社区生活、各种群体乃至家庭中人和人之间的关系，这将为规划、建筑、政策、管理提供社会学的理论依据，从而影响城市社会的发展。我国更看重研究城市发展历史和改造理论、城市社会结构、城市社会功能、城市社会问题以及城市的社会管理就业等等。另外社会学、比较社会学、文化社会学等都很有针对性。所以尽早了解一些社会学的理论观点和方法，对我们肯定是大有益处的，可以更好地理解城市、社会和人。

在《杂记》中最引人注意的还是先生针砭时弊的"杂文"，杂文当年是以"杂而不专，无所不有"而得名，所以先生无论是批评"长官意志"，"政绩"工程，奢华浪费，罔顾民生，形式主义，商业主义，崇洋媚外，墨守成规，封建迷信……种种社会中的突出问题，基本都是以鲁迅式的犀利笔法，揭露痼疾，鞭辟入里。先生的多次大声疾呼，有些是起了些作用，如对"夺回古都风貌"的反对，保护乡土建筑，注重文化遗产的保护等都还有些效果，引起了人们的重视。但是有些问题依然故我，即如鲁迅先生批判了那么多年的民族的"劣根性"一样，仍然不见有多大改进！

先生的文字中除了"横眉冷对"的一面，同时也有许多抒发感情、怀念故人的散文，里面同样充满了激情、关怀、深沉的情感和温暖的回忆。其中涉及的人物有梁思成、林徽因、费尔顿、朱畅中、高庄、汪坦、莫宗江、侯幼彬、阮仪三、张松等人。还有他在乡土建筑研究过程中结识的收集建筑木雕的何晓道，新叶村的叶同宽、叶同猛，还有连名字也叫不出的诸葛村的村支书，六位老人家、木匠老人，大漈村的梅老先生等等，这些文字都给我留下了深刻的印象。仅就我认识的几位清华老师而言，如陈先生形容汪坦先生："向来不生什么上档次的病，胖而且壮。说起话来黄钟大吕似的洪亮嗓门，走廊上便能听到，滔滔不绝，几小时不见倦容。"

陈先生形容朱畅中先生："朱先生的认真到了天真的地步，以为不论什么时候和境况都可以讲道理。""丁是丁，卯是卯，既不肯圆通依附，也不肯

陈志华先生和杨鸿勋先生在汪坦先生家（1996 年）

沉默不语。数落起不通的人和不通的事来，往往直来直去，不大会看眼色、顾情面。偏偏不通的人和不通的事不少，因此朱先生后来不大受人待见。"对于莫宗江先生，我印象深刻的描写是这一段："执着地追求完美，也会给莫先生带来失落。比方说，网球场上，对方击球过来，等他摆好了优雅的姿势，球已经蹦到后面去了。所以他没有赢得过奥运会的金牌。"想起我看过在网球场打球的莫先生，深感在陈先生温暖而传神的描写中，还带着轻轻的幽默和调侃。

还有很大一部分文字则是学术性、论战性、说理性、叙述性的文章。一方面可以看出陈先生在一些重要问题上的观点，如涉及形式和内容、创新和保守、传统和现代、保护和利用、科学和迷信、理论和现实等等，都鲜明地提出了自己的看法。另一方面也可以从中看出先生的学术素养和睿智，即如关于"风水"的讨论中，看得出先生是对风水堪舆学作了一番研究的，对于形势宗、理论宗的主张，对《礼记》《白虎通义》《阳宅十书》《地理五诀》等著作都研读之后，才陆续写了多篇相关文字。当然从我自己持有的折中或"中庸"的观点来看，先生有些观点可能近于"偏激"或用词过于尖刻。学术上的争论本来就是百家争鸣。一时未必能得出结论，而是通过争论使人们更便于分析吸收，更需要通过实践的检验才能得出接近正确的结论。当然这种实践也有短期和长期之分，说到长期，那就应是历史的检验了。先生自己也承认："很多人认为我过于偏激，连一些老朋友都不大肯支持。"当然在学界也有一种观点，认为"过激批评是医治学术无能的

良方"主张只有怀疑批判精神才能使科学永葆青春。

而论战性的文字常常需要过招接招才能看得更清楚。如先生指名黄鹤楼的重建属于"假古董"一类，遇上也爱认死理的设计人向欣然，于是两人各自摆出了自己的道理。以至向欣然在黄鹤楼建成30年后仍引用旅游等方面的成果，证明"事实胜于雄辩"。还有一次参加广州的学术研讨，在总结发言时一位有专业背景的大领导在讲话中忽然脱稿，情绪十分激动地批判了一阵"时髦建筑"之论。当时大家一头雾水，不知剑指何方。后来看到《北窗杂记》一书中有一篇陈先生的《也说"赶时髦"》，文中说起："赶时髦无疑包含着对新鲜事物的敏感、美好和向往，所以，这是一种对美的追求。""时髦的建筑物多了，会形成一个通脱的生活环境。"这篇文章是登在《建筑报》上的，我想也可能是先生对广州讲话的回应吧！但是大多数文字因语焉不详，所以看了以后也不知道是针对谁的。"某些文章家""一位清华大学教授""一位高起来的老同事"都让人看后不知所指。也许先生更重视阐述观点和说明问题，而不愿指名道姓得太清楚。弄不好也会变成需要进一步"考证"的公案了，这些都不去管他了。

看了陈先生那些批判、抨击类的文章，常让人感觉陈先生可能就是那种严肃、冷峻、不苟言笑、难以接近的老师。但后来随着我经常和先生一起参加学术讨论会，或是研究生的答辩会，与先生多次交谈后逐渐熟稔起来。尤其是1987年我报考了汪坦先生的博士研究生，入学的面试就是由汪先生和陈志华、关肇邺二位先生一起担任考官，汪先生为了让我别太紧张，一再说明我们就是在一起聊聊，谈谈对一些问题的看法，我在交谈中充分感受到三位先生对于学生的关心和爱护。1991年6月，陈先生也参加了我的毕业论文答辩，当时先生并没有提出问题，事后我也没有敢再问先生对我的论文的看法，但直觉是我的有些提法先生并不一定认同。博士毕业后以后，每次在学校遇到陈先生时，先生都以玩笑的口吻叫我："博士来了"，让我很不好意思。但时间长了，我也原形毕露，和先生随随便便、没大没小地开起玩笑来，这也是文前写的，也敢用打油诗来和先生开个玩笑。1995年2月，我曾邀先生一起去雕塑家的工作室看我们班准备捐赠的梁思成先生的塑像草稿，请先生提出意见。1996年5月是汪坦先生80大寿，陈先生对汪先生一直十分敬重，许多看法比较一致，他也去汪家祝寿，气氛十分融洽。

作者论文答辩会（左起费麟、陈志华、周维权、高履泰、刘开济、汪坦、作者、吴焕加、赖德霖）（1991年）

陈志华先生看梁先生塑像泥稿（1995年）

陈志华先生

这几次我都为陈先生拍了照片。此时我也陆续把自己的一些文集，包括闲书，陆续奉上求教于先生。但后来我发现有的书先生没有收到。因为我在孔夫子旧书网上的拍卖目录中，查到有我签名送给陈先生的书，不知是哪个环节出了问题，让先生没有收到。后来为了迎接清华大学的百年校庆，我编印了《清华学人剪影》和《学步续稿》两本新书，在《剪影》一书中收入了陈先生于2002年底参观南靖河坑土楼时和一群孩子的合影。在《续稿》一书中收入了前面的那首打油诗，并补充了先生在福建考察时的另一幅个人照。后来先生对我也有回赠，2004年底，先生赠我一册第七版印刷的《外国古建筑二十讲》，其实这本书早在2003年第一版时我已自己购置了一本，这次收到先生馈赠的签名本自然更高兴和珍贵了，可是在内页上先生却写着："国馨老兄指教。"我们相差十三岁，他又是老师辈的，这不是诚心要折杀我吗！但向先生提出以后并未奏效，2010年3月先生又赐赠清华大学出版社出版的《楠溪江中游》一书，巨著近400页，装帧也很精美，先生在内页仍亲署："国馨老兄存阅。"我只能理解为这是在调侃中暗含老前辈对后学的关心和厚爱了。

先生对于建筑教育的关心除了在教育机制上的建议，对于建筑师的成长，尤其是在市场化的大潮下，建筑师如何承担应有的社会责任和历史使命是寄予厚望的。我也在先生的启发下得益。记得有一年开工程院院士会时，有一位院士拿了一份在山东曲阜孔子故里要建一个"××城"的建议书让大家签名，虽然上面已签名的院士很多，但我想起先生在《杂记》一篇文章中谈到建议在山东临淄建"仿古一条街"的态度，给我印象很深，所以我就坚持没有签名。先生观察问题的尖锐、透彻也同样给我留下深刻印象，2000年有一次我参加一位研究生的论文答辩，先生私下对我说，这个人以后可能会如何如何，后来该生的发展果然应验了先生的预见。还有一次是2014年9月，我和先生最后一次在一起开会，那时先生的状态已大不如从前，当时我们二人紧挨着坐，以至我给先生拍照时只能拍到他的侧面。那次会议发言的人很多，讨论很热烈，但先生一直在下面和我讲，现在建筑界有的人就是一切向钱看，为了钱什么都干得出来，愤愤不平之意溢于言表，我想先生也定是有所指的，但我并没有细问。时至今日，想起先生在《北窗杂记》中多次反复强调："建筑师需要道德，需要理想，需要远见，需要勇气。""建筑师要真诚热爱普普通通、平平常常的人。"陈先生的这些教导，是他给我们留下最宝贵的嘱托了。

2022年2月14日初稿，3月1日二稿

注：本文首发于微信公众号"慧智观察"（2022年4月28日）。

# 附记

陈志华先生的追思会于 2023 年 5 月 18 日 14：30 在清华大学建筑学院多功能厅举行，前后有四十余人发言，原定在 17：30 结束的会议一直到 18：30 才结束。

陈先生的老伴陈蛰蛰女士和儿子儿媳参加了追思会。认识陈先生这么多年，一直没有去过他家，所以是第一次见到陈师母，她今年 93 岁了，身体状况尚可。

在学院一楼门厅正中，有一张仁寿门的水墨渲染图的残破扫描件，是陈先生 1965 年的作品。据林贤光先生回忆，这原是学院资料库中的一幅无名作品，被林贤光先生认了出来。原作约有 1.2 米长，0.5 米宽，由于保存不善，左上角撕去一大块，右下角撕去一小块。但陈先生最下功夫的中间部分——仁寿门的主体，还是很好地被保留下来了。林先生说，这幅画作先生大概共渲染了 4—5 个月的时间，完成了之后，莫宗江先生还不让下板，把它竖立在那里，天天看哪里还不够就再添上几笔，最后满意了，才把它裁下来，这被认为是依照中国营造学社典型的慢工出细活的规矩。林先生还说，我帮他求阴影，主要是那两根斜戗柱子的影子，落影面比较复杂。而图中配景的树是汪国瑜先生所画。这张凝聚了那么多老先生心血的作品，至今已有六十多年的历史，被资料室扫描复制以后陈列在这里，虽有残破，但是弥足珍贵。

陈志华先生渲染图局部

一楼门厅还展出了陈先生的著作和各个时期的珍贵照片。照片收集了先生年轻求学时的照片，工作以后和同学一起辛勤工作的照片、家庭照，尤其是在后期乡土调查过程中与当地老乡、孩子们的合影，都再现了先生当年的音容笑貌，也可以让我们重温先生的学养、气质和胸怀。

追思会是在陈先生去世一年零三个月后召开的。让我们可以在悲痛之后，有时间可以慢慢冷静地思考先生的成就和学养，而这种感受可能会随着时间的流逝而愈加强烈。

通过追思会，我们对于陈先生在建筑历史、建筑评论、遗产保护、乡土保护以及众多领域的开拓和奠基作用，有了进一步的深刻体会。先生毕生的辛勤耕耘，为我们留下了众多的宝贵财富，包括待人、治学、处世。

陈志华先生和儿子

陈志华夫妇年轻时

陈志华先生和孩子们（2000 年）

陈志华先生和当地老人

陈师母和陈先生子女

陈志华先生逝世一周年追思会

陈志华先生追思会嘉宾合影

　　会上我的发言强调了两点，一是先生在治学上始终坚持独立之精神，自由之思想，是清华里仍能秉持这种理念的不多的学者之一，这与"不唯上、不唯书，只唯实"的理念是一致的。先生的思想影响不止于建筑界、历史界，而能扩展到更大的文化界，为众多的学者所关注。二是先生治学能够坚持更高的学术层面，注重各种学科的融合和交叉，尤其是在社会学层面上的研究，先生原治社会学，在潘光旦、费孝通等先生的教导下，打下良好的基础。因此在学术研究上，尤其是处于社会大变革时期，建筑师在关注人的同时，更要很好地了解社会，从社会入手，研究社会变革、社会利益、社会改造、社会行为等，通过社会学的理论和方法，可以更深刻地认识城市、建筑以至人们的活动。

　　最后让我们记住陈师所嘱托的："建筑师需要道德，需要理想，需要远见，需要勇气。"

　　附上追思会前后的一些照片为记。

2023 年 5 月 14 日

# 我凭我手拨心弦
## ——纪念钱绍武先生

不觉时间过得飞快，转瞬间就是钱绍武先生去世的周年忌日（6月9日）了，在这一年间，我在传媒、报刊、追思会报道上看到了大量回忆和纪念先生的文字，有同事、同行、学生、亲友、记者以及为他的作品所感动的人们，大家推崇先生的作品、书品、画品和人品。在这段时间里，我也经

钱绍武先生（2014年8月）

常回忆自己和钱先生多年的交往，我们认识已有三十余年，在整理我为他拍的照片、研究有关他的论文、年谱及相关纪念文章之后，也想借此机会表达一个建筑师对钱先生的崇敬之情。

钱绍武先生（1928—2021）是著名的雕塑艺术家、艺术教育家、理论家、书画家。按照国内雕塑界区分三代雕塑家的提法，第一代雕塑家以刘开渠、萧传玖、滑田友等先生为代表，第二代雕塑家以钱绍武、潘鹤等先生为代表，而第三代则是改革开放以后成长起来的一批雕塑家。我对钱先生的初次了解十分偶然，那时中央美院校园还在北京东城区的帅府园，学院大门对面的一条胡同口的电线杆上立着一块木牌子，木牌子上横写着"帅府（？）胡同居民委员会"，但这块牌子的与众不同之处在于其是由书法家写的，后来知道这是钱绍武先生的手笔。

真正遇到钱先生则是在我们于1985年承担了亚运会北郊体育中心工程建设以后，因为这是我国第一次承办这种大型洲际运动会，所以各个方面都非常重视。与过去不同的是雕塑界从工程之初就早早介入了，工程指挥部专门为雕塑创作准备了专款，并特别强调专款专用。因此在首都城雕办公室的支持下，从1986年

11 月雕塑家们就到指挥部来了解规划设计情况，与我们设计方进行交流，也正是利用这个机会，我得以认识了包括钱先生在内的一批雕塑家。此外当时《中国美术报》也正在进行有关环境艺术的讨论，记得 1987 年 2 月首次举办的"环境艺术讨论会"，会上出席的建筑师、雕塑家、园艺家、评论家有钱先生、王克庆、奚小彭、张绮曼、杨鸿勋、萧默、布正伟等近三十人。会上还通过了"创立我国现代的环境艺术体系"的纪要，记得钱先生在会上发言时特别提到：环境艺术必须要有全局观念，眼耳鼻舌身意等方面都必须考虑周全。那年钱先生 59 岁，红光满面、幽默开朗、笑声不断、平易近人，被人称为"笑仙"，加上他有很重的江苏口音，给我们留下深刻的印象。1988 年 8 月，开始征集亚运雕塑方案，记得当年 11 月，1989 年 2 月进行了三轮评审，在数百个方案中审定了一批方案。当时的征稿要求也十分宽松："题材不限，可以是抽象的，也可以是具象的；可以与体育有关，也可以与体育无直接关系，也不要局限于第十一届亚运会的题材；雕塑应具有时代感和中国风格，应该有鲜明的个性，并有丰富的内涵。"所以最后审定的方案十分多样化，充分体现了改革开放以后宽松而包容的文化氛围。1990 年 1 月起各方案陆续定下放大稿，钱先生与我们一起多次到现场看地，决定雕塑的安放地点、安放方式，环境绿化的配合等问题。

北郊体育中心里并没有钱先生的作品，他那时好像刚从系主任的位子退下不久，给我印象十分深刻的是他对系里年轻雕塑家的关心和支持，对提携后辈表现了极大的热情。

他在私下叮嘱我，对年轻雕塑家的几个探索性的作品，一定要尽力帮助他们实现。其中的一个作品就是隋建国的作品"源"。当时隋建国刚刚研究生毕业留校任教，他被选中的两件作品之一就是"源"，我们把这件作品安放在游泳馆南侧的一个下沉广场中，广场的尺寸为 70 米 × 15 米，这是一件很难在室内展厅中展出的大型雕塑作品，我们设计组专门派了胡越建筑师在环境设计上予以配合，在广场中设计了一条形状蜿蜒如黄河的大卵石铺就的"枯山水"河流，隋建国回忆："为使这江河大地更形象，我的构思是沿河放几组岩石，作为山岳，同时河流配上源头以及最后奔流入海的'海眼'，让这一象征寓意更加完整和意味深长。"

又如展望和张德峰创作的"人行道"，是在体育中心步行东入口宽 20 米的

228

雕塑"源"

雕塑"人行道"

列柱群中，在150米长的空间内安放了五组老、中、青、少人像，他们分处不同位置，动作表情各异，但在空间上又彼此顾盼呼应。

这两组雕塑一组是抽象的，一组是超写实的，完成以后反响很大。作品完成以后我也更加理解钱先生私下嘱托的深意，这是他作为系主任对学生、对年轻人所表现出的全力扶持之心。后来这几位年轻雕塑家都取得了很好的成就，在国际雕塑界也很有影响。另外我体会到，这次亚运会的契机，也是普及和传播雕塑艺术的极好机会，尤其是将雕塑和室外公共环境紧密结合，使之作为公共艺术的特色更加突出，可能这也是钱先生的用心所在。

不想到了几年后的1995年，我又有机会和钱先生等一众雕塑家们合作。当时北京市政府决定在宛平爱国主义教育基地宛平城的南面建设"中国人民抗日战争纪念雕塑园"。

这是一次重温反法西斯抗日战争的历史，激励伟大的民族精神和爱国精神，增强民族凝聚力和民族自信心的极好机会。

当时由我们北京市建筑设计研究院承担规划及环境设计，中央美院雕塑系承担雕塑创作，那时雕塑系主任已经是隋建国教授了。

我们在宛平城南一块三角形用地上，提出了若干方案设想，经过有关领导、艺术家的评审后，很快确定了以国歌"起来，不愿做奴隶的人们，把我们的血肉，筑成我们新的长城"为主题，在规划手法上，其中碑林矩阵式的自由布局方案很快得到领导和专家们的一致支持，钱先生在评价方案时提出："历时8年的中国人民抗日战争的内涵无比广阔，无比生动和丰富，因此用一个单体的传统式的纪念碑，是远远不够的。当建筑家马国馨提出环境规划方案时，我们多次研讨后达成共识：一种平面的、多体的环境布局规划被确定，并进一步确定为38座群雄柱体集中矗立于宛平城外的纪念地中。这种布局有序而多变，可以形成壮阔肃穆的气氛，既打破了欧洲一般性纪念碑的'框框'，突出了我们东方文化的特色，又能充分体现中国抗日战争规模的辽阔与壮烈。"

38尊雕塑的创作难度和工作量都很大，各方面对这种政治性极强的工程都很重视，中办、中宣部、北京市委先后开过多次会议讨论审查，提出改进意见，仅我参加过的会议就有几十次之多，钱先生也多次参加，因此我也有机会拍了一些他在审查现场的照片。当时钱先生已年届古稀，仍在雕塑园"日寇侵凌""奋起救亡""抗战烽火"和"正义必胜"四大板块的38尊雕塑中，承担了"正义必胜"板块中的"破袭风暴"和"雪地英雄"两尊雕塑的设计任务。"破袭风暴"

钱先生在介绍抗日战争群雕（1996年2月）

钱先生和隋建国（右二）（1996年）

钱先生陪中宣部及市委领导看方案

"破袭风暴"

"雪地英雄"

表现我军战士发动破袭战，捣毁敌人的交通线和封锁线，夺取敌军物资，充实我军后方，使日军处于被动的场面；而"雪地英雄"则表现东北抗日联军杨靖宇、赵一曼等抗日英雄的事迹，重现"火烤胸前暖，风吹背后寒"的艰苦悲壮的场景。

这组雕塑群历经数年时间，在包括钱先生在内的美院老中青 22 位雕塑家的努力下，2000 年 8 月 15 日抗日战争胜利 155 周年时，落成典礼在雕塑园举行，相关领导发表了讲话。

钱先生后来回顾这次创作时，总结了创作的六个特点：

1. 不是以某个历史中心人物来表现；

2. 叙事性与纪念性相结合；

3. 绘画性与雕塑性的统一；

4. 柱体四面与一面的统一；

5. 总体气氛与细部情节的统一；

6. 空间和时间的统一。

当然在这种政治性很强的集体创作中，每位雕塑家的创作既要基于个人又要超越个人，而服从于群体的整体艺术秩序。正如评论家徐恩存指出的："雕塑家们在总体和谐氛围中，自觉行使了个人话语权力，选择了现实主义创作手法，把中心意识形态与公众情感表达融入具体的话语空间，为主体经验和情绪感觉重新定位，这是一种从自发到自觉的转变，从反映、表现至创造的飞跃。""它不仅复归了个人话语，而且过渡到对新艺术话语空间的营建，这是一种重建'新传统'的努力。"

在和雕塑家钱先生合作的过程中，也加强了我对雕塑艺术的了解和认识。雕塑是一种在三维空间，通过各种加工形式，把硬质或可塑材料创作成艺术品的美学表现方式，它有着自己专用的雕塑语言。即便如此，雕塑作品仍有很大的可思维空间，允许不同的受众有各自不同的解读。尽管好的作品会形成受众的共同感受，但对艺术作品的解读应是一个非常个性化的事情。钱先生一生创作雕塑作品无数，我看到的和接触过的只是其中极少的一部分，但也想根据自己的感受做一点解读，可能主观臆测的成分不少。钱先生的作品基本都是在具象范畴里或以具象造型为出发点，达到表现性的艺术效果。他的作品，绝大部分都是人物形象的

"中国人民抗日战争纪念雕塑园"全景

创造，这里面又有古人和今人不同的创作难度。对于现代人物来说，由于他们的形象已为人们所熟知，所以对受众来讲首先都要问像不像的问题，同时这些作品又常是命题作文，对雕塑家的要求和限制也比较多。而古人题材则可根据文献和资料，加上雕塑家个人的理解，作品有较大的自由发挥度。如何处理个性与共性、传统与创新，尤其是如何处理形象和意象之间的关系，正是钱先生作品的着力点与高明之处。从改革开放以后到钱先生古稀之间的二十多年时间内，钱先生的作品集中表现了他的最高成就。

现代人物雕像的创作我最早接触到的是1986年在闻一多先生（1899—1946）去世40周年时，在清华西区校园大礼堂西侧，闻亭之下的闻一多先生全身坐像。他手持烟斗、身着长衫的形象早已为大家所熟悉，钱先生在材料的运用上采用了红色花岗石，用沉思的表情表现闻一多先生作为诗人和学者"像园内的苍松一般工作"，表现闻一多先生的学识、才气及深藏的激情，表现"诗人的心，学者的魂"。最后钱先生还用自己奔放的书法题写了"诗人主要的天赋是爱，爱他的祖国，爱他的人民"，再现雕塑家在创作时与诗人的交流与沟通。这个作品在清华园中的位置十分突出和醒目。当然作为建筑师，我认为红色雕像后面黑色石墙面的处理并不太理想，由于墙面太高，比例未必合适，阻断了后面的山树环境，同时也使雕塑的欣赏观看角度受到了一定限制。

1989年钱先生为唐山李大钊公园创作的"李大钊先生（1889—1927）纪念像"被人们普遍认为是钱先生的巅峰之作，也是中国城市雕塑的经典。我仅从报纸杂志上看到纪念像的照片，就感到一种强烈的震撼力和视觉冲击力。方正的脸型，伸展的肩膀，表现了革命家"铁肩扛道义，妙手著文章"的沉稳刚直情怀，也可以看出钱先生在吸收中华传统文化和古代石刻造像的滋养中，形意结合而又特别追求意境的理想。只是从照片看，雕像后面的常绿树高度不够，也没有修剪整理形成规整的背景，加上后来远处露出的高层建筑物也减弱了雕像的庄严仪式感。另外我没有看到过雕像的侧面和背面的照片，应该说这些位置的处理对雕塑家可能会是更大的挑战。

2008年我去现代文学馆参观时，看到了钱先生创作于1999年的"冰心像"，冰心是出生于1900年的现代作家，23岁去美国留学时陆续发表题为《寄小读者》的通讯散文，其作品成为中国儿童文学的奠基之作。所以钱先生选用了冰心在美国时手托下巴的形象，以白色大理石暗含笔名之隐喻，而雕像基座下面放置了冰心和她丈夫吴文藻的骨灰盒，其纪念意义就更为突出了。

以上三组雕塑都是放于室外的，突出了作为公共艺术的价值，也是钱先生在创作中探索如何把自己的雕像作品融入生活，强调在公共空间的雕塑与当代人们的精神和现实保持密切联系，同时这些公共艺术作品必定会提升城市和建筑文化品格的追求。

我在2011年参观钱先生名为《高山流水》的作品展时，他在1984年创作的《江丰头像》引起了我的注意。平时人们在观赏钱先生人物作品时，这件朴实简洁的作品很容易被忽略。但当了解了主人公江丰（1910—1982）的生平经历后，就会对这件作品产生更为丰富的想象和感受。江丰是美术家、理论家、教育家、革命木刻的奠基人和开拓者之一，他于1932年加入中国共产党，1938年在延安曾任延安鲁艺美术系主任，新中国成立后任中央美术学院党委书记、副院长（1955年院长徐悲鸿去世后任院长），中国美协副主席。他坚持革命文艺，坚持现实主义美术，提倡革命化，民族化，群众化等。但因对待中国画处理上的简单做法以及其个人性格，他在1957年被定为美院"江丰反党集团"的头子。在美院这个

李大钊纪念像（1991 年）

闻一多纪念像（1986 年）

冰心像（1999 年）

不到 300 人的单位里竟有 70 余人被划为右派。他于 1979 年重新担任美院院长、文化和旅游部顾问、全国美协主席等职，在 1982 年因心脏病发作去世。面对这样一位有着传奇经历、跌宕起伏历史的美术家和老干部，我想钱先生与之是心心相通的，因为钱先生是 1949 年入党的老党员，1989 年离休的老干部（刘开渠先生还是钱先生介绍入党的），当然钱先生在"文革"也受到冲击，我想他对江丰的个性和遭遇肯定是有他的考虑的。所以在江丰去世后就很快创作了他的头像，在 70 厘米高的雕像上，他用朴素而敦实的手法，举重若轻，精心地创造了一位忠诚于党的文艺事业的人物形象。就像钱先生所讲的"江丰的脑袋跟石头一样，就是打不开"，可以引起观众更多的联想和思考。与我拍的一张钱先生自己的照

234

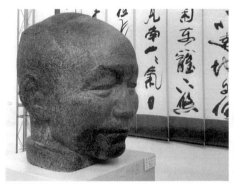

江丰像（1984年）　　　　　　　　　　钱先生的头像（2014年8月）

片相比，可以看出二者有很多相像之处，先生把自己都注入作品之中了。

2011年钱先生将他的1000件作品及财产捐赠给了清华大学，并在美术学院举办了题为《高山流水》的作品展，我才有机会看到除前述的现代人物作品外，由他创作的一系列古代人物。众所周知，钱先生有着深厚的国学修养。无锡钱氏一脉曾出了钱穆、钱锺书、钱伟长等众多名人，在中国工程院也有一位钱绍钧院士是原子实验物理学家，也是南方人。钱先生去世后，我问他，你们二位都姓钱，是不是同辈和本家？他说不是，"这是两支钱家，他们是江苏无锡，我是浙江平湖"。

深厚的学养与国学的功底等使钱先生在古代人物的创作上更为挥洒自如，得心应手。我看到他最早的古代人物作品是1980年后创作的"杜甫像"，那是刚刚改革开放之后不久，钱先生逐步走向创作高潮的发轫之作。杜甫是盛唐时期的代表性诗人，尤其是"三吏""三别"等乐府诗，被认为是现实主义的名篇，七律《登高》被明代学者胡应麟评为"古今七言律第一"，他评价此诗"如海底珊瑚，瘦劲难名，沉沉莫测，而精光万丈，力量万钧"，我理解钱先生正是从这点出发，抓住了"诗圣"晚年对时政痛心疾首的那种沉郁心情而进行创作的。

1995年他创作的曹雪芹肖像则采取了与杜甫像不同的处理手法。作为《红楼梦》这部伟大小说的作者，他早年锦衣玉食，雍正年间获罪抄家，居京"举家食粥酒常赊"，穷困潦倒，友人劝他"不如著书黄叶村"，他"披阅十载，增删五次"，终于完成了巨著，约在48岁时去世。钱先生自述是受到弘一法师"尽在书生倦眼中"的"倦眼"二字的启发，着重刻画饱含泪水闭起的眼睛而其他地方均处于朦胧状态。钱先生在这件作品上，明显地表现出吸取中国传统雕塑，尤其是秦汉雕刻循石造型，随形就势，不拘泥于物象的精细刻画，而着意表现其精神气质的风格和手法，从而体现圆浑厚朴之中的深邃。让人感觉与十年前的"江丰像"相比，"曹雪芹像"更为老到成熟并更具现代感。

另外2000年1月在清华召开过一次由吴良镛先生主持设计的曲阜孔子研究院工程的研讨，在设计介绍中，我看到大厅正中安放了"孔子言志"的群雕，这也是钱先生应邀为吴先生的工程命题而做。《论语·公冶长第五》中的《孔门弟子各言尔志》的故事是大家都十分熟悉的，钱先生在这里除了着重刻画2.5米高的孔子的形象，表现"老者安之，朋友信之，少者怀之"的理想形象外，同时塑造了"暴虎冯河""与朋友共"的子路形象，和"贤哉回也""愿无伐善，无施劳"的颜回形象。师生间互相问答、顾盼成趣的瞬间，成为孔子研究院这栋建筑的点睛破题之作。钱、吴二位先生的珠联璧合、密切合作也由此可见。

钱先生对法国雕塑家奥古斯特·罗丹（1840—1917）和英国雕塑家亨利·

杜甫像（1984年）

曹雪芹像（1995年）

陈子昂像（2001年）

枫桥夜泊（2004年）

摩尔（1898—1986）都是十分推崇并有很深研究的。雕塑界普遍认为 19 世纪时，罗丹打开了现代雕塑艺术之门，而摩尔在 20 世纪则把雕塑艺术推向了新的高度。钱先生在求学时期就已研读过罗丹的《艺术论》，后来研究摩尔的创作和理论，翻译过他的文章。1986 年钱先生在《文艺研究》杂志发表了"亨利·摩尔的创作方法初探"一文，我想也是他在多年研讨摩尔作品的基础上，为纪念摩尔去世而撰写的文章，钱先生认为："亨利·摩尔的'抽象'方法与'纯抽象'大不相同，其实只是一种分解和综合的方法。""他从来不搞'纯抽象''冷抽象'，总是强调要停达感情和暖意，要求具有心理的、人性的因素。"我觉得摩尔1926年的"女人头像"，1922 和 1929 年的"面具"等作品的手法明显影响了钱先生的几座头像，如"江丰像""曹雪芹像"的创作，1987 年创作的"女人体"表现更为突出。我们建筑界的人士对亨利·摩尔的作品大多是十分欣赏的，直到 2000 年 10 月，我们才在北海公园的室外得以欣赏到亨利·摩尔作品的真迹，记得同年 11 月 4 日还在王府井国际艺苑酒店召开了"亨利·摩尔的启示"的学术研讨会，雕塑家盛杨和评论家邵大箴等都到场主持或发言，我也以摩尔雕塑与环境的关系、与建筑的比较为内容发了言。

钱先生书法

　　钱绍武先生的书法更值得大书特书。如前所述，我就是通过书法作品才知道钱先生的，而更有幸的是在和中央美院合作"宛平抗日战争纪念雕塑园"工程时，多次到中央美院在大山子的临时校区开会或审稿。1996 年 3 月 23 日陪港澳政协委员去中央美院审查雕塑时，正好到了钱先生的工作室，先生一把把我拉到边上的一间小屋，在他的小屋中当场挥毫写了一个条幅赠我，并告诉我内容是苏轼的"当如风行水上自然成文耳"，引首章钤的是朱文的"一笑"，名章钤的是朱文的"钱绍武"。

237

有一段时间这件作品不知放在哪里找不到了，到最近才又找出来，所以在我手中已 26 年还未去装裱。后来发现钱先生曾以此句书赠过多人，想来他是十分喜爱这句话的。"文"字同"纹"，指风吹过水面后，自然会形成各种波纹，《周易》《孟子》中都提到过此句，"昔人之论，谓如风行水上，自然成文，若不出于自然，而有意于繁简，则失之矣。"也正如苏轼所论："谓如水行山谷中，行于其所不得不行，止于其所不得不止。"从中可见钱先生崇尚自然的审美观。

钱先生作为雕塑界的前辈，承担了许多全国和北京市雕塑界的社会工作，我因参与过几个涉及公共雕塑的工程，因此后来也忝列为首都城市雕塑艺术委员会的委员，有机会与钱先生在一起参加一些会议，聆听受教。记得 2006 年 4 月 12 日在建筑文化中心召开 2004 年后的城雕作品评选，要在报送的近 700 件城雕作

女人体像（1987 年）

阿炳像（2004 年）

徐悲鸿像（2004 年）

孙中山像（2002 年）

238

品中，评选出 10 名优胜奖，30 名佳作奖，工作量还是很大的。中午在文化中心台阶边上的餐厅吃饭，那天钱先生兴致很高，还特地打电话把夫人何玲叫来一起吃饭，席间钱先生谈了许多书法上的诀窍和趣事，据说先生在自己的各项艺术成就之中，把书法排在第一，而画作和雕塑都要往后排。我想这可能也是缘于"书为心画"，与其他作品相比，书法是更个人化、个性化的创作，可以随心所欲，不受命题、环境、需求等各种条件的限制。先生爱使用长锋羊毫，在用笔上有许多心得。加上他对碑学很有研究，所以先生的书法自成一体——"钱体"，其生动奔放、挥洒自如的风格和特征让人们一眼就可以认出，在当代书法界，除毛主席、舒同等人以外，能达到这一境界的人不多。也就是在那一次吃饭时，我见到了何玲夫人，后来他们一起在 2011 年把先生的作品都捐赠给了清华大学，一时被传为佳话。

前面提到钱先生的作品、书品、画品和人品为人称道，正如乾、嘉年间的画家沈宗骞所说："笔格之高下，亦如人品……夫求格之高，其道有四，一曰清心地以消俗虑，二曰善读书以明理境，三曰却早誉以几远到，四曰亲风雅以正体裁。具此四者，格不求高而自高矣。"钱先生以终生不倦的创作和育人，得到了人们的推崇和尊敬。而先生之所以能达到这样的境界，我以为主要缘于"会通古今中外""会通道术艺技"。会通古今中外可从先生的经历中看出，他在求学过程中，1955 年回国临摹用直保圣寺的罗汉，后来又调查中国传统雕塑的传人，走访全国各地的古代雕塑和石刻，从而能"外师造化，中得心源"。对于国外的情况，我以为钱先生留苏五年多的经历是一个重要的节点。他是新中国成立后派往苏联学习雕塑的第一位留学生，此后陆续派出的也只有董祖诒、王克庆、曹春生、司徒兆光四人。从钱先生自己的回忆中可知，他一年级师从沙克洛夫，之后的老师有凯尔金和阿尼库申。他在苏联学习的收获是掌握了欧洲雕塑造型的基本功夫：一是对三度空间的形体理解和掌握，二是创作方面对几何体的认知和运用，三是从艺术表达技巧上分析，学到了精到的观察方法。另外回忆了他对米开朗琪罗等资料的临摹，去冬宫博物馆的多次反复学习。所以他体会在学艺过程中，先要经过正规的、系统的基本造型能力的学习培养。而要成为大师，还需进一步到高水平的博物馆研习，好、坏、高、低全摆在眼前，只要细心体会、反复比较就能大大提高艺术素养，懂得窍要所在。对当时的苏联雕塑家，他只提到过穆希娜（1889—1953）和武切契奇（1908—1974），涉及苏联雕塑界全面和详细的介绍和分析则着墨极少，我以为可能是因当时的时代背景所致。

在钱先生去苏留学的时候，苏联雕塑界已经走过了曲折起伏的40年。在十月革命成功之后，列宁任命卢那察尔斯基主管文艺工作，建成了一批历史人物的纪念像。据统计在短短三年间，在全苏联新建起了约40座纪念碑（其中莫斯科25座，彼得格勒13座），卢那察尔斯基当时采取自由开放的政策，对此前的前卫艺术思潮如立体派、野兽派、印象派以及构成主义、至上主义等都较包容，使塔特林、马列维奇、夏加尔、康定斯基等前卫艺术家都能多元共存。到1932年苏共中央通过《改组文学艺术团体》的决议后，前卫艺术告一段落，前卫艺术家大多出国，此后提出了"社会主义现实主义"的口号，也出现了一批新的雕塑家。二战以后虽然日丹诺夫提出的教条主义束缚了艺术家们的手脚，但出于对卫国战争的纪念和歌颂，仍出现了许多雕塑家，如托姆斯基、穆希娜、马尼泽尔、武切契奇、阿尼库申等人。而随着斯大林的去世，赫鲁晓夫的上台，创作环境又发生了较大的改变，包括对西方艺术和前卫艺术的重新思考，即便是在"现实主义"的口号之下，也出现了多样化的探索和变化。苏联这些方向和政策上的变化和调整，不但对中国的艺术界，甚至对建筑界都有很大影响。钱先生他们更是身处其中，耳闻目睹，这些见闻和经历影响了他后来认定现实主义创作方向，而又兼收并蓄，中西互补的道路。只是由于此后的政治环境，可能容不得多涉及这些方面的内容了。

至于"会通道术艺技"之论，是指钱先生把"道""术""艺""技"之间处理得融会贯通，运用自如，主次分明。"道"指道路、道理，指社会和人的价值标准，"朝闻道，夕死可矣"；"艺"指用形象来反映社会的意识形态，是对真善美的追求，是对"道"的揭示。这些基本理念关乎人类自身的发展和未来；而"术"和"技"则表示要达到这一目标需要通过表达、认知、创造和领悟，通过特定的语言、概念、符号和结构来加以实现和统一。钱先生正是本着"老老实实学习中西之最，堂堂正正立一家之言"走出了自己的创作道路。

与此同时他十分注重艺术各门类之间的交流、吸取和贯通，他是一位全面、全能的艺术家，除雕塑、书画外，对诗词、吟诵都有研究，注重作品的音乐感、建筑感、美术感。他曾说："书法就是具有建筑空间感的雕塑，而雕塑则是具有节奏和韵律的书法。"我在和先生合作的过程中也感受到建筑和雕塑都是表现三维空间的艺术形式，都有自己独特的语言，都要和特定的环境发生关系，要用相似的方法来达到相同的目的，而同时这种对作品的认知和理解过程，都具有一定的相对性和主观性。先生一直在探索公共空间中的雕塑艺术和公共环境的创造，这对建筑师来说也是一次很好的学习。

后来我见到钱先生已是 2011 年 4 月，清华大学百年校庆在人民大会堂召开纪念大会。在大会之前党和国家领导人接见了部分参会人员，钱先生作为清华大学的教授，当时坐在被接见人员的第一排，我为他拍了照片，但因急于拍照而没有来得及和他交谈，那年先生是 83 岁。

钱先生在人民大会堂（2011 年 4 月）

2014 年 8 月 30 日，吴良镛先生在中国美术馆举办人居环境艺术展，钱先生参加了开幕式，我因从延庆赶回迟到了，只能在远处人群外为先生拍了照片，不想却是与先生的最后一次见面，钱先生那年是 86 岁。

2006 年，93 岁的黄苗子先生曾为钱先生书法集的出版，赠钱先生"鹧鸪天"词一首。

文采风流老笑仙，锡山人物数今钱，雕龙练石真神力，戏海游天法自然。

非醉素，非张颠，我凭我手拨心弦，当其下笔攀风雨，霹雳横空欲破天。

这不仅是对钱先生的书法，同时也是对他的画作、雕塑等艺术成就的十分精准的概括，刻画了钱先生"以手写心，以气表神"的终生追求，所以这篇纪念钱先生的文字就以"我凭我手拨心弦"作为标题了。

2022 年 5 月 31 日一稿，6 月 6 日修改

注：本文首发于微信公众号"慧智观察"，2022 年 6 月 9 日。

# 重读关广志先生

## ——《灿然天地》读后

今年 6 月 23 日我在公司开会时遇到刘淼总，他带给我一本厚厚的画册，这是由著名的水彩画家关广志先生的哲嗣关乃平先生编的"北京画院二十世纪中国美术大家学术丛书"之一，书名为《灿然天地》，副题是"关广志绘画艺术研究"。该书由广西师范大学出版社于 2020 年 11 月出版，全书共 355 页，收入了关先生的水彩画作 62 幅，铜版画作 16 幅，另外还有学术和回忆文字，关先生年谱等内容。

除得到好书的兴奋外，还有一个重要原因就是我从高中到大学，一直是关广志先生水彩画的崇拜者，按现在的说法就是关先生的"铁粉"了，有画为证。收到画册以后，我就从我早年收藏的各种画片中翻找出了 19 幅关先生的画作。除两幅是重复的以外，最早一幅是我在 1955 年买的关先生的"北京中山公园"的画片，由上海人民美术出版社出版，至今已经 67 年了，仍保存十分完好。接着又在 1956 年买到了天津人民美术出版社出版的三幅画片："颐和园秋景""颐

刘淼赠作者《灿然天地》画册（2022 年 6 月）

晚年的关广志先生

和园"和"中山公园紫藤古柏茶社"。1957年买到上海人民美术出版社出版的"北海小西天"画片，这些画片的定价都是5分钱一张。

最让我高兴的是我在1957年还买到了关先生的一套画片，共12张，总题目为《江山如此多娇》，由河北人民美术出版社印刷了7800套，售价6角，平均下来还是5分钱一张，所有这些画片至今都完好无损。在与画册中收藏的画作对比以后，我还发觉我收藏的画片中还有五幅并未被收入这次获赠的画册之中，分别是"北京北海小西天""北海小西天""北京北海琉璃阁""北京颐和园后山乾隆塔"和"华山西峰"。而且《江山如此多娇》画片集的出版一事，也未能被

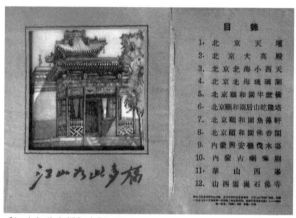

《江山如此多娇》书影及目录

《北海小西天》

《中山公园》

《北海琉璃阁》

列入先生年谱之中。现在看这些画片中上海人民美术出版社出版的色彩还好，河北人民美术出版社出版的色彩就有点失真了。我把这些一个甲子以前的画片拍照发给了刘淼总，他连说："太棒了，太珍贵了"，并马上转发给了现在日本的关乃平先生，乃平先生十分兴奋，连说："太有意义了，太好了，有历史意义、文物价值。"

其实我那个时候只是喜欢关广志先生画作的中学生，即使上了大学以后也对关先生的生平一无所知，更不知道他已经在我入大学的前一年，于1958年去世。直到这次看了先生的专集，才知道先生出生于1896年，满族人，在中学就打下了良好的中西美术基础，27岁起开始跟随英国女画家学习，接受严格的素描和水彩训练，29岁时从沈阳美术专科学校毕业，之后发表作品、参加展览、到各地考察。36岁（1931年）赴伦敦，入皇家美术学校学习，去欧洲各地考察写生。1934年39岁时回国，陆续从事美术教育工作，先后在北平艺专、华北工程学院、辅仁大学、北京大学工学院等校教授美术。1953—1954年在清华大学建筑系任教。

画册中收入了杨付恒先生发表于《中国美术报》的一篇文字《关广志与清华大学建筑专业的美术教育》，文中提到梁思成先生在创建清华大学营建系时说过："建筑师的知识领域要很宽广，要有哲学家的头脑，社会学家的眼光，工程师的精确与实践，心理学家的敏感，文学家的洞察力……但是最根本的是，他应是一位有文化素养的综合艺术家。"所以梁先生从建系之初就特别重视学生的美学素

关广志先生在英国留学期间

关广志先生和清华建筑系学生

养教育，注重建筑与绘画、雕塑的美学，在当时的工科大学里，开设有素描、美术、雕塑（选修）等课程。在大学六年的学习中，美术课的学时占到总学时的十分之一，另外还有两周的水彩实习。

从清华大学建筑系建系之初的美术教研组的教学力量配备也可以看出这一点。如最早的教师李宗津先生（1916—1977）是油画家，于1947年来清华，他的叔父就是名画家李毅士。1948年来系的李斛先生（1919—1975），擅长国画人物。美术史家王逊先生（1915—1969），1949年来清华，在哲学系和建筑系主讲美术史，还有雕塑家高庄先生（1905—1986）等，都是术有专攻的名家。但后来他们分别在1950—1952年间先后调往中央美术学院。所以在1952到1953年间，先是通过院系调整到清华任教的关广志和雕塑家宋泊先生（1911—？）还有1950年回国的吴冠中先生（1919—2010）。与此同时又有一批中央美院的毕业生陆续来到清华，如较早毕业，在1952年同时来清华的华宜玉先生（1922—2005）和康寿山先生（1917—），后来还有1951年毕业的程国英先生（1922—1967），1952年毕业的曾善庆先生（1932—2020），1953年毕业的于学信先生（1929—1980），王乃壮先生（1928—）付尚媛先生（1933—），郭德庵先生（1930—2022）等人，这样一来美术教研组的教学力量陆续充实。其中关广志和吴冠中两位先生是留英、留法回国，而关先生的年资辈分最高，是中国第一代的建筑水彩画家，所以在1953年以前，清华建筑系中，美术专业只有王逊，高庄和关广志先生是教授职称，其他多是副教授或讲师。再之后，华宜玉先生是在1985年，王乃壮先生是在1988年评为教授。再后梁鸿文先生是在1953年入学，1959年留校去美术教研组，估计是加强对教研组的领导力量。我们1959—1965年在校学习时，基本就是这一批中央美院毕业的老师在教我们，他们原来都是油画、国画、雕塑等专业，但是为了清华的建筑教育事业，重新在水彩教学上发挥了重要作用，所以至今为我们所敬重和热爱。

听说关广志先生来清华后，是王乃壮先生做他的助手，我特地打电话问了一下王先生，他已经95岁了，但记得很清楚："我那年刚毕业，就让我当他的助教。关先生的水彩画得很好。那时都60多岁了，还每天从城里骑车到清华来给同学上课。"我还问王先生：关先生怎么只在清华待了一年，他说可能是到了退休年纪了吧！王先生还记得关先生的儿子也曾到过他家里。

最初我是从《中山公园》和《天坛》两幅名作而认识关先生的，这两幅作品无论构图、光影、色彩、技法上都有其独到之处。在大学学了水彩课以后，尤其是20世纪60年代在北京展览馆曾举办过一次英国水彩画展，也感受到关先生对英国传统水彩技法的继承，特别是威廉·特纳那种的渲染色彩搭配，透明中稍显厚重的风格。他在清华虽然只有短短一年，仍为清华建筑系"水彩画的辉煌成就播下了种子"。例如华宜玉先生的画风就明显受到关先生的影响，她的《颐和园德和园大戏台》是我们在校时她最精彩和成功的作品之一。另外关先生在颐和园中的许多著名画作，如《佛香阁》《玉带桥》《鱼藻轩》《后山》《湖山真意》《远眺玉泉山》等都是我们后来水彩实习时的标准地点和取景角度，以至我一直揣测关先生的这些作品是不是在清华时为同学们示范的范作。也正因为这一点，我马上就发现了画册中一幅画的题目标注错了，把"湖山真意"标成了"湖天真意"，因为在那里我就画过两三张画稿，所以至今印象深刻。

此后我也陆续收集了一些关先生学术评论的文章，对关先生的成就和在水彩画界的地位有了进一步的了解。水彩是一个外来画种，从1715年传教士郎世宁来华教授画画开始，水彩传入中国已三百多年，在这期间从外来的水彩到"中国水彩"，也经历了漫长而复杂的进程。2005年中国美术馆曾举办过"中国百年水彩画展"，后来在2015年初，又举办了"百年华彩——中国水彩艺术研究展"，梳

《天坛》

《佛香阁》

理了百年以来中国水彩画艺术的发展历史。在这次展览中，通过对几位艺术大家：关广志、李剑晨、潘思同、王肇民、阳太阳、古元、哈定等人作品的研讨，总结出他们对水彩艺术语言的拓展和创新，从而引发水彩风格的不断演进和变革。美协水彩画艺委会主任诸迪在文章中写道："在这些画家中，关广志与李剑晨是第一代专业水彩画家，素有'北关南李'之称。关广志早年留学英国，是英国皇家美术学院最早的中国留学生。在绘画语言上，他将西方水彩艺术明丽优雅的特点与中国传统绘画的气韵笔法相糅合，以亚麻布、原色卡纸和背托宣纸的水彩画纸作底，用碳铅勾勒轮廓，施以水彩颜色进行创作。有时为了加强画面效果，他还在水彩颜料中调和中国画的矿物质颜料和意大利进口的，被称为'潘普拉'（penpra）的白色颜料，从而创作了一批富有感染力和独特艺术风格的不透明水彩艺术作品。"

杨仁恒先生认为："关广志先生的建筑水彩画，一是强调表现建筑物结构的严谨、规矩；二是强调用色彩表现光影对照的鲜明，强烈；三是强调艺术整体语言的运用，点、线、面表现得坚实有力、生动准确；四是强调对建筑物神韵、意境的体现，使建筑主体被置于协调的优美环境之中。他的作品格调清新，色彩明媚，具有鲜明的民族特色，既体现了古建筑的庄重与沧桑，又不失水彩艺术的特色，深受建筑学师生的喜爱。"

另一位美术评论家方亮认为：关先生对英国传统水彩画法的继承表现为"缝合法"，即组织各局部渲染块面，然后形成一个统一画面的技术。作画时为了避免两种色彩的互相晕染、渗透而形成败笔，会先留出一条小缝隙，待颜色渐干后再处理这条缝隙，这是西洋水彩画中的特殊技巧，其作品如"佛香阁"。又如"纸上混色法"，即不在调色盘上调色，而直接在画纸上混色，这样色彩更加自然、不呆板而富有清晰的特质，作品如"九龙壁"。又如"天坛"，使用的颜料是不透明的水粉，其画法近于油画，先用色纸形成基本色调，然后以稀薄、单纯的颜色画暗部，用厚重、明度高而又覆盖性强的颜色画亮部。有时还掺以中国画的朱砂、石青、石绿，使画面更加丰富、明亮。所以评论家认为"欧洲风景画对关广志的影响，技法与理论层面多于文化层面"。他的水彩"还保留着中国画传统的用笔与特定的图式"从而"努力建构属于中国味道的'东方色彩'的水彩画，这实为中国画家践行西方艺术（水彩）本土化、民族化的重要一步"。

《华山西峰》

《九龙壁》

关广志先生去世已经64年了，我作为一个从事建筑设计工作的美术爱好者，通过对自己早年所收藏关先生的作品的回顾，通过自己在清华大学学习时所受到的美术教育，时隔一个甲子之后，在当前的语境下对关广志先生的水彩艺术创作进行再发现、再认识、再学习，虽十分肤浅，但还是想通过这样一篇文字表达我对先生的尊崇和怀念。我想中国的水彩画界会永远铭记关广志先生，清华的美术教育也不会忘记关广志先生。最后还要再次感谢关乃平先生赠我画册，这将和六十多年前珍藏的画片一起成为我对关先生永久的纪念。

《琉璃塔》

注：本文原载于《清华校友通讯》复91期（2022年10月）。

# 跨界学者叶廷芳

叶廷芳先生与作者于乌镇（2002 年）

叶廷芳先生与作者（1993 年）

经过酷热的七八月之后，马上就进入较凉爽的九月，不由得让我想起很快就是叶廷芳先生去世周年忌日（9 月 27 日）了。我们相识 28 年，虽然他只长我六岁，但我一直视他为师长。他去世这一年来也看到了一些回忆和纪念他的文章，作为他在建筑界的老友，早就想为他写点文字。

叶廷芳先生（1936—2021）是著名的学者、作家、翻译家和社会活动家，1961 年毕业于北京大学西语系德语专业，1964 年到社会科学院，是文艺理论研究室和中北欧文学研究室的研究员，著作等身。除德国文学本业外，兼及美学、戏剧、音乐、建筑等各领域。

第一次认识叶先生是 1993 年 5 月在江西南昌市举办的"建筑与文学"研讨会上，那次会议是由《建筑师》杂志社、江西省南昌市土建学会和中国房地产集团公司南昌公司联合举办的，旨在"开垦建筑与文学这一块富有魅力的处女地"，策划人有南昌房地产公司的达式林，南昌市建委的方留淇，《建筑师》杂志的杨永生和于志公，作家张抗抗和叶廷芳，建筑师洪铁城六人。会前由受邀人员提供稿件印了一本纪念册，共计 61 人，年纪最大的是出生于 1915 年的马识途先生和徐尚志先生，年纪最轻的是出生于 1961 年的陈薇教授。书中每个人都做了自我介绍，并谈了对文学和建筑的看法。叶先生在介绍了自己的简况之后，特别强调："建筑是人居和活动不可或缺的场所，拥有丰富的人文内涵，尤其是'后现代'建筑。'文学是人学'，更饱含着人文精神，就像现在的许多不同学科跨疆越界、互渗互融一样，我相信建筑与文学的交流也必将发生互补互促的积极作用。"

那次会议实际到场 56 人，有些人原定参加因故未到，也有人知道消息后赶来参加。我也第一次认识了许多作家、诗人、戏剧家、评论家、歌唱家，如马识途、黄宗江、林斤澜、公刘、叶楠、蓝翎、陈丹晨、邵大箴、邵燕祥、任彦芳、何西来、张抗抗、舒婷、韩小蕙、刘元举、翟新华、赵丽宏、姜嘉锵夫妇等。建筑界的人物我大部分都认识，也新结识了郑光复夫妇、沈福煦、曹汛、陈薇等先生。会议在滕王阁内举办，会议内容包括省市领导讲话、座谈、参观八大山人纪念馆、井冈山革命圣地等。由于是初次见面，我和老先生或年纪大的人交谈不多，和建筑界以及年纪相仿的谈得多些。年纪大的只和蓝翎谈得较多，因为我们是山东老乡，又知道他和李希凡都是毛主席提到过的"小人物"。也是在这次会议上，我收集了与会人员的签名以作纪念。

叶先生是那次会议的策划人之一，为会议顺利进行出力不少，当时令我印象最深的就是他失去了左小臂，却比正常人还要活跃，所以后来他被人誉为"单手写人生"。一般人们都在介绍他时简单地说 1945 年他 9 岁时因"不慎跌伤，失去左臂"。当时我们也不便细问，后来我在 2013 年 12 月《文汇报》上见到他写

叶廷芳先生

叶廷芳先生与诗人公刘（1993 年）

图 3 1993 年建筑与文学研讨会全体合影（1993 年 5 月）

1993 年建筑与文学研讨会参加者
签名

的《我失去的胳膊》一文，详细讲了事情的经过：孩子们要在木杠上学骑独龙杠，他在后退时从杠上跌了下来，造成左臂骨折，但当时父亲出门几天不在家，邻居自作主张把断臂绑了起来，结果血液不流通发了炎，肌肉开始腐烂，13 天后父亲回来，要去医院治疗，又被人阻拦而送去看了中医，但中医也认为一开始就治坏了，现在又来晚了，最后经过九个月后伤口结疤，但手臂还是没有保住。后来这篇文字以"四十年的轮回"为题收录在他 2012 年出版的一本散文集里，只是文后又增加了一段讲他的哥哥 1985 年时左眼肿痛，但当时舍近求远，没有找当地的"赤脚医生",而非要跑去找了一位号称"神医"的郎中,也是因耽误了时间而被摘除了眼球,以至叶先生直埋怨为什么没有吸取40年前的教训啊!

残缺的手臂给叶先生的生活、求学和工作带来了很大的不便,但也正是这种状况,"如果不经历不同于常人的生命体验,我就不会有置之死地而后生的坚毅品格",残缺的身体促使他在思想上并不抱残守缺,他一直以乐观的心态,用超越常人的毅力去从事其毕生的追求。

第二届"建筑与文学"学术研讨会于2002年9月在杭州举行,这次的主办单位是《建筑创作》杂志社、浙江省作协、省建筑师协会和中天建设集团有限公司,浙江省院和杭州市院也给予了大力支持。策划人中有中天集团总裁楼永良、媒体人杨永生、金磊、于志公,作家张抗抗,建筑师洪铁城。在会前仍像第一届会议一样出版了45人的纪念册,叶先生在《颂建筑与文学之缘》一文中写下了他的感受。

"建筑作为美的载体,它与文字一样,均属美学范畴。因此建筑师与文学家的精神情怀是相通的。

无怪乎青年时代的歌德第一次接触斯特拉斯堡那座有名的教堂时,就再也摆脱不了缪斯的追逐,直到他写出那部不薄的著作《论建筑》为止。

无怪乎雨果听到圆明园被入侵者的邪火毁灭时,那样抑制不住他的愤怒,竟谴责他肇事的祖国为'强盗'。

无怪乎那么多的中国古代名建筑,在它们的形迹早已从大地上消失得无影无踪之后,它们的魂魄仍随着那些赞颂它们的不朽诗篇千古。

无怪乎中国的建筑师与文学家继1993年聚首于赣江之畔的滕王阁后,令我又盛会于钱塘江之尾,六和塔之旁。"

这表现了他对于此次会议的热情和期望。由于到会的大部分人员都参加过江西的会议,所以大家讨论时比上次更熟稔。尤其在晚上的联欢会上各展才艺,叶先生也一展歌喉,与张抗抗一起对唱。我也利用这次机会和叶先生合了几次影。

叶先生出于对建筑的关心,也经常出席有关我们这一行业的学术讨论会,并积极发表自己的看法。仅我与叶先生相遇的座谈会初步统计即有如下几次,这几次我都为他拍了照片。

1998 年 7 月 3 日，在建工出版社举办的文艺界、建筑界座谈会。

2010 年 11 月 5 日，张祖刚建筑文化新书首发式。

2013 年 9 月 6 日，参观北京龙泉寺，下午学术讨论会。

2014 年 6 月 28 日，莫伯治新书首发式在新大都饭店举行。

2016 年 6 月组织了第三次两界会面的徽州行——重走刘敦桢古建之路，叶先生因身体原因，就没有参加了。

由于和叶先生日益熟稔，所以除有限的见面之外，我们主要还是"以书会友"。我自 1999 年第一本论文集《日本建筑论稿》出版以后，有关建筑方面的著作有多本奉上求教，叶先生也有多本回赠，据我统计陆续收到他的著作有以下多册：

2004 年《遍寻缪斯》由商务印书馆出版；

2008 年《不圆的珍珠》由人民文学出版社出版；

2009 年《卡夫卡及其他：叶廷芳德语文学散论》同济大学出版社出版；

2022 年杭州会上的叶先生（2002 年）

叶廷芳先生与作家张抗抗合唱（2002 年）

作者与叶先生合影（2002 年）

叶廷芳先生（1998 年 7 月）

2012 年《美学操练》由北京大学出版社版；

2012 年《信步闲庭》由海天出版社出版；

2017 年《废墟之美》由海天出版社出版。

当然叶先生著作等身，有几十部之多，但仅就这些赠书，已使我受宠若惊，受益良多。而且我认为这几本书也可以集中代表了他的学术追求和思辨过程。当中还有一个小插曲，2010 年同济大学出版社约他出版《德意志文化系列》丛书时，他打电话给我，问我是否有兴趣．当时我有点犹豫，一是过去没有和同济大学出版社合作过，二是也没有什么合适的题材。后来同济的编辑锲而不舍地几次致电和面谈，最后我决定出版对一些出访城市的印象合集，但编辑提出，不仅要有已发表过的文字，还要有未发表过的。最后有七篇炒冷饭、五篇新著，以《走马观城》为题，成为该出版社《看得见的城市》系列丛书中的一册，于 2013 年 9 月出版。这也全赖叶先生的从中牵线搭桥之力。

叶先生所涉及的学术领域是多方面的，尤其在研读了他的几本著作，以及我收集到有关他的一些剪报之后，感受就更为深刻。他的主业是德国文学，叶先生在回忆中学生活时就说过，中学英语老师的讲课使他"对英语产生了浓厚的兴趣，一连当了五年的英语'课代表'，并终身都跟外语结下了缘分"。但叶先生没有讲为什么在大学选了德语专业，我想这也许和北大校长、40 岁后才去德国留学的蔡元培，以及后来他参照德国洪堡大学来改造北京大学所形成的氛围有关，加上当时西语系的第一任主任冯至先生学贯中西，对中国古典文学、德国文学、哲学都有显著的成就，他的《论歌德》一书的写作过程前后持续 40 年，可见其治学之严谨，这些都深深地影响了叶先生。除此之外，他还涉及了音乐、戏剧、建筑、美术等诸多领域，这缘于他自己的兴趣。他说过自己有"铁嗓子"，在中学、大学、工作后都参加过合唱团，并担任独唱的角色；他在大学和赵萝蕤教授的交往，使他对交响乐和钢琴曲都有了进一步的理解，尤其是贝多芬的耳疾引发的失聪和置之死地而后生的经历，成为他的精神向导；对戏剧的兴趣则源于农村的"大班"演出，叶先生曾担任农村剧团的编剧和导演，还曾去业余越剧团教唱新唱腔。这些爱好在翻译活动中得到"复活"。

随着改革开放，他走出国门，更加深了他对建筑物和艺术作品的爱好和重视。

所有这些追求，在开始出于天性，"后来则基于一种认知，在寻求缪斯众姐妹的激情中从多方面刺激自己的审美灵犀，使之带着多种美的体验一起向美学的境界升华，最后向我的专业集中。"归根到底，"视觉的、听觉的、感觉的、想象的……无不牵连着我的灵犀。无论它们化身为文学、戏剧、音乐、舞蹈，还是美术、建筑、摄影，虽面貌各不相同，彼此性情却那么相近，仿佛是同一个大家族里的兄弟姐妹，其共同的'血缘'——美学维系着彼此之间的融洽关系。""在各艺术门类间经常'客串'的结果，发现文学和各门艺术在现代意义上精神是相通的，也训练了我的审美思维。"也就是说叶先生一直致力于通过多学科、多专业、多角度的分析和整合，建立起一个较为完整综合的美学体系。这是一个十分有益和大胆的探索。曾有许多学者尝试在一两个领域进行研究，而像叶先生这样在多学科、多专业中有理论、有实践、有分析、有综合的工作是具有极高学术价值的，值得我们对此进一步地研究和总结。看来对叶先生的学术成果的认识还有很多工作要做。

另外我也注意到了，除本人的天性和兴趣，以及从事本专业工作的特点之外，叶先生还通过大历史观的建立，通过对各艺术门类发展的历史过程的分析与整合来审视其美学研究成果。叶先生曾说："现代信息将我的视线引向 19 世纪 80 年代这一重要时段。在这里我看到了法国象征主义的诗人们通过《宣言》于 1886 年打响了向现代主义进军的发令枪；看到了以法国塞尚、凡·高、高更等'后印象派'的同仁们也于 1886 年举办不同于马奈、莫奈等印象派的画展，开始了美术界的现代主义运动；看到此前两年，即 1884 年，建筑界的艺术家们在布鲁塞尔举行了'新艺术运动'，标志着建筑界的现代主义也开始起跑；比这晚三年，即 1887 年，以安托万为代表的法国'自由剧场'诞生，从而敲响了欧洲戏剧朝现代主义方向革新的开台锣鼓——这些事件在同一时间的不谋而合，标志着欧洲人的审美意识在 19 世纪 80 年代发生了瀑布式的跨越。"

他是从历史的角度来分析一种思潮或趋向的兴起、形成、发展、传播与接受过程，包括研究其美学价值、功能价值、精神价值，研究它们与社会的互动关系。"从这些作家的个别性特点去捕捉它们在现代艺术语境中的普遍性归属。反过来我又从各门艺术的普遍联系中反观它们在各类艺术作品中的表现，形成一种普遍性与特殊性的互动。"叶先生从这种历史自觉、文化自觉的出发点来进行他的学

叶廷芳先生（2013 年）　叶廷芳先生（2014 年）　　　叶廷芳先生（2010 年）

术探索，这正是他的研究活动的难能可贵之处，也是其意义所在。

从叶先生的《卡夫卡及其他：叶廷芳德语文学散论》一书中，可以大致了解他在德语文学研究中的主要方向。对卡夫卡的介绍与研究是其中的重点。弗朗茨·卡夫卡（1883—1923）被称为 20 世纪最有影响力的作家之一，或被称为 20 世纪最著名的"文学标签"。1972 年，叶先生和何其芳先生在一家书店初次见到东德出版社的卡夫卡的著作，叶先生问何先生应如何看待，何其芳回答："先抛开立场，从文本出发。"于是叶先生开始了对卡夫卡的研究。当时人们曾对卡夫卡冠以"颓废派"的帽子，所以叶先生最早在 1979 年发表《卡卡和他的作品》时，这是国内第一篇比较全面系统介绍卡夫卡的文章，他还不敢署自己的真名，但很快在中国引起热烈反响且经久不衰。有评论家分析原因，首先是卡夫卡生前十分钦慕中国传统文化，同时对此有自己独特的理解，并反映在他的文学创作之中；另外作为一个犹太人，犹太文化的生活理性和中国传统文化的实践理性，二者之间有一种天然的亲和力，和中国作家有一种精神上的契合。而对叶先生来说，卡夫卡小说中的主人公因病变改变了在家庭和社会上的地位，与他幼时因伤残成为家庭的"多余人"和社会弃儿产生命运上的"共振"，使他改变了研究重点。虽然在介绍引进的过程中有一些曲折，但卡夫卡作品中的先知先觉还是引起了中国作家以及各行各业读者的关注。叶先生回忆，在研究卡夫卡的过程中，在激烈的争论中如何正确加以评价，他还受到了现代建筑运动发展的启发和支持。他说："后来我得知建筑领域也有现代主义，而作为现代主义建筑运动起点的'新艺术运动'就发生在象征主义宣言的前两年，还得知作为现代建筑奠基者的包豪斯正是表现主义运动的产物。这下我的胆子壮了，为现代主义辩护的信心足了……值得深思的是，这种现代型的建筑自诞生之日起，就如雨后春笋，很快在世界范围内发展起来，说明它是应运而生的。"所以后来他一直锲而不舍地从事卡夫卡的研究，先后翻译、主编了有关资料三十多部，主编了《卡夫卡全集》，成为此领域研究的第一人。

但可惜我对先生的这些成果一直领会不深。虽然看到许多人言必提及卡夫卡，自己也曾去过布拉格城的卡夫卡故居，看到那么多人挤在那里拍照，始终不得其解。这也缘于我虽然在中学、大学时也看过歌德的《浮士德》，除觉得插图很有趣外，内容一点也没有看懂。也看过《少年维特之烦恼》，但看过之后也不觉得像有些评论介绍的少男少女要为此"自杀"。比如托马斯·曼也很有名气，但很长一段时间也未见有作品翻译过来，加上后来视外国文学为畏途，看起来太费力，所以对外国文学作品始终提不起兴趣，所以也辜负了叶先生苦心介绍的一番好意。

同样叶先生在戏剧方面对布莱希特和迪伦马特的介绍也是居功至伟，但我还是不得其门。在表演体系上人们都知道有斯坦尼斯拉夫斯基体系、布莱希特体系和梅兰芳体系。斯氏体系为体验派，布氏体系为表现派，梅氏体系为写意派（虽然也有人对梅氏体系的理论支撑提出过怀疑）。布莱希特（1898—1956），德国戏剧家与诗人，他提出了一种全新的戏剧表演方式，也称为"间离方法"，通过作者的加工形式，把平常的事件以非平常的状态表现出来，造成表演外在和观众产生陌生感，从而引起观众的反思，成为现代戏剧发展的新方向。叶先生认为这是布氏把马克思主义的认识论用于艺术实践的产物，这是他的戏剧理论的核心。同时叶先生还介绍过瑞士戏剧家迪伦马特（1921—1990），介绍他提出的"任何艺术（包括戏剧）都是一种美学的虚构"，"戏剧是一种创造出来的世界，它反映不了现实"。在中国，据说焦菊隐是斯氏体系的代表，黄佐临就是布氏体系的代表，北京人艺也进行过相关的研究。也因为如此，叶先生结交了许多戏剧界的朋友，也写了许多戏剧的评论。对我来说，如对这种体系手法有所了解，需要深入的体验，可惜我们的机会不多。只有一次 2005 年在海淀剧院看北京舞蹈学院演出现代舞剧《梦红楼》，在说明中特别强调该剧"一反斯坦尼的体验体系，而应用布莱希特的间离效果，给观众以冲击和刺激"，可能我悟性太差，所以看后并没有留下太深的印象。

就拿我们所从事的建筑事业来说，叶先生在这一领域的耕耘，真让我们从事这一工作的人们汗颜，他所发表的建筑方面的论文，一点不比专业人士少，在对各国建筑和建筑师的介绍中，他还专门介绍过国内建筑界人士陈志华、谢辰生和罗哲文等，研究内容涉及国家大剧院设计的评论、对古城保护和圆明园遗址的争论等。2006年9月，他就曾在《光明日报》上用两整版的篇幅发表过长文《对中国传统建筑的文化反思及展望》，他从"纵向承袭的惯性思维""技术传授方式的落后性""忽视建筑的艺术属性""皇家建筑的无上威严造成国民心理的压抑性与窒息性""'墙文化'的强大及其负面效应""继承传统的误区"几个段落进行了反思，从而提出了建筑经过两次美学革命后所形成的现代共识：

1. 建筑是一门艺术，而艺术是需要想象的；

2. 美是流动的，任何一种美的形态其能量是随着时间而消耗的；

3. 艺术的发展是无限的，艺术的方法也是无穷的，因此艺术创作（自然包括建筑设计）已经合乎逻辑地由一元走向了多元，并且形成互相并存的格局；

4. 美是不可重复的，因为原创性的东西是无法复制的；

5. 现代艺术家都把创新视为艺术的生命，并认为创新需要大量的实验和付出，换句话说，想要诞生一件成功作品，就必须容忍上百件作品的出现；

6. 建筑作为审美的客体，人人都有权利欣赏和评论；

7. 自从后现代兴起以来，人文追求成为建筑的新的价值衡量尺度。

总的来说，叶先生对于我国建筑创作的现状是不满意的，认为"新中国成立以来，我们在建筑观念上是比较拘谨的"。所以解决办法是应该与国际接轨，实行国际招标或由外国建筑师担任设计。叶先生的心情可以理解，前面的七条共识也多单纯从审美的角度提出，他也希望："中国人的智慧不亚于世界上任何民族，建筑方面也不缺乏杰出的人才。只是由于上述负面文化心理的积淀，阻碍了创作思维的活跃。一旦走出这一文化氛围，就能成气候。"但业内人士可能会有各种不同的感受，因为建筑这一产品，与文学艺术中的其他门类有所不同，它是物质产品也是精神产品，它在建造过程中要满足政治、经济、技术、社会、审美等各方面的需求，是多种因素平衡、博弈的结果，而且建筑物建成之后将会存在许多年，因此在处理上也应更加慎重，不像艺术作品那样自由而不受限。

在国家大剧院的建设过程中，叶先生也是十分活跃的，并为此写了好几篇文章，他对目前所采用的方案表示支持。在大剧院建设过程中，我对实施方案的反对意见他也是十分了解的，我们采取的是"和而不同，违而不犯"的态度，彼此并没有就此交换过意见。就像叶先生所讲："当今的艺术由于失去了统一的美学规范，而给评判带来了难题，往往不得不根据仁者见仁、智者见智的原则行事。"叶先生为此曾写过一篇《不谐和中的大谐和》，也说中了问题之所在，不过他是从正面去加以理解，而我更多从反面进行解读，正如某位领导所讲："方案是不错，但是放在这里并不合适。"尤其是北京最近筹备中轴线的申遗工作，在对中轴线及其周边的新老建筑进行审视的过程中，这种"不和谐"的感觉就显得更加明显了。

我注意到一个有趣的现象：一些与德国有关的人士对建筑很关心。歌德自不用说，留学德国的朱偰先生是学经济的，但对南京古迹的保护做了很大贡献，叶先生的同学赵鑫珊也是德文专业的，专门写了《建筑是首哲理诗》的上下册专著。

作为社会活动家和全国政协委员，叶先生就重大事件发声、呼吁，对于计划生育的意见、对重建圆明园的意见、如何保护古村落、农民子弟上学等问题，只要有利于国家发展和社会进步，他都利用一切机会大声疾呼，坚持己见。这里就不详述了。

2016年9月18日，为庆祝叶廷芳先生80大寿在经贸大学举办了一次集会，当时叶先生可能是病后初愈，精神并不是特别好。但集会吸引了各界人士的广泛参与，包括文学艺术界的王蒙夫妇、周国平夫妇、关牧村夫妇、姜嘉锵夫妇、张抗抗，戏剧界的达士行、美术界的罗雪村，有叶先生的同事，其中有我老伴的高中同班同学、德语专家宁瑛女士，还有叶先生各界许多朋友。大家纷纷讲话，对叶先生一生耕耘的成就，治学的方法和思想，为人和处事等发表感言，有人唱歌，有人献字，我也应邀作为建筑界的人士发了言，还赠送了我为叶先生所拍摄的一幅肖像作为小礼物。叶先生也在最后讲了话，除了对到会的各位老友表示欢迎，特别强调大家在讲话中所提到的许多优点并不完全是属于自己的。对于个人，他也主张在批判的同时也要批判自己，最后还讲了他对于友情的态度和看法。集会在18:00左右结束，会后还有酒会，我因有事就和先生告别先离开了。

叶廷芳先生在 80 大寿会上（2016 年 9 月 18 日）　　叶廷芳赠予作者的作品集

　　回想和叶廷芳先生近 30 年的交往，可说是"君子之交淡如水"，我们互赠自己的研究成果，在电话中问候交流。先生后来皮肤癌、膀胱癌、结肠癌缠身，2020 年初还犯过一次心肌梗死，进了 ICU 抢救，当时是特殊时期，我也没有去他家探望过。在 2020 年底，我们互加了微信，这样联络和交流就更方便些。当天他就告诉我："不能外出，但坐着写点东西还是可以的，每天 4 个小时，安心休息两年，相信还是可以恢复许多的。"接着他也关心年事已高的张钦楠先生，因为张先生给他寄了书，他因看不清地址而无法回信，所以来询问我张先生的地址。后来我们在微信中也无所不谈，包括国际关系尤其是中美关系、时政消息及彼此感兴趣的内容。在这个过程中我也感到叶先生的记忆不如从前，因为有几次他将同一条信息重复发给我。先生给我最后一次发微信是在 2021 年 7 月 1 日，几周之后，就得知了先生不幸离世的消息。

　　叶廷芳先生作为著名"跨界学者"，在学术生涯中具备了宽阔的视野和完整的知识体系，他的研究内容涉及文学、哲学、美学、建筑学、心理学、社会学、城市学、人类学、民俗学等领域。他自称翻译家应该是个"泡菜坛子"，通过各专业各门类的探索，最后建立了现代世界眼光和审美意识。他靠仅有的一只手为我们留下了宝贵的文化遗产和学术成果。

---

注：本文首发于微信公众号"慧智观察"，2022 年 11 月 20 日。

# 胡越的设计之路

北京市建筑设计研究院有限公司（简称"北京院"）的胡越总建筑师最近准备把他和他的工作室几十年来的设计成果结集出版，实际上这是对他在北京院工作和服务过程的一次重要的梳理和总结。

胡越总在北京院的几十年工作是一段骄人的历史。他于1986年22岁时毕业于北京建筑工程学院，到北京

胡越（2012 年）

院工作后被分配到第一设计室。随即参加了由三个设计室人员组成的亚运会体育中心设计组。胡越于1999年35岁时成为第二设计所的主任建筑师，2003年39岁时成为北京院的院总建筑师，并成立了以自己名字命名的工作室，出任工作室主任，2006年42岁时被评为全国工程勘察设计大师，是当时最年轻的一位设计大师。

同时在这一年他的工作室开始独立运营。2011年他47岁时获清华大学工学博士学位。此外，他还获得过全国五一劳动奖章、北京市突出贡献专家、新世纪百千万人才工程市级人选，光华腾龙奖中国设计业十大杰出青年，当代百名建筑师，享受国务院政府特殊津贴等荣誉。2022年，他获得第11届梁思成建筑奖。本文将根据我对他的了解尝试对他的设计之路加以解读。

胡越到亚运会体育中心设计组时，奥体中心的总图规划已基本确定，两馆的屋顶设计方向也已定为坡屋顶形式，但始终没有定下最后方案。他刚来时还是个怯生生的小青年，中等身材，平时寡言少语（也可能是刚来之故），也不像设计

胡越在亚运会工地（1990年）　　　　　　　　　　　　胡越在梁思成奖颁奖典礼上获
　　　　　　　　　　　　　　　　　　　　　　　　　　　奖发言（2023年）

组有些年轻人那样聪明机灵。关于他在设计组的情况，胡越本人没有详细提及，我有责任讲得详细一点。后来他和张工两人分别酝酿一个新的立面方案，张工设计的方案是单柱拉索的坡屋面，胡越设计的方案是双柱拉索坡屋面，但他在单坡屋面上又叠加了一层，使坡屋面的造型更有变化。

　　两个方案都很有表现力，但最后从施工、安全、经济等各方面因素考虑，经院内老专家的审定，最后选定了胡越提出的屋顶方案，并顺利通过各级领导的审批，即形成了现在奥体中心两馆的形象。后来他还参加过游泳馆的具体设计工作。1989年体育中心总图组的郑风雷去美国了，胡越就参加了总图组的许多具体设计工作。总图的实际工作量很大，但前后始终只有一两个人负责。当年总图共有195张，胡越是有力的助手。第一个任务就是体育中心用地东南角的体育博物馆和武术研究院的方案设计工作，他拿出的方案还是很有想法的，尤其在武术研究院和中国传统武术的结合上想了许多办法，可惜这两馆的任务很快被国家体委拿去委托他人设计了。后来在环境设计的许多小品设计中，胡越解决了不少难题。一个是在停车场与高架平台之间的大台阶上，我们要设计一个与残疾人轮椅坡道结合在一起的台阶，当时国内还从未有过此类做法。我找了一张国外的相关设计照片做参考，他最后完成了施工图。因为国内过去从未施工过这类项目，所以施工单位在放线支模时还是动了不少脑筋。另外就是在环境设计中与雕塑家们的合作。在指挥部的关心下，体育中心内安放了二十多组雕塑，大部分公共雕塑的放置需要与建筑师的设计紧密配合。如《七星聚会》表现的是古代中国象棋棋谱中一个有名的残局，雕塑家按棋谱设计了七尊雕塑，在游泳馆西侧的用地上要设置一个绿化和铺地相结合的大棋盘，因为可以让人们从地面和高处以不同的角度观赏，所以建成后效果很好。另一个是雕塑家创作的抽象雕塑《源》，要在游泳馆东南的一个 15 米 ×70 米的下沉庭园中，雕塑家创作了不同形状的石雕，根据这些石雕的位置，建筑师在广场中设计了一条曲折的"枯山水"式的河流，从而完成了环境与雕塑的结合，这在当时国内的室外大型公共艺术创作中都是具有开拓示范意义的。后来还由胡越执笔，共同策划了一件雕塑装置。那是哈尔滨工业大学赠送的一个表现他们爆炸成型工艺的钢球，由胡越设计，把这个爆炸成型的大钢球一剖为二，通过建筑处理和雕塑家外部色彩的设计，最后形成了一个十分醒目的造型，起名叫"果实"，只是可惜原设计中半球内有灯光，后来因造价问题没有实现。还有一个遗憾，在两馆中间，胡越设计了一个造型十分前卫的构筑物

国家奥体中心无障碍设施中的台阶与坡道实景

国家奥体中心雕塑《源》

国家领导题写的"国家奥林匹克体育中心"

雕塑《果实》

灯塔，高架平台为此特地留了一个开口，并已做好了灯塔的基础，最后也因造价压缩而没有实现，以至于我在许多文章中都要把胡越构思的造型图发表出来，做一个小小的补偿。在施工后期，邓小平同志为体育中心题写了名称，由胡越在东入口处专门设计了放置题字的用铜板材料制成的曲面卧碑，只可惜因工期限制，碑面的表面质感处理不是那么理想。环境设计的内容还很多，包括游泳馆南面的地面分格，馆东的大地雕塑等，因为都涉及艺术处理，其实难度还是挺大的，但胡越都一一化解。除总图外，在亚运会工程后期，大部分施工图纸完成以后，我们还接受了一些工程的方案设计，如北京西客站方案、武汉天河机场方案等，胡越也都参加了，尤其是在西客站南广场设计中，胡越也着实发挥了一番。亚运工程竣工以后，四所的同志继续工作，胡越就回二所工作了。

筹备亚运工程时，因工作繁忙，我也忙于内外应付，所以和胡越的交流并不多。当时我们的设计办公室有大房间和一个小房间，郑风雷原来在小房间里面工作，去了美国以后，胡越就一个人在小房间里面待着。

后来才知道，他那一阶段也很苦闷，因为那时正是"出国潮"，亚运小组早期的成员郑风雷、张工、费菁、苏娜等都陆续出国深造了，与他同时来院的建工学院校友也走了不少。胡越后来回忆："那时候国内大城市和发达国家相比，差距还很大，大家都没什么钱。那时出国还要有国外的亲属做担保，没门路的人也被搞得心神不定。我家里没有任何海外关系，而我的朋友纷纷走出国门，那时我真有些慌了。"我还真不知道他躲在小屋里背了一年英文，还看了不少英文原文杂志充实自己。

原以为胡越是个木讷的人，后来才发觉他在熟悉的年轻人当中还是十分活跃的，尤其喜爱音乐和歌唱。记得有一年节日联欢，他们所的年轻人在台上合唱了罗大佑的歌曲《明天会更好》，歌唱的水平、热烈的气氛让我十分感动。胡越弹着吉他，还是其中的主唱之一，真让我刮目相看。但可能因为他的朋友都出国了，后来我再也没见到过那种气氛的演出了。胡越的吉他也扔在了我的办公室里，几次搬家我都舍不得丢掉，一直保存到今天，也已经30多年了。

因为同时代的不少人出国或下海了，胡越回所以后就成了年轻人中的"老同志"。回所以后，我曾过问过他们厦门会展中心和秦皇岛体育馆的方案，前者未中标，后者后来获奖，胡越还在获奖证书上把我放在第一位，其实我也没做什么工作。1995 年，他通过院内方案竞赛获得了北京国际金融大厦的设计任务。纵然这个工程有院总何玉如的支持，有老同志把关，人们还是通过这个工程认识了胡越。31 岁的年轻建筑师能承担北京长安街上的建筑设计任务，人们当时对建筑的期望值很高，其面对的压力和挑战可想而知，这是设计的难点之一。其次是随着改革开放，国外建筑师进入中国的建筑市场，北京成为他们关注的焦点，从旅馆建筑开始，进而扩展到其他建筑类型。长安街金融大厦的斜对面就是从1992 年开始建设的中国工商银行的总部，由美国 SOM 事务所设计，这种"对台戏"般的情形是难点之二。加上长安街地段规划条件十分严格，尤其是 45 米的限高，立面中轴对称、上下三段、左右五段的处理手法定式，正是考验建筑师如何在严苛的限制条件下，通过体型、虚实、材料、色彩的处理和技巧，取得其最理想的解决方案。

国际金融大厦的设计是胡越设计生涯中的重要转折点，由于参与了工程从方案、施工、验收的全过程，他也在掌控重大公共工程项目的过程中，在众多的挑战中逐步建立了自信，并开始了对于建筑设计的思考和感悟。其设计过程不详述，只需要列举他在这项工程中所获得的一系列奖项，便足以作为其卓越成就的有力证明。大厦先后获得了 1995 年北京市公共建筑汇报展十佳项目，2000 年北京市优秀设计一等奖、建设部级优秀设计一等奖、国家级工程金奖，2002 年国家科技创新工程奖，2009 年中国建筑学会新中国 60 年创作大奖等众多奖项。人们也从这个工程中更多地了解了胡越。这个工程建成后，也对于后来两侧由外方设计的凯晨大厦和远洋大厦形成了新的压力和挑战。另外从这个工程也可以看出胡越对于细节大样做法的重视，才有了门厅等处的全新的构造处理。这也让我想

国际金融大厦

起了"失之东隅,得之桑榆"的老话。虽然他在出国大潮中没有得到机会,但是在首都的建设热潮中,却得到了充分发挥展示的舞台,可以大展身手。我也想起郑风雷,在她出国前我们曾谈过一次,她是建筑感极强、很有才华、潜力很大的年轻建筑师,我劝她:"你已经做过了亚运会这样大规模的工程,以后的机会肯定会比这个更好。"但她因为有家庭团聚的实际需求,所以失去了在国内发挥的好机会。当然胡越也没有放过去美国和欧洲的游学机会,同样有自己的收获。此后,胡越晋升为高级建筑师、主任工程师,2003 年成为院总建筑师,并成立了胡越工作室。这是他设计工作的重要提升,从此有了配合默契的团队。在工作室成立之时他就把"设计高质量的精品"作为团队的战略目标,其创新"必须立足于解决问题,而不是制造问题","简单的形式翻新不是我们的目标"。从一开始,胡越就给自己定下了高的起点,从"设计感动自己的建筑"进一步过渡到"感动人的建筑"。但是胡越也没有想到,在他信心满满开始工作室的运营之后,却遇上了可能是他设计生涯中最大也是最困难的一次挑战,那就是 2008 年奥运会五棵松体育中心的设计。

地处北京西郊的五棵松是北京市总体规划中,在四个方向预留的体育用地中,最后建设的一块。在申办 2000 年奥运会时,就作为 21 世纪体育中心做过设计,在 2008 年的奥运会场馆计划中,它是篮球比赛的主赛场。在那一阶段,有关主管部门特别强调国际招标,想依靠国际"大腕"设计来为奥运"提气",但很快又发现许多做法并不符合奥运精神和奥运发展,要"节俭办奥运",于是出现了一些项目的"瘦身",要从"安全、质量、工期、功能和成本"的角度进行论证。

有的项目基本上是推翻重做,如国家体育馆和五棵松体育馆,都是先选中了外方的方案,但最后仍由北京院的建筑师改造成更适合我国"节俭办奥运"的方案。

五棵松体育中心篮球馆是在 2002 年 5 月国际招标,在多个国内外方案中,先评出两个二等

五棵松篮球馆内景

奖，最后在 8 月 30 日确定瑞士的"Burckhard + Partner AG"的方案中标。

这个公司有员工 164 人，在世界建筑五百强中排名 109，在西欧排名第 8。2003 年 8 月他们拿出了最后方案，其理念为"新型的大众传播"。建筑物为130 米 ×130 米的正方形，总高度 45 米（西郊机场限高要求），总建筑面积为10.6 万平方米，下部篮球馆主入口标高为 –9.50 米，比赛场地标高 –16.16 米，上部为商业开发共六层，主入口标高为 +12.0 米，外立面为四面 120 米 ×45 米 的大显示屏，馆南侧有一个可容 8 万人的 445 米 ×260 米 的坡形下沉式广场。主体屋顶上设置了 12 个双曲抛物面的采光口，这些大胆的设想都成为该方案的主要特点，总造价为 2.6 亿美元。经顾问咨询 HOK 公司和国内专家审查后，由胡越工作室提出了调整方案。

胡越回忆，他们原来是瑞士公司的中方合作伙伴，但是业主单位海淀区政府又要求他们代表业主方向瑞士公司提出关键性的修改意见，这等于是对他们方案的基本否定，因此瑞士设计公司总经理拍案而起，愤怒地离开了会议室。胡越说这一下他们被置于十分尴尬的境地，既要平衡双方的利益，又难免两头都不讨好，当然最后还是要维护中方业主的利益。这样在 2004 年底，北京院的胡越创作团队反客为主，变成了设计主体，瑞士公司则变成了业主邀请的顾问。他们对于原方案的改动极不满意，但业主坚持要"技术可行、节省造价"，在 2004 年经过初步设计和优化审查，按胡越的说法，初设时对原方案的改动约为 40%，而优化后的改动量差不多就是 98%。除外轮廓 130 米 ×130 米的正方形没有变化外，已经完全是另外一个方案了。瑞士方知道这些情况后，再也没有和业主单位联系过，而胡越他们也正好可以名正言顺地，按业主的要求，用自己的思考和技巧来处理这一方案了，五棵松篮球馆里里外外变成了北京院建筑师的原创。

最后的实施方案取消了上面的商业开发项目，从原始的商业体育综合体变成了一个纯粹的体育馆，高度从 45 米降到了 27 米，建筑面积压缩到了 6.3 万平方米。

按照国际篮联的要求，对原设计的修改包括使主入口与室外地面在同一标高，外立面采用"金色外表，像水波纹一样的处理"。2005 年 3 月开工，2006 年 9月项目法人又有变更，到 2007 年 4 月土建工程已基本完工时，业主方又引进了美国 NBA，准备在赛后将这里打造成为符合美国 NBA 比赛标准的顶级多功能篮球馆。这时胡越团队又面临着新一轮的修改，在内部功能、流程，运动员、教练员所需设施，商业服务设施等内容进行较大改造，好在土建已经完工，大框架不能再变了。

五棵松篮球馆的设计过程可谓一波三折，戏剧性地大起大落，也是一般建筑师很难遇到的挑战。2008年奥运会篮球比赛期间，全球10亿人观看了中国队与美国梦之队的比赛，让五棵松篮球馆更多地为公众所知。此后工程也先后获奥运工程优秀设计奖、市优秀设计一等奖、国家设计金质奖、新中国成立60周年创作大奖等一系列奖项。

但胡越对此却表示："我很少去正面地讲它，只是作为经验教训去说，这跟我的价值判断有关系。整个设计过程好像坐过山车，大起大落，完全颠覆了一个普通人对事情的想象，会让我有特别大的挫折感。"这个工程"会引起一些不愉快的回忆"。但实际上这些挫折从另一方面让胡越更加成熟，迫使他对建筑师的职业有了更深的理解，也促使他去考虑一些更深层次的东西。胡越是个爱思考的人，越是大起大落就更需要深入的思考和追问，需要哲学层面的思考。所以他也承认："经过这五年的风风雨雨，我失去了一些东西，但也得到了许多鲜活的经验。这也许就是建筑设计给我带来的最宝贵的人生感悟。"我因为参加过院内外多次有关五棵松体育中心的评论会，所以对胡越所遇到的各种困难有一点了解。建筑设计是建筑师所从事的一项极具创造性的实践活动，在创造人们所需要的生活空间和环境时，会遇到各种各样的困难，其中包括技术、利益分配、人际关系等种种矛盾，需要经过复杂的整合和集成过程，需要在价值观层面的重要判断。所以人们常说一个工程的设计和完成过程，也是建筑师由一个理想主义者转变为现实主义者的过程。当然这种现实有时是必须适应的，有些也是无可奈何的。所以胡越深刻感受到："建筑师过分强调自己内心的表达和感受结果是很惨的。"

之所以会出现挫折感，我想也可能是因为最终的结果与他预先的判断与期望有较大的落差。他们最早接受的任务是负责50公顷建设用地的总图设计，从整个设计过程看，胡越是有所准备的，想在整个设计流程上进行一次结构上的革新。

其中几点我很感兴趣，一是取样和调研，对九个地点、137个人员聚集点进行了三个月的连续调查，每天早中晚三次，这基本是属于行为心理学范畴的一次调研。然后在对原始数据分类整理后，编辑了一个软件程序，在用地上展开设计，将几个子项分别设计之后加以叠加，完成最后的方案。当然我从这里看到了当年他在奥体中心环境设计和北京西客站南广场设计的影子，那个时候还是很不系统、很不自觉、很不主动的，但到五棵松篮球馆的设计时已经十分系统化、结构化、功能化、效率化了，上升到设计方法论的层面上了。除广场以外，在承担体育馆设计时，我相信胡越也是有所考虑的，想在设计流程的方法论上有所探索。但实际操作与他的预期相差甚远，这也是他很不满意的地方。

设计方法和设计流程的变革是胡越一直在思考和研究的课题，所以他在之后的博士论文中系统地进行了阐述和分析，这不仅是他在长期的建筑设计工作中，对宏观和理论上的一次系统化提炼，也是他在设计方法论领域的一次有益探索。严格来讲，在工作十分繁忙的设计单位中，职业建筑师能够对那些具有相当研究难度的挑战性新课题进行理论上的系统探讨，这在我的印象中是不多见的。

胡越的研究成果最后以 40 万字的专著《建筑设计流程的转变》出版，其副书名是"建筑方案设计方法变革的研究"。他整理了在国际设计流程上所提出过的各种方案之后，在美国著名的系统工程教授、现代设计方法运动的先驱阿西曼所提出的流程系统的基础上进行了改造和发展，作者称之为"转译"。一般学者的设计流程都表现为纵向结构，而阿西曼是纵横结构的结合，胡越在转译过程中，又进一步完善和充实了其层级结构。在研究过程中，胡越分析了当代建筑设计中一些建筑家的实例，诸如埃森曼、盖里、亚历山大、哈普林、林恩、道格利斯等人的设计案例，这些建筑师或是重要的理论家，或是注重方法创新，或风格独特，或进行了"数字建筑"的实践。在此基础上，他也利用自己在杭州奥体中心体育馆和游泳馆，以及五棵松体育中心总图设计案例上的实验，最后提出了自己的分析结论和比较客观的看法。"全面修改设计方法的尝试仍然存在，但大多数时设计方法的转变都在比较低的层级上运作。""在内部作业中，传统的凭直觉的方法不能很好地解决大部分工程学问题。""建筑设计转变的两种方式即方法驱动和设计驱动，但方法驱动的设计变革在高层级中基本不会成功。设计驱动式的设计变革则是设计变革的主流。""艺术化的，由精英进行的少量定制设计加上大量的、由机器进行的自动设计，是建筑未来发展的一个可能的方向。"

这是建筑师在创作中所遇到的一个复杂问题。长期以来建筑创作被看作以建筑师的思维活动为主。这种思维活动要凭经验、知识，通过质疑、判断、选择和论证，得出最后结论，是一种模糊的思维方式，有着因人而异的主观随意性。而系统工程在设计全过程中的运用，可以通过科学的探索和方法，发掘各部分、各流程之间的关系和规律。

当然这里不是排斥传统的方法，而是理论与感性更好地结合。我在1988年介绍建筑设计与全面质量管理（TQC）及在2001年讨论建筑设计中的决策和选择这个关键环节时，深深感到，虽然我们在设计方法和流程上采取了众多理性的、逻辑性很强的条理关系，但是直觉的经验和判断仍是一个"黑箱"。胡越作为一个职业建筑师，在这一设计的关键环节上，花费了如此多的精力进行研究，尤其在设计流程上将控制重点放在任务书上，提出独特的问题并制定设计要点，以解决我们所遇到的不确定性，这是十分难得的。对于他此后的建筑设计，如何进入更自由的领域是大有帮助的。科学的理论分析与现实社会中各种关系的巧妙结合是执业建筑师最重要的智慧之一。这个问题涉及的范围太大，只能简单地加以评述。

读了他的这些论文就能更好地理解胡越在一些访谈中所提到的观点，如"定制设计的困境""建筑是一种思想方法，建筑是超越语言的一种思想，要解决问题，而不是制造问题"。经过了"复杂"工程的洗礼，经过自己的读书和思考，胡越与其工作室的创作也进入了一个新的境界。例如上海青浦体育馆的改造（2008），上海世博会UBPA办公楼的改造（2010），北京建筑大学学术活动中心（2011），北京国际戏剧中心（2013），昌平未来科技园公园访客中心（2018），北京世界园博会国际馆（2019）等各种类型的项目，他显得更加自信与游刃有余，到2022年冬奥会五棵松体育中心的改造，就基本是技术性的问题了。最近我又看了他在城市副中心未来设计园区的一个旧厂房改造项目，发现他们除没有涉及医疗建筑以外，对其他类型的公共建筑都有所探索、有所前进，正继续努力朝着"既要设计出感动自己而更重要的是能感动别人的建筑"的目标前进。

在胡越几十年的设计活动中，除亚运会的那几年以外，剩下的时间我和他基本是都在忙各自的工作，但通过他的博士论文写作和他发表的一些论文和访谈文

北京园博会国际馆

未来科学城

北京建筑大学新校区服务楼

字，仍可以感到他是一位爱读书、有思想、有追求，不盲从，富有责任感的建筑师。之所以这样评价是缘于他敢于面对问题，敢于直言，既针砭时弊，又剖析自己。以下我摘录几段。

"建筑师是个既劳心又劳力的活儿""不是淘金的行业""挣得不多，辛苦劳作，默默无闻才是这个行业的真实写照"。

"中国现在的建筑被一些媒体和西方的思想裹挟了，建筑圈子里没有看到中国现在建筑发展中面临的主要问题，而更多的是出于个人要适应西方的传媒和社会精英的口味，去迎合他们，去呈现外国希望看到的中国状态，如此你才会赢得国外的认可，而中国实际需要解决的问题并没有得到解决。"

"我们只能跟着别人的屁股后面走，'大师'也就是比一般人跟外国人跟得更紧一些。我觉得建筑师好比沿着金字塔向上爬的人，站在高处的人可以看得到天，可以四面环顾，但爬在下面的人只能看到前面人的屁股或往下看。……我们能做的就是尽量往上爬，以便缩短和塔顶的人的距离。"同时，"发现自己周边独特的问题应该是避免只看到前人'屁股'的一个好方法。"

"作为一个社会人，任何工作都需要有一个本职的责任感，我们都在社会当中为了别人工作，不仅是为了自己的生存，也是向别人提供服务，才能获得自己的收益和别人对我们的尊重。""我觉得现在中国社会正处于道德危机之中，没有思考人们在一起通过什么方式才能更好，更和谐，我讲建筑师的道德责任并不是仅仅指建筑创作时的态度，而是指作为社会人应该有的基本责任，特别是建筑师或艺术家在狂妄时，往往会忘了你首先是一个社会人。"

岁月荏苒，胡越从刚刚进入社会的小青年，在北京院这个大舞台上，经"三十而立，四十而不惑，五十而知天命"，很快就要进入"耳顺"之年，并已成为知名建筑大师和学术带头人。最近他也准备在北京院这个平台之外，还能利用北京建筑大学这个平台进行一些学术上的思考和总结。正如他自己所表示的，"我觉得我一直还在努力，我也希望突破自己过去的'范式'，我有这个想法和野心，但不能靠我一个人干，需要社会环境的允许。"这也正像他所表白的："我主观上想再上一层楼，但也可能在下坡路上了。"作为胡越多年的同事和朋友，我衷心祝愿他能在新时代的新征程中实现他的心愿。

"欲穷千里目，更上一层楼。"

2022 年 11 月 10 日晨 1：40 初稿

修改于 11 月 20 日 3：00 世界杯首场比赛之后

---

注：本文原载于《城市·环境·设计》（UED）第 144 期（2023 年 9 月）。

# 忆"大先生"彭一刚

彭先生在北京座谈会上（2002年10月）　　　彭先生在北京博士论坛休息室（2009年10月）

　　彭先生于2022年10月23日早晨去世，他的助手很快就打电话通知了我。虽然我知道先生近来身体不好，没想到噩耗来得如此之快。我和先生相识40余年，先生对我来说亦师亦友，我自然十分悲痛。在看了许多人缅怀先生的文章之后，我很受感动，先生的人品、学识、处世都有过人之处。悲痛之余，回忆和先生的交往，想起先生在2019年赠我的《学术生涯之外的老有所乐》一书中，他特意题写到："之前人们所见到的只是我的正面，现在转过身来，也见识一下我的侧面和背面。"我也想写一下我所知道的先生其他方面。

　　先从天津大学（简称"天大"）建筑系说起，在和各大学建筑系的关系中，除母校外，我和天大的关系最为密切。除因天津离北京最近以外，还有我和天大的校友联系最多的原因。我刚从日本学习回来，参加建筑界的各项活动时，接触最多的就是布正伟和顾孟潮。在北京市建筑设计研究院，与天大有关的老人，除刘友鎏、刘开济、傅义通、周治良、宋秀标、宋秀桐、曹学文、单倬等前辈以外，同事中的胡松鹤、侯秀兰、陈慧竹、李哲之、孙任先、翁如璧等我都很熟悉。后来的同事和朋友中，天大毕业的就更多了。天大老师中除沈玉麟、荆其敏、张文忠、黄为隽、胡德君等先生之外，我最熟稔的就是彭一刚、聂兰生和邹德侬三位先生了。

作为师长，先生从未当面和我讨论过建筑专业方面的问题，或指点过具体工程。我属于先生的私淑弟子，从先生的著作、论文、作品中学习，尤其认识先生以后，在各种学术场合的报告、讨论、评审中悉心领会，潜移默化，从而受益。我在交往中增加了对于先生的理解和认识，这和先生亲炙弟子的感受是大不相同的。

和许多人一样，我最早了解先生还要从他的《建筑空间组合论》说起。1980年的第一版刚出版，我就赶快购入一本（当时定价3元）。这是一本论述建筑形式基本原理的百科全书，广泛适用于各类读者，所以问世即广受欢迎。不谈文字内容，我先就被文中200多页的手绘图所折服，从这些生动的图示中就可以看出先生的学问和手绘的功力。以至我在后来的研修和工作中，也尝试着按先生的路子，探讨一些不同的表现手法，但因自己能力所限，都不太成功。记得先生在书中还多次提起毛主席纪念堂，尤其在分析纪念堂外檐处理时，先生指出："华板花饰，以葵花为中心环绕的卷草，本身的构图比较完整统一，且具有象征意义，但所处位置较高，而凹凸变化不够，从远处看略感分量不足。"其实在设计工作中，北京院的老院长沈勃曾专门带我们去参观人民大会堂，并特别叮嘱：大会堂檐口下面华板的凹凸设计得不够，希望你们在设计时注意。但我们最后做出的效果仍不理想，被彭先生一眼就发现了。

2008年，《建筑空间组合论》补充了新内容后出了第三版，彭先生特地署名赐赠我一本，成为我的珍藏。近三十年过后，这本书的售价已是55元了。1986年，我购得了先生的《中国古典园林分析》一书，先生提出"用分析的方法来研究传统造园的手法"，首先从方法论上"借助于科学的认识论、辩证唯物论、对遗产做一番新的整理和研究工作"。将造园手法用构图原理的一般法则加以解释，同时"舍照片而取插图"，书中共有106页配以系列手绘插图，较《建筑空间组合论》更为精彩生动。欣赏这些精致的画面真是一种赏心悦目的视觉享受，这也是我对于先生学术成就和手绘功力的最初印象，也感受到了先生"大道至简"的境界。

自1983年从日本研修回国以后，我在前辈的提携下，得以参加中国建筑学会理论和创作委员会的学术活动，还有民间"现代中国建筑创作小组"的活动，与先生相遇的机会多了起来，也有了为先生拍照或合影的机会，从照片的顺序可以回溯与先生的交往历史。现在我能找到的先生的照片中，时间最早的是 1992 年 11 月，中国建筑学会建筑理论委员会在长沙举行学术年会，彭先生和聂先生都参加了。尤其是 11 月 23 日在猛洞河上泛舟时，看到罗小未、关肇邺、彭先生和聂先生等前辈，我们都抢着和他们合影。先生那时 60 岁，装束十分朴素，被我收入镜头。

1994 年 6 月参加福州学术会议时，第一天听了刘开济、彭先生的学术报告，三天后要去武夷山。那里之前刚下过大雨，山洪暴发，我们早上去机场乘坐一架小飞机，通道两侧都只有一排座位，客人上满之后关了机舱门，发动机响了半天也不起飞，最后停了机，过了一会儿，发动了半天，结果又停机，这时机上乘客都面面相觑。后来驶来一辆小汽车，几个人上飞机以后不由分说，就把中间通道的地毯卷了起来，然后打开了一个盖子，下去鼓捣了半天，最后起来要把盖子盖上时又发现一个螺丝找不到了，幸好有一位坐在边上的乘客指着下面洞说："在那个角落里放着呐！"这样才把盖子盖好，铺上地毯，发动机又响了起来，但机上乘客的心情可想而知。最后我们还是平安飞抵武夷山，看到在那儿拍的照片我就不由得想起这段和彭先生一起提心吊胆的经历。还记得那天晚上，第 15 届世界杯足球赛在美国开幕，当天是德国和玻利维亚队的比赛。

彭先生（坐者右四）在武夷山（1994 年 6 月）

彭先生（右一）在深圳（1994年6月）

彭先生（右一）在武夷山庄（1994年6月）

彭先生与作者

　　同年11月，在深圳市由《建筑师》杂志举办了"四合一"学术活动，同时"现代中国建筑创作小组"也举办活动，我又有机会留下了一张与彭先生的合影。

　　1996年8月，杨永生先生在天津润园宾馆召集了一个讨论会，除天津的彭、聂、邹三位先生外，还有香港的潘祖尧，南京的齐康、仲德崑，新疆的王小东，其他参会者都是从北京来的，讨论会的发言以《比较与差距》为题出版了一本小册子。在那次会上，有人为我和彭先生拍了一张照片，这也是我有限的与先生的合影之一。

在后来的一段时间里，我和彭先生见面的机会更多了一些。1998年12月，厦门海关要改造海关大楼的立面，请了彭先生、蔡镇钰总和我三人前去咨询。在彭先生的率领下，咨询的效率奇高，40个立面方案很快集中到7~8种思路，最后又征求了业主单位意见，我们对修改单位提出了具体看法。但后续由于业主方的原因项目没能进行下去，甚是遗憾。

1999年间国家大剧院的方案评审进入高潮，彭先生和我都是专家组的成员。2月2日那天一众领导人到文化部来听取各方案的汇报，彭先生在场。当领导和彭先生握手的那一刻我拍了一张照片，后来专门给先生寄去，十分抱歉的是握手时先生大半是背影，倒是中间的张锦秋院士十分突出，拍得不理想。先生专门回信说："照片已收到，十分感谢！不要客气，还是拍得很好，只是我配合得不够，头再偏过来一点就好了，以后兴许还有机会！"

1999年北京召开世界建筑师大会，3月15日在北京皇冠假日酒店由中国艺术研究院主持召开了一次艺术沙龙，会上刘开济、萧默、王明贤、李先逵等人作了报告。那次沙龙有各界人士参加，彭先生和邹德侬先生专程从天津赶来。会上吴冠中先生也来了，因为邹先生和吴先生十分熟悉，所以彭先生特地让我给他们和吴先生拍了合影，彭先生当时十分高兴。

5月7日召开国家大剧院专家组的一次讨论会，大家对法国设计师提出的方案发表意见，彭先生在回忆录中说："第四次会议改由业主委员会主持。会议一开始就有四位委员对安德鲁的方案持否定态度，我感到这样开下去会形成'一边倒'的倾向，那么，安德鲁的方案就没有戏了。我举手要求发言，颇有一点亢奋

作者与彭先生在天津座谈会（1996年8月）

彭先生与张锦秋（1999年2月）

的激情，历数了该方案的优点和创新精神，当然也指出了问题和不足，没想到的是话音刚落就赢得一片掌声。"这里彭先生的记忆有点误差，实际当时第一个发言的是周干峙院士，彭先生第二个发言，齐康院士第三个发言。那天最后的表决结果是：建筑专业组十一位专家，对法国设计师安德鲁方案的支持和反对意见是5∶5，另外有一位没有表态。这个结果是由我向北京市领导当面汇报的。虽然我和彭先生的意见并不相同，但并没有妨碍我向先生学习和请教。

2002年10月9日，时任建设部副部长的郑一军在北京白石桥腾达大厦举行座谈会（因为部大楼正在装修），参加的除中国建筑设计研究院、北京市院、机械部院外，还有天津的彭先生和周恺，西安的张锦秋，武汉的袁培煌，四川的黎伦芬，上海的邢同和、江欢成等人，会议围绕国企改制和成立名人事务所或工作室的事宜展开讨论，彭先生对此并不是特别热心积极。

2002年10月，建筑师学会在贵阳召开学术会议，彭先生与会并作了学术报告，之后我们还一起参观贵阳的甲秀楼、黄果树、天台山伍龙寺和屯堡，参观途中我又吐又晕，很不舒服，但是彭先生在分手时对刘开济总和我说了一句"急流勇退，贪得有厌"，令我印象深刻。当时我还不太理解，后来看先生在80岁时写道："多年以前我就有跟不上形势的感觉，于是在教学、科研和建筑创作等很多方面都稍稍地向后退缩"，才稍明白一点。先生说之前那两句话时是70岁。

2008年12月，在北京西苑饭店讨论第五届梁思成奖的人选，彭先生出席，我又有机会为他拍了照片。2009年7月中国建筑学会在北京新世纪宾馆举办新中国60年建筑大奖评选活动，全国的院士、大师几乎全部出席，评委共25人，彭先生也参加了这次会议。要从713个项目评中选出300个获奖项目，工作量很大。同年10月，在清华经管学院举行的第二届建筑学博士论坛，开幕式之后彭先生做了学术报告，我也为他拍了照，尤其是休息室中，在白色百合花背景下的那一张照片是自我认为拍摄得最满意的，那年先生77岁。

最后一次见到彭先生是2011年10月14日，那天在天津启元大酒店五楼举行了学术论坛。我到了以后才知道除论坛以外，还有庆祝先生80大寿之意。彭先生说："这下子让我有被祝寿的感觉了。"我当时调侃说："您正好将计就计了。"那天的气氛十分热烈，给人留下很深的印象。我们这一辈人参加的有程泰

彭先生（左一）与吴冠中先生（1999年3月）

彭先生在北京博士论坛（2009年10月）

宁、何镜堂、鲍家声、布正伟、吴国力和我，先生的同事和高足自不待言，另外还有庄惟敏、齐欣、胡越、李兴钢等人参加。会上先生的弟子们奉上了书画、纪念品，场面极为感人。想起先生讲过："无论从理念还是手段两个方面看，年轻人都具有明显优势，未来的创新只能依靠他们。"在每位学生身上，先生都言传身教倾注了他的心血。记得会后，还到建筑系馆观看彭先生手绘作品展。我第一次看到先生的精美手稿原作，也趁机向先生请教了几个技术问题。那天给先生拍了许多照片，但是怎么也不会想到这是和先生的最后一次见面。

除和彭先生在公开场合的见面外，平时我们也还有不少交流。我出版了一些学术著作以及打油诗集，摄影集之类的图书，这些都会向先生奉上求教。我也得到了先生的许多著作赐赠，如《建筑师笔下的人物素描》（2009年1月24日），《往事杂忆》（2013年3月5日），《学术生涯之外的老有所乐》（2019年10月）。

彭先生与弟子们（2011年10月）

彭先生在天津祝寿会上与弟子们（2011年10月）

我们之间也开始有不少信件来往，这次找了半天，只找到1999年到2018年的5封。后来我们经常电话交谈，有时一谈就是半个小时以上。我们的话题较少涉及建筑专业，而是其他感兴趣的内容，由此也可以看出先生的广博学识和爱好。

1998年底在厦门评海关大楼立面时，和先生谈起读书，先生说起有一本李锐先生写的《庐山会议实录》一直买不到。我说我看过此书，李锐原来是毛主席的秘书（时间不长），庐山会议时他在会上作了详细笔记，因此如实记录了会议的情况和每个人的发言。但后来"文革"时笔记本被抄走，归还时唯独少了这本笔记，后来李锐坚持要到陈伯达那儿去找，果然在那儿找到了。听了这些后先生更感兴趣了，我后来又购到了一册，于是马上给先生寄去了。

1999年5月12日，先生在收到我寄的照片后，特地回信。

"正看着莱（莱温斯基）小姐自白，克某（克林顿）真是一个坏小子，不仅乱搞男女关系，还轰炸了我驻南使馆，颇后悔在弹劾他的时候还有过一点同情他的意思，当时设想也许只是一点调情，现在看来要严重得多。"

2000年1月18日收先生来信。

"托德侬所带的大作已收到，当认真拜读。实在佩服您的干劲和效率，看了那么多'闲书'，做了那么多工程还写了那么多文章和著作，再加上还是一个球迷，牺牲睡眠时间看各类球赛，不过年岁日'老'，还得注意休息，望多保重。顺祝龙年好，健康愉快，并取得更大成就。"

那是先生收到了我的《体育建筑论稿——从亚运到奥运》一书后的回信，我充分感受到先生对后辈的鼓励和关心。

2004年2月27日收先生来信。

"来信收悉。《往事并不如烟》已读，不过也跑了几个书店之后才买到。所幸在书店又发现了一本《三生三世》，由美籍华人作家聂华苓所著。记述她在中国和美国的经历，也是一生坎坷。一口气读完《如烟》，引起不少回忆和联想，也是感慨万千！"

那是我向先生推荐的人民文学出版社于2004年1月刚刚出版的章诒和的回忆录，书中回忆了她与史良、储安平、张伯驹、聂绀弩、康同璧、罗隆基的交往，表现了特定时代各种人物的遭遇，引起了先生的兴趣。后来我还向先生介绍过章的著作《伶人往事——写给不看戏的人看》，内容记录了八位京剧名家的生平和回忆，按说先生对京剧十分感兴趣，但未收到先生的反馈。

2005年6月30日（先生信上注5月30日，但邮戳上是6月30日）收到先生来信。

"寄来的《班门弄斧集》续集已收到，原拟尽快通过电话道谢，无奈均接不通，今始以信函表示谢意，迟复为憾，希见谅。贵班实属人才济济，不仅在专业上有所建树，且业余爱好也丰富多彩，书法、篆刻尤为精彩。续集之后还可以展示哪些方面，如音乐、舞蹈、体育竞技……虽不能出书，也可发行音像制品。此非玩笑，近日出游匈牙利、捷克，就有一位贵班校友（女），大展歌喉，使我等大开'耳'界。时值工程院增选院士，未知建筑界有几位能入选？"

《班门弄斧集》是我们大学同班同学在毕业之后，从2003年起陆续出版的诗文、书画、回忆文集，共三册，先生所讲的是第二册书画集，340页的集子中收录了70位同学的书法、绘画、篆刻、剪纸、木刻作品，很荣幸受到彭先生的称赞。至于"大展歌喉"那一位，在我们班并未找到，是先生弄错了，她是比我们低一班的同学。2008年初，收到印有天大纪念学院七十周年的贺卡，除祝新春快乐外，先生还写了"外加诗兴大发，有更多更高雅的作品问世"多予鞭策。

2009年1月先生寄赠了他最新出版的《建筑师笔下的人物素描》，非常荣幸在第38页有我的一幅头像。其实在这之前先生曾专门来信，寄来了画作的仿真件，还有另外两位先生的肖像。后来先生还专门来信说："您的画像不甚成功，没有表现出神采，以后再重画。"从人像作品中可以看出先生的素描功底，这也是我在美术学习中最害怕的一处。此外还有74页是记录着他老伴从青年到晚年的素描头像，更表现出先生夫妇的伉俪情深，令人动容。

2013年3月收到先生赐赠的《往事杂忆》一书，是中国建筑工业出版社在2012年年底出版的，全书28万字。收到书后马上给

彭先生为作者画像（2005年）

先生回信。

"久未问候，昨日收到您寄来的大作，晚饭后即开始细读，一直到夜里三点，才读了一多半，早上又起来读完。我特别爱读这一类书籍，尤其内容是我熟悉或认识的人，读来很有一种亲切感，又在原来的印象中加入了新的感受，当然您的书也是如此。书中的情节，提到的人物都增加了阅读的吸引力。尤其书中对老伴的多处回忆和众多的照片更展现了深刻的情感，令人感动。另外小插图也别致有趣，既见功力，又显得特别活泼。看仔细了，也发现了几处小毛病，想是责编校对不细所致，也一并提给您，再版时可以改过来……文中提到您爱好制作模型，这还是我第一次知道，想来在家中放置模型一定占了不少地方吧！另外提到时间记不准确的事，我也有此感觉，怎么也不如我老伴记得清楚，幸好工作以后还有记工作日记的习惯，我就每年整理一份大事记，查起来就很方便了。还是'好记性不如烂笔头'。顺便奉上打油诗一册供闲时一哂。先简单写上一点，此前半年在美国伺候双胞胎的孙子，春节前才回来，所以节前十分失礼，打油诗聊补节日贺卡和问候了。望多保重。"

《往事杂忆》是先生"怀旧的心情日渐强烈，许多往事总是萦绕在梦乡或心头，而时日有限，再不做一点记述，那就要尘封到了永年，这多少让人有所不甘"。全书由 39 篇文字组成，可以说是了解先生生平最宝贵的自述了。由此我也想起有一次与聂先生通过电话长谈，她说起彭先生的身世特别曲折，早年丧父，1960年母亲查出患上肺癌，仅仅两个月后就去世了，他长年住在单身宿舍里，到 30岁时才经人介绍结了婚，聂先生说"那个时候我的孩子都 7 岁了"。又说唐山地震时他 14 岁的大女儿意外去世，后来老伴又患肝癌，并于 2006 年去世，真是太不幸了，令人唏嘘（聂先生还调侃说是不是因彭先生的名字取得不好所致）。

2017 年 1 月先生收到了我寄去的《长系师友情》一书，很快接到他打来的电话，他对于书中有关人物的细节很感兴趣。那时先生的听力也不太好，考虑到他的老伴已走了十多年，先生岁数也大了，身边最好能有人照顾，于是我斗胆和先生提起了可否再婚的问题，先生并没有完全否定，但说要各方面条件都合适才行。先生还约定如果有机会来京，大家一定要一起好好聊聊。同年 4 月 15 日的下午 3 点，我接到彭先生的电话，一方面他告诉我收到了我寄去的书，同时告诉我他摔了一跤，是从两米高的台子上跌下来，幸好无大碍，住了 8 天的医院。那天先生谈锋甚健，一方面说要经常利用我的书来查某些人的生平履历，同时又对新建的雄安新区谈了自己的看法，最后告诉我，因为跌了一跤，人们不放心，所以现在出门要人陪着了。

2018年8月15日，先生又打来电话长谈，内容十分多样，谈到了梁思成先生和徐中先生在学术上的一些不同看法。我也提起前不久在一本杂志上看到先生谈对梁思成建筑奖的看法，先生说他们刊登时也未征得他的同意，一些观点登出来是不太合适的。我向先生表示，如果有关方面提出这个事情，我会帮您解释的。那天还谈到了建筑师的创作权、著作权如何确认，对中宣部某重点工程评标的看法等等。

2019年1月6日我接到先生电话，谈起我在一本书中提到的北京院老建筑师巫敬桓。巫老在中央大学毕业比徐中先生晚十年，彭先生对巫老的表现图十分感兴趣。4月13日，彭先生来电话主要是问北京张钦楠先生家中的电话号码，我特别提醒因为张老耳背，比彭先生耳背可能更甚，让他打电话时注意。同时也向他推荐了我最近正在读的岳南著的《南渡北归》三卷本。本书由湖南文艺出版社在2011年首版，曾被《亚洲周刊》评为2011年全球华文十大好书之冠，于2015年又出了增订本三卷共计30万字，其书名的副题为"大师过去再无大师"，并在封面上特别注明其为"首部全景再现20世纪中国学术大师群体命运剧烈变迁的史诗巨著，收录大量珍贵史料及亲历者采访资料"。先生听后自然十分感兴趣，我还特地叮嘱他购书时一定要买增订本。

6月15日我和先生又打电话长谈，主要还是谈看了《南渡北归》以后对于书中人物不同遭遇、不同结局的感慨，也谈起了他参加中国民主同盟的前后经过。我还调侃先生，您现在已经是民盟的中央委员了，那和党的中央委员是一个级别了。

2019年11月28日又收到先生来信，内容是收到我奉上的新作《南礼士路62号》以后的反馈。

"大作已收到，十分高兴。因为实在找不到感兴趣的'闲书'，所寄纪实北京院人物的人和事，定能引起我的阅读兴趣。前段时间我倒是看了两本比较有兴趣的书：一本是李希凡的《红楼梦人物论》，另一本是《郭沫若最后的29年》。前者曾受毛主席的好评，红极一时，但蓝翎（中国红楼梦学会秘书长）却名落孙山，不知何故。郭老是名人，但非议也甚多，可以从书中得知一些细节。"

和先生最后一次联系是 2022 年上半年，听先生的弟子讲起先生的身体状况不好，所以赶紧打电话去询问，但先生并没有谈及病情，只是说自己现在很为皮肤瘙痒所困扰。我想起除糖尿病会引起皮肤瘙痒外，某些癌症也会引起瘙痒，如胰腺癌等，但我没有明说，只是隐隐提醒他要注意这方面的检查。那次先生还特别问起刘开济总的情况，我想先生消息也太不灵通了，告诉他刘总已于 2019 年去世。谁知和先生通话后没有两天，我的皮肤也瘙痒起来，赶紧去医院皮肤科检查，医生说是因老年人年纪大了，皮肤干燥所致，自己才放下心来。

彭先生书札

因为时间跨度太长了，所以我和先生交往的回忆很不完整，但在我的印象中，彭先生教书育人，桃李满天下，为我国的建筑事业培养了一批又一批优秀人才；先生潜心著述，著作等身，泽及后人；先生的设计作品，堪称经典，"中而不古，西而不洋"，为各界人士所敬仰。在和先生有限的交往中，我深感先生有思想、重情义、敢直言、知进退；严肃中包含幽默，平和里偶现激愤；专注学问的同时兴趣广泛，更不遗余力提携后学，是天津大学继徐中先生之后一位可尊敬、可亲近、独占人和的"大先生"。先生的去世不仅是天津大学的损失，也是我国建筑界的重大损失，先生将永远活在我们后辈学子的心中！

2022 年 12 月初稿，2023 年 1 月补充

注：本文首发于微信公众号"AT 建筑技艺"（2023 年 3 月 7 日）。

# 和谐得体忆关师

关肇邺 2009 年（80 岁）在清华校庆日上

关先生（2015 年）在清华大学

2022 年 12 月中清华大学的许多老先生离世。12 月 26 日关肇邺先生去世，张利学兄还在医院时，就第一时间通知了我。举行遗体告别仪式那天，又呈现出羽化仙去的景象，让众多的学子长记心间。从我们入学至今，已接受了先生的教导六十余年，尤其是近一二十年，来往更为密切，受教更多。所以，先生的去世，让我和老伴关滨蓉更是悲痛。

在大学时，到了三年级公共图书馆设计时我才第一次受教于关先生。先生给我们讲解设计原理时，用了许多手绘的透视图，表示公共建筑设计时的视觉过程，给同学们留下深刻的印象。在设计课时，关滨蓉在关先生辅导的那一组，我在汪坦先生辅导的那一组。我们毕业的时候，先生刚刚 36 岁。在学校时，我除了对关先生儒雅的风度、丰富的学识有深刻的印象，和先生没有更多接触，先生一直给人低调、高冷的印象，因此毕业之后的前几年我们基本没有来往。

20 世纪 70 年代末，清华曾有一段工农兵上大学的历史，同时他们还有"上、管、改"的任务。清华建筑系从铁道兵施工队伍中经考试招了一批学员，准备培训他们为国防工程服务，他们要在两年半的时间内学完相关课程。这些人毕业后大部分被分配到我老伴关滨蓉所在的铁道兵地铁设计院，这些学员知道老关也是清华毕业的，于是谈起他们的学习过程。那时为了克服学习上的困难，老师们想尽了一切办法，尤其是关先生和王炜钰等老师，从学习到生活，都对他们无微不至地照顾和关心，甚至毕业后还专门对他们进行辅导，特地赶来参加他们的婚礼，让他们十分感动。这给他们留下深刻的印象，也改变了我们过去对先生一贯高冷的印象。

20世纪80年代初，我刚从日本研修回国，在筹备亚运会的过程中也遇到一件事情。那时，关滨蓉在总政中国剧院设计组（这是由为此工程而临时抽调的人员组成的），立面方案迟迟没有决定。老关跟我说了以后，我就为剧院画了三张立面方案的透视图交她带到设计组。在专家们讨论这几个方案时，听说开始时存在意见分歧无法定案，后来关先生力排众议，选中了有竖向壁柱加装饰花纹的方案，很快大家意见集中确定了方案。最后剧院临街的主要西立面就是按方案图的设计实现的。但当时我没有给表现图拍照留底，也没有更多地记录，几张表现图后来也不知所终。但总政中国剧院设计组在最后设计总结时，列了长长的参加人员名单，把我的名字也加了进去。这等于也是我研修回国之后向关先生的一次汇报。

此后在一些学术活动中，我和关先生又有了进一步的交往。1985年4月，民间组织"中国现代建筑创作小组"在建筑学会支持下，在华中工学院举办学术活动。关先生在会上做了学术报告，会后有一张集体合影，是由现华中科技大学刘凯教授在学院档案中发现后提供给我的，十分珍贵。先生和我都是这个组织的成员，那时先生56岁，已是在我毕业后20年了。

关先生和我从1989年起，参加了中国建筑学会建筑师分会的筹备、成立及后续工作。当时筹备由张钦楠和刘开济二位负责。我因和刘总同在北京院工作，所以参与辅助相关工作，和关先生同为筹委会成员。1989年10月在杭州举行了成立大会后，关先生是理事会成员，我是理事会的副秘书长兼工作人员，后来在分会下成立的各研究会或联络组共七个。关先生和刘总等负责建筑创作理论研究会，我和刘总负责体育建筑联络组，各研究会此后分别开展学术活动，我第一次和关先生合影就是在杭州开会时留下的纪念。后在1993年11月第二次理事会上，

"中国现代建筑创作小组"合影，前排左三为关肇邺（56 岁），后排左五为马国馨。1985 年于武汉

我也成为理事会成员，并和先生一起负责建筑创作学术委员会的活动。记得学会要评选优秀论文奖，要求各专业委员会提出一个名单，先生正好要去东北讲课两周，所以写信把工作布置给我，来信时称我为"国馨弟"，真让我受宠若惊，诚惶诚恐。

1992 年 11 月建筑师分会在湖南长沙举办学术活动，那次的参加人员中，除 80 岁的张开济总辈分最高外，还有许多前辈，如罗小未、关先生、彭一刚、聂兰生等，尤其是后来的考察，给我们提供了许多和他们一起合影的好机会，也使我们对这些平时仰望的学界前辈有了进一步的熟悉和了解。

后来的各种学术活动就更多了，为了迎接 1999 年国际建协北京大会，1996 年起即筹备出版大型丛书《20 世纪建筑精品集锦》，其中《东亚卷》由关先生和吴耀东任主编，下设几名学术评论员，有傅克诚先生、龙炳颐先生（香港）和我，还有日本的长岛孝一先生、韩国的金鸿植先生。虽然项目的选择标准是由总主编 K. 弗莱姆普顿提出的三项，即类型、时间和代表性，但困难之处就是在规定了每卷的收录项目总数为 100 项之后，各个地区都希望入选的项目数量能更多

287

关肇邺（60岁）与作者在杭州（1989　作者与关先生在湖南（1992年11月）
年）

些，所以经过征集、投票、多次讨论才取得一致意见。最后有两项日本的资料一直未送到，经协商后，增加中国内地1项，中国香港1项。关先生作为主编在其中的主持和引导作用，协调的难度可想而知。最后的结果是中国48项，日本32项，韩国14项。朝鲜5项、蒙古1项。这样十卷本、共收录1000件建筑作品的大型丛书在1999年9月顺利出版。这是国际建协历史上第一套全球性的大型丛书，也是对于世界建筑师大会主题《21世纪的建筑学》的最好呼应。

与关先生逐渐熟稔了以后，我又发现了他的若干可亲近之处。一是先生的高中在北京的育英中学就读，我后来就读的北京65中就是原育英中学高中部，于是我们又增加了一层中学校友的关系。另外先生和我老伴都姓关，同为满族，虽然先生出身官宦，而我家老关当时则是"贫下中农"，但总是又增加了一分亲近。尤其是1997年我当选院士以后，在每次开年会期间，我总要上关先生的房间聊上一阵子。后来听到工程院钱易院士向我介绍先生在鲤鱼洲的一件轶事，让我对先生有了更进一步的了解。那时先生和王乃壮先生等一起劳动，接受"再教育"，王先生平时口无遮拦，经常受到工宣队的批判教育，因此十分苦恼，这时关先生就给他出了一个主意，让他随身带上一个小瓶子，每当自己要讲话时，就先用手摸摸小瓶子口，想起"守口如瓶"的教训，就可以控制住自己了。可谁想王乃壮先生只忍了几天就故态复萌，不但继续受到批判，还在不经意间把小瓶的事也供了出来，连带关先生也受到批评。听了这些以后，我以为关先生还是有小幽默、

关肇邺 1994 年（65 岁）于深圳

关肇邺（66 岁）与作者，1995 年于清华大学建筑馆

大智慧的，以后在先生面前，我也慢慢"胆大妄为"起来。

　　记得有一次在清华开会，先生领我们一行参观新建成的物理楼和数学楼，从化学馆那儿的马路下台阶，就是一个下沉式广场，两边楼梯下来后中间有一横向短墙，空着没做什么处理。我对先生说，这里要是放上一句话就更提神了。先生问我放一句什么好呢？我随口应道："学好数理化，走遍天下都不怕！"因为那儿正好是化学、数学、物理三栋建筑三足鼎立，大家听了都笑了，先生也未置可否。后来听说先生原是想在那放一句名人语录的，但一直没有找到合适的。还有一次去参观军委大楼，在室内阅兵厅参观时，我向先生讲了自己的观感，如室内处理和光源色温等问题。先生回答，这个厅由女性设计还是差一点，缺少阳刚之气。虽然有调侃成分在内，但也反映了他的看法，好在当事的双方是老同事，而且现在都已谢世，我想讲一下这事也没有什么关系了。

　　此间我也注意了一下，先生是那种作而不述，讷言敏行的学者，发表的文章并不太多，也就是在清华图书馆新馆设计过程中，先生才陆续在《建筑学报》等学术刊物上发表文字。《建筑学报》1988 年第七期上，先生发表的文章《尊重历史、尊重环境、为今人服务、为先贤增辉》介绍了清华大学图书馆新馆，先生提出了："建设和谐统一的建筑环境，尊重历史，尊重有历史价值的好建筑，尊重前人的劳动和创造，应是今天在旧建筑群中设计新建筑的重要原则。""如何在解决好使用功能的同时，解决好在建筑群中礼堂与它的主从关系。在构图上不压制旧馆，使两者相得益彰，是设计中始终要努力解决的重要而困难的课题。"也就是："应对具体任务时，要做深入分析，突出该任务与其他任务不同的特点，加以强调和发挥。做到因时制宜、因地制宜、因事制宜。""至于因人制宜，不求强求做作，个人风格应服从于整体则是我们应当肯定和提倡的。"

1992年清华图书馆新馆竣工之后，先生又发表了《重要的是得体，不是豪华与新奇》一文，这是先生学术生涯中的一篇重要论文。也是先生在20世纪90年代初参加全国各地的学术活动后，看到当时各地以"后现代"之名，简单拼贴一些世俗的、肤浅的、商业化的符号后，他认为这不会有长久生命力。而清华图书馆具有悠久历史，作为高校中的学术文化象征，则要努力发掘清华历史中的"集体记忆"，"追求的目标就是建造一个能为清华人，包括离校多年的老校友所能认同和接受的建筑与环境，使人们能在不确知其在何地的情况下，能判定它应该是清华园中的一部分。"所以"设计从总体布局到细部设计，没有追求一点新奇和与众不同，着力点只在于争取做到符合这一特定建筑的性质、历史、环境和身份。"先生提出的"得体"，在清华图书新馆上得到完美的体现，也得到业界的普遍认同，成为文化类建筑扩建的经典之作。正如先生所主张的："好的设计应能做到时间越久，越能显示其感人的力量，永不过时。"

先生在文章中也提出："我始终怀疑把创新作为衡量一个建筑设计优劣的主要标志的观点。""建筑师不应强调个人风格或把个人的好恶强加于人，而要努力以自己的设计满足群众的需要。"这很容易引起人们对封闭、保守、中庸的联想。但著名精神哲学家、印度学专家、宗教学家、翻译家和学者徐梵澄先生曾论及过得体，他认为："青年不作老耄语，僧道不作香艳语，寒微不作富贵语，英雄不作闺彦语……如此之类。譬如人之冠服，长短合宜，气候相应，颜色相称，格度大方，通常不奢不俗，便自可观。是为得体。不必故意求美。善与美，孔子已辨之于古。诗要好，不必美。如书如画皆可。"时下也有学者论及杨廷宝先生的设计哲思："得体合宜"，也就是"不自知其然而然者"的水准和境界，即感受不到自己强烈的个人风格，而只是"将时代风气和因地制宜两个方面不动声色地结合起来"。所以关先生的得体说实际上是一种不动声色的创新，达到了更高层次、更为圆融、更为自由、更为和谐的成熟境界，这是我们一般建筑师难以企及的境界。

1995年底，先生在给我寄来贺卡祝贺新年的同时，提出："寒假以后，希望你担任'建筑评论'的授课，并希望能丰富一下课程内容。"但当时我正忙于首都国际机场的设计，所以未能满足先生的要求。

由于自己身在北京，所以清华校庆、清华建筑学院的学术活动都有机会参加，虽然没有机会详谈，但是能为先生拍一些照片，包括深圳评选（1994 年 10 月）、我们建五班毕业 30 周年校庆（1995 年 7 月），汪坦先生 80 大寿（1996 年 5 月），中国科技馆的项目评标（1997 年 3 月），云南学术活动（2000 年 3 月）等。

2003 年起中国工程院准备在二环路德胜门西新建办公楼，通过招标，四个方案中关先生的方案胜出。之后在深化设计时，工程院基建办曾就办公楼的审定方案征求意见，因为手头没有图纸，我只是凭印象提出了八条意见，对总图、分楼建设、深化、平面布置、门厅处理和立面处理等提出了一些看法，也不知基建办有没有转达给先生。经过几年的努力，院部终于在 2005 年竣工。5 月 9 日，国家领导到院部新楼视察，在先生陪同下，看了新建成的工程院综合楼的清水砖墙面，朴实无华的材料，细致的处理。最后领导对工程给出了两个字的评价——"不俗"，在眼光锐利的领导那里能够得到这样的评价是很不容易的。我特地从工程院王元晶处长处要来了当时的照片。这也是先生学术业绩的重要记录，当时先生已经 78 岁了。

在工程院时，关先生最惦记的一件事还是天安门广场的改造事宜。这是早在十几年前先生在清华时就开始考虑的项目，好像还有许懋彦教授等参加，曾经出

关肇邺 1997 年（68 岁）于北京

关肇邺（78 岁，前排左二）、徐匡迪（前排右一）
2007 年于北京，中国工程院

过一本厚厚的报告。到工程院以后，院方鼓励院士们就一些重大的经济技术问题提出书面建议，由院政策研究室整理后发出，可以直接送到中央有关领导处。所以先生很想就此问题提出一份建议报告，利用开院士会的时机向我谈过，我也看过先生的详细研究报告。但我十分犹豫，因为天安门广场的改造并不是简单地增加功能等问题，涉及的方面比较多，是需要最高领导决定的事儿，而目前的处理又都是当年毛主席、周总理等领导定下的。所以对广场的每一点改动都要十分谨慎。在学术刊物上曾有过这方面的议论，但最后都没有回音。当时院士的各种建议也提交过多份，但真正有领导批示的寥寥无几，大多数就是提过而已，所以我的态度不是特别积极。但先生对此还是十分上心，2009 年他成为资深院士后仍多次提起。后来我曾在 2010 年 7 月给先生专门写信，主要建议是简化原来的研究报告，即从历史复杂、目前存在问题、提出建议三部分入手，只原则性地提出一些看法，不必附具体方案，可交办单位研究。后来在 2011 年 6 月看到先生以个人署名的建议稿，由历史回顾、当前现状和建设三部分组成，并附上了插图和表现图若干。在征求院士签名的过程中，估计也听取了各方面的意见，题目从"关于改造天安门广场的几点建议"改为"关于天安门广场空间环境综合整治的建议"，仍由三部分内容组成，但删去了方案部分，最后以"工程院士建议"名义，由关先生领衔，众多院士签名由政策研究室发出，但最后也没有下文。对于改造广场的方案，先生也考虑再三，即增加新的千步廊，将广场分隔为几个小广场，建设增加地下空间，及新的功能等。后来让我找几位年轻同志也参与一下，为此我找了崔愷院士，他十分积极支持，但最后可能也无大进展。估计这件事一直是先生生前念兹在兹的一块心病。

另外一件先生特别操心的事，可能也是先生在清华校园中的收山之作，就是位于同方部后面的清华校史馆。后来在清华百年校庆时，校史馆与新清华学堂建在一起了，关先生就做了清华学堂扩建及其北部空间整治概念方案，准备把同方部后的动振小楼拆除，将清华学堂北面的新水利馆、电机馆、同方部等加以组合和扩建。我看了先生 2002 至 2010 年作品选集之后，曾写信给先生谈了自己的看法："感到任务书似乎很不完备，看不太出其功能与校史相关的内容，似乎也没有什么展示部分，另立面门头部分好像宽了些（先生原意是模拟'三院'的门头，

292

关肇邺 2009 年（80 岁）于北京　　作者夫妇与关先生在清华（2012 年 4 月）

作者注），尤其是从罗汉墙经石墙，又经大玻璃，有些平均，与同方部的衔接好像还可改进，学生寸见，仅供关师参考。"

　　先生在 2017 年国庆之前写了一封长信谈及此事："由于我在清华园内住了 70 多年，不免对这里的环境非常熟悉，且对一草一木都有了感情。其实我之所以想盖个房子，在清华学堂（工字厅之外，国家重点文物中之最老的），而现在楼的后面，又破又乱，应当把它整理一下，所以此项目并非由'业主'委托设计，而是我为了母校之完整美观，自己出的题目。想当初我初来清华，'学堂'是校领导办公之处，我曾在此见过梅贻琦、周培源等人，也看过他们的办公室、接待室、会议室等地，所以我觉得把它扩建为'校史馆'是最为得体的，甚至可以选几个主要厅室展示一下室内家具布置，岂非是真实的'历史'展示。所以就想完成这个设想，而根本没有什么任务书，并天真地想，2011 年为清华百年校庆，时任总书记是清华水利系校友，校庆一定会来校（真的来了），'新水'前太杂乱，总书记看完水利系后，应给他一个好印象，所以主要从外表和谐出发，在楼北向正对新水处扩建一些较高档的厅堂。因我在美曾看过一些名校的校友会大楼，其华美不亚于一个欧洲的大官殿，如能建成岂不是一举数得吗？当时的校长也很支持，于是就画了草图上报。不料当时的北京文物局局长是个'不作为的官'，他是北大毕业的（历史系），怕犯错，每次报上去，总是说'研究研究'。如此每年催报，每年要再研究一下，直到拖至他下了台，而离 2011 年已不足 4—5 年，另怕届时赶不出来，便令李道增设计的'新清华学堂'（俗称'大菠萝'）临时缩小音乐厅，将'校史馆'挤于其中，结果李也忙得不亦乐乎，校史馆长也感到很遗憾。

但我雄心未遂，和校友总会秘书长某教授商量，得到校友会的高度认可，并因此多人多次到欧美名校访察。西方大学的经费大多源自校友，都是顶级大款，经常返校聚会，所以校友会大多豪华至极。我校校友会遂提出一个计划，但未经校务会通过，仍未成功。

近年外国来校交流、教学的专家多了，校方终于同意建一个'高端学术活动中心'之类的建筑，原报过的校友会之类的方案已经北京市各有关领导机构审定通过，特别是文物局批件甚严格，所以外形与清华学堂及同方部的关系定得很'死'，造成设计有些困难，这对我已是莫大的'恩宠'，也没有精力再去和他们争取了。能在有生之年亲眼见它矗立在那里，就是最大的愿望了。"

从长信中可以看出先生作为老清华人对校园的深厚感情，对于校园空间的完善和扩充的拳拳之心，但现在看来也成为先生的遗憾了。

先生还在同一信中"吐槽"："近年清华园盖了不少较大的楼房，其经费大多来自捐款或外国人，这些人大多不信任中国建筑师，要找外国名师设计，连我校美术馆的设计，都系校内美术学院的教授们盲目崇洋，指定 Mario Botta 来设计。有的是富人捐钱，指定他的女儿（刚大学毕业）来设计，后来方案画不出来，还是由我校设计院完成的，真是没办法。"

"以上两段，可能你这个信息精准的家伙早已知道了，耽误你时间了，就此搁笔。"

关先生（2011 年）

关先生（2013 年）

难得收到先生写了如此长的信，披露了他自己的心境，这已成为我宝贵的珍藏了。

除交谈一些设计上关心的问题之外，先生自 2009 年成为资深院士之后，我更多对先生进行生活上的问候和交流。与前面所论的事情在时空上有些交叉。

清华百年校庆之前，我利用在广州的出差机会，写了一封信，向先生汇报我们建五班在清华百年校庆之前班上的几个纪念活动的筹备工作，以及自己的小算盘，即出版一册《清华学人剪影》，其中收入先生的肖像，也希望先生同意肖像的使用权。同时问起先生的心脏问题，介绍我也心律不齐，几个指标都不理想，于是平时就带上"速效救心丸"，感到不适时就吃上几粒。

2012 年 4 月 5 日是新清华学堂启用首演的日子，由中国爱乐乐团演出。因为清华的欣赏水平很高，所以乐团演奏的曲目都很讲究，经过精心挑选，指挥余隆也十分卖力气，演出效果极佳。对我和老伴来说，最难忘的是演出之前在休息室遇到了关先生，因为时间较早，我们二人和关先生有机会一起合了影，我还为老关和先生拍了一张。先生像长辈又像亲人，和我们随意谈心，他慈爱关心的表情令人难忘，成为我和老伴难忘的回忆，那年先生 83 岁。

这次会面以后，我们连续四年去国外探亲，并帮助照顾孙子，所以这段时间和先生的联系少了一些，但校庆活动、我们毕业 50 周年活动上都还会见到先生。

2016 年底我与先生通电话，此前我曾寄给先生我的《敝帚集——素人之书》，是一本自己写的毛笔字集。先生也谈起近年有人求字，但自己只有一个名章，还缺少字章。于是先生告诉我，印章的规格为 3 厘米 ×3 厘米，名章是白文，所以

关先生（2015 年）

关先生（2015 年）在博士论坛

字章应是朱文。听到先生的要求之后，我利用午饭前的时间为先生刻了一方"志伊"的章，附短信："收到订单以后，马上加工开刻，12：30 完成。印拓如上，不知您意下如何？学生技已至此，还望海涵。"这是 12 月 13 日的事，28 日收到先生的回信，马上和先生通了电话，先生在回信中说："此信为谢谢你的图章篆刻，本想学你的'马篆'，看来容（易）了，后来才发现它自有妙处，并不易学。又改写了一张寄上。抱歉上次电话里阴阳字说错了，以至两个皆是朱文，其实也无所谓。第一次用二印，怎么也对不齐，只能抱歉了。再次感谢！"

先生用楷书赠我七言一首。

读君《敞帚》精神爽，诱我拙手也发痒。

烦君拨冗篆名刻，为我打油增灵光，

原期明春或可成，不意快递门铃响。

俗说一字值千金，其情何止千万两。

累得国馨学弟新作，乐何如之，书此敬贺。

气正，关肇邺。

下面用了关肇邺和志伊两方朱文印。

看了以后，对于两个印都是朱文，我自心有不甘，加上规格大小也不一致，于是马上刻了一方白文名章，又附一短信。"见先生诗作后，学生意犹未尽，又筑一方 3 厘米见方的名章，为先生刻一白文印鉴。这样可与上次的章子合璧，不知您意下如何。我用印也看着歪七扭八。没有仔细去做，顺问师母，关滨蓉顺问不另。"当时在一张新年的年历上面，又写了一首五言诗，并特地注明上面写是"鸡不可失"，因为来年已进入鸡年了。

我的五言打油诗是。

业师精神爽，门生更技痒。

篆文镌表字，金石刻名章。

解惑遍四海，筑厦擅八方。

得体论传世，匠心意深长。

二〇一七年新年奉上打油诗一首，冀先生一聚。随即用快递给先生发去，同时又打了电话，但家中无人接听。

关肇邺赠马国馨书法作品，2016 年于北京　　　　　　马国馨回赠关肇邺书法作品，2017 年

2017 年中，先生问起有关抗凝血药的情况，我也专门给先生寄去了几种抗凝血药的说明书。"注明"服用华法林抗凝后要定期查血象，而另两种药物（我寄去的说明）则可免去，但价格较贵。达比加群酯胶囊为 40 元 / 粒，利伐沙班片为 80 元 / 片，并告之先生，可以有部分报销。

转瞬到了 2017 年 10 月，这是先生 88 岁米寿的日子。那天恰是中秋、国庆，加上先生米寿，三喜临门，又考虑节前快递十分繁忙，寄送会延误，所以提前一周给先生寄去小小寿礼和另一首打油诗，请先生晒正。

执教近七秩，桃李遍五洲。

华园树精品，神州绘琼楼。

立论推得体，和谐蕴风流。

中秋臻米寿，期颐信可求。

我的寿礼是在一个红色小镜框里放了一张我为先生拍的 2015 年 7 月 10 日他出席建筑学院的毕业典礼上的照片。"拍的不尽理想，只是表达我们的心意罢了，希望您能喜欢。"最近看到黄星元学长在先生家中为先生拍的一张照片，后面书架上就放着这张照片，另外还寄了一本《图像亚运记忆》，供先生消闲。

结果年底收到先生回信，看后让我忍俊不禁。先生说："国馨贤弟，收到所寄诗、书、加了镜框的照片，真是一个大丰收，十分感谢。以下是逐条回答，第一，称我为'尊敬的'，似不得体，实不敢当，令我回写这封回信不知如何称呼，回'尊敬的'，同样不得体，称'亲爱的'，似显肉麻，所以仅简化了一下。第二，你的信中有一首诗，称之为打油诗，太谦虚了，明明是一首高水平的五言律诗，我反复研读了几次，内容精确，文字对仗更是精彩，真是好文字。只是称赞过分，愧不敢当。第三，一张相片，抓拍得很是时候，好像把我美化了，只可惜镜框红的惹眼，好像是一张儿童（远看）相，令我叹曰'老矣'，也好，它能使我在有生之年，多干实事。"没有想到，先生的"得体"理论在这里又应用了几次，既考虑称呼上的"得体"，又指出寿礼上的不"得体"。另外先生对照片的满意也使我很高兴，因为我知道张利学兄拍过一张令先生十分满意的照片，是使用频率最高的。此前我还陆续为先生拍过一些。如校庆活动（2009 年 5 月），博士生论坛（2009 年 10 月），纪念营造学院 80 周年（2009 年 11 月），工程院士会议（2011 年 10 月），参观故宫（2013 年 6 月），校庆活动（2015 年 4 月）。院士会参观奥运观光塔（2015 年 6 月），直到 2015 年 7 月的毕业典礼。再后来见到先生的机会就有限了。2017 年 5 月何镜堂院士的作品展在北大开幕，先生也去参加。2018 年 10 月是清华建筑设计院成立 60 周年的喜庆日子，学院从吴先生起的各位前辈都到场，关先生也去了。当我们见面时，先生和我非常亲密地

关肇邺 2018 年，89 岁于北京

关肇邺 2019 年，90 岁于北京

相拥，当时的场面被华南理工大学的孙一民教授拍了下来并发给我，如今看到照片，想起当时情景，仍是十分之感动。

2019 年 9 月是中国建筑学会"梁思成奖"的颁奖仪式，先生走路已经需要一根拐杖了，所以在进入科学会堂，从后面走到第一排时，我一直搀扶着先生。在休息室里我也抓紧为获奖的冯·格康先生拍照，给先生拍了照，还和先生合了一张影，这是最后一次和先生见面了。

当然此后我们就多靠书信和电话联系了，先生身体状况日渐衰弱，时有住院，就多和孔师母通话了。2020 年，先生捐赠 100 万元设立奖学金，得到社会和业界的一片赞扬。同年 12 月，先生电话中问起历届"梁思成奖"都有什么人获奖，我赶紧查阅了一下，写信回复。当时听说先生心脏供血不好，我曾给先生寄去两盒阿胶，但老关埋怨我，阿胶也不能随便吃，于是在信中提到："向您推荐阿胶补血后，老关埋怨我不应该胡乱介绍，还要根据具体情况。她印象中阿胶多用于妇科，不易消化，可在我的印象中，阿胶能补血滋阴、润燥，用于血虚心悸、眩晕、心神不宁，但存在以下问题，一是真阿胶不易购得，常常是伪劣假货较多；二是吃阿胶必须脾胃功能较强才好，因阿胶不易消化，会增加脾胃负担；三是阿胶会滞血，长期服用会加重血瘀。所以由此得出，服用还是要谨慎些才好。"同时在信中也向先生汇报，"今年确诊为帕金森症，主要表现就是右手抖，后去看病确诊。开始服药还是有点效果，目前已服药近三个月，手抖症状减轻许多，也让人更有信心了。"时过平安夜，所以我写了："平安夜已过，看来大家都还平安，只是希望庚子年尽快过去，辛丑牛年会好一些吗？"这也是先生生前我写给他的最后一封信。

2021 年 4 月校庆之前我和先生通话，当时先生不在，师母接的电话，说到先生的身体情况不理想，一是心衰，二是肺部有积液，三是肾功能不好，脚肿。住了医院，但在那里很不适应，对护工也不满意，后来回家来自觉自在些。但如有情况，正说之中，先生回来了，没有讲几句，只记得说为住院给先生剃了光头。

2022 年 2 月 1 日春节我打电话去先生家问候，孔师母告诉我，先生已经装了心脏起搏器，心衰问题解决了，但是腿肿、肺部积液的问题没有起色，牙齿也不好。去住院也不适应。师母说，先生相信季羡林老人的养生之道，但是对自己的各项指标也搞不清楚。

2022年7月1日，先生设立的基金会评奖，我在线上参加，在九名候选学生中最后评选出两人，一位本科生，一位研究生，同时又是一位外籍学生，一位中国学生。在结束时先生也发了言，明显感到先生老了，讲话也不那么利索了。第二天正好我家有点新鲜荔枝，是先生老家广东产的，所以给先生闪送去一些，正好先生起来在电话上说了一会儿。他说，昨天我在线上时，他也几乎认不出我来了，可能我也变化很大而不自知。先生说，装了起搏器以后仍感无力，

作者与关先生（2019年9月24日）

讲话十分吃力。记忆力也大不如前，因为我当时正在写清华关广志先生的文章，先生还说起对这位关先生的印象，是个大高个子。为了安慰先生，我还特地告诉他胡正凡同学为他相面的事。胡正凡说关先生是"罗汉之相"，如无大病，定可长寿。这是我和先生的最后一次通话。

10月4日是好几位同学和同事的生日，也是先生的生日。打电话过去时，先生已休息了，是他儿子接的电话，没有多打扰。再后来，就没有后来了，接到了先生去世的消息，之后就是对先生的思想和创作，对先生的言谈，对先生的音容笑貌的无限思念了。

2023年4月6日 夜

注：本文曾摘要发表于《清华校友通讯》复94期（2023年8月），此次刊登全文。

# 追忆矶崎新先生

矶崎新先生（1998 年）

矶崎新先生（1997 年 5 月）

日本著名的建筑师矶崎新（Arata Isozaki，1931—2022）是在 2022 年 12 月 29 日以 91 岁高龄去世的，我听到之后感到十分吃惊，因为中国建筑学会刚刚决定颁发给他"梁思成建筑奖"，他也是继德国建筑师冯·格康之后第二位获此奖的外国建筑师，不想他还没有领奖就去世了。遗憾之极，我马上去电询问了和矶崎新先生熟识的谢小凡教授，他回答先生一直住在冲绳，行动不顺畅，但脑子清楚，去世与"新冠"有关联，但不是直接原因。我随即想到和矶崎新先生也曾有几次交集，并考察参观过他的一些作品，在此谈些对他和他的作品的感想，以示悼念之意。

很早以前我就知道了矶崎新先生的大名，因为日本丹下健三的几个学生中，最引人注意的恐怕就是矶崎新和黑川纪章了。四十多年前，我于 1981—1983 年在日本研修时，虽然知道矶崎新的工作室就在赤坂，距离丹下的事务所不远，我们有时也会经过，但考虑到当时我们在丹下先生那里工作学习，对于日本建筑界的人际关系并不了解，所以约定不到其他事务所去访问，以免引起丹下先生的不快。

因为矶崎新先生的日本作品大多在西日本，所以我也利用1983年1月最后一个假期去九州旅游考察的机会，考察了他早期的作品。因为当时国内规定，我们外出旅游考察只能去有丹下先生作品的地方，正好九州岛上有一个丹下先生1960年的作品——日南文化中心，我们就以此为由出发了，实际上主要是去看矶崎新的作品。记得当时看了以下几栋建筑。

位于北九州市的福冈相互银行本店，是他1972年的作品，建筑位于博多车站西口广场，地下2层，地上11层，总建筑面积2.1万平方米，整个墙面是印度红色花砂岩，入口部分是四根大圆柱支撑的80米×6米的磨光花岗石的两片大梁。在大梁和主楼之间形成了内部的顶光。他于1974年设计的北九州市立美术馆位于小山丘顶上，地下3层，地上4层，总建筑面积7800平方米，其正立面挑出的两个9.6米×9.6米的正方体，远远望去十分突出，形成独特观感。那天美术馆并不开放，但得知我们是远道来自中国的建筑师，特地允许我们进入室内去参观了。北九州市立中央图书馆也是1974年建成的，由图书馆、历史博物馆和视听中心三部分组成，地下2层，地上2层，总建筑面积9200平方米，其金属拱形屋顶由两条弯曲的曲线组合而成，室内设混凝土的小梁，空间变化也很丰富。还有1972年完成的西日本综合展览馆，远远已经看见其悬吊结构的外轮廓，但因时间关系没有过去。

大分县大分市是矶崎新的出生地和故乡，在这里的两栋设计项目紧邻，步行

北九州福冈相互银行

北九州市立美术馆

就可以到达，按建成时间看，1960 年的大分县医生会馆更早建成，1972 年在后面建了新馆，地下 2 层，地上 3 层，总建筑面积 3 100 平方米，据介绍在新旧馆之间也是利用顶光处理，使室内空间有所变化，但银行内部不允许摄影。其右面就是大分县立大分图书馆，1966 年完成，地下 1 层，地上 3 层，总建筑面积4 300 平方米，将许多结构构件的断面显示出来，形成了自己独特的表现。另一栋 1966 年完成的是福冈相互银行大分支店，地上 6 层，总建筑面积 1 600 平方米，其造型与传统的银行建筑不同，同时内部空间的用色也十分丰富。这几栋建筑都采用了清水混凝土外墙面。

在福冈市我们参观了 1975 年建成的秀巧社，这是当地的一个文化设施，地下 1 层，地上 5 层，总建筑面积 2 300 平方米，建筑形体为正方形体块的组合，一层是展廊和多功能厅。

现在回想 40 多年前看到矶崎新先生早期的作品多用富于雕塑感的外形，简约明确的构成，粗犷的混凝土表面以及一些夸张的构件来表现日本传统结构的风貌，这可以看出受丹下影响的痕迹。进入 20 世纪 70 年代后，无论是材料使用，

九州市立中央图书馆

大分县医生会馆

福冈相互银行大分支行

大分县立图书馆

福冈市秀巧社

还是形体的表现上，他的作品都有了更大的变化，多采用基本的几何图形，如立方体、圆柱体等造型，通过手法主义和新古典主义风格的结合，表现他要摆脱传统的现代主义原理，实现新的突破，从北九州美术馆和北九州中央图书馆的创作中都可以看出。但是最具代表性的群马县立美术馆（1974）和筑波中心大厦（1983）却都没有去参观过。尤其是筑波中心，参照了许多国外历史上的做法，特别是西欧的样式，通过拼贴组合形成混杂综合体。

回国以后我一直关注的项目是1985年开始的东京都新厅舍的设计竞赛，我们在丹下处研修时他们就在开始研究这个项目。这被称为日本历史上造价最高的项目，预定工程费用为1258亿日元，如果加上周围环境的开发要3000亿日元，为众人所瞩目，所以邀请了日本建筑界最具实力的九家公司参加竞赛，中奖方案奖金为2000万日元。参加的公司除丹下、矶崎新外，还有前川国男、坂仓准三、日建设计、日本设计、山下、安井、松田平田坂本事务所，共九家。1986年2月25日提交方案，3~4月评选，第一轮投票集中在丹下、矶崎新、坂仓、山下四家事务所，第二轮集中到山下和丹下两家事务所，最后丹下事务所的方案胜出。

评选的主要目标集中在外部总体布置、外观表现和内部办公环境等因素的综合评价。与其他八家均提出250米左右的超高层方案不同，只有矶崎新一家提出的是高层方案，125米高，在三块用地中利用其中两块形成288米长的平面，有网格状立面的建筑，在室内形成91米高的内部空间，外立面是以23.77米的模数格网组成超级单元，顶部有金字塔形和圆顶穹顶。在入口处有高达250米的无线电桅杆塔。矶崎新先生认为"在超高层林立的新宿新都心，我们反其道而行之，不采用超高层的形式"，与注重外部的象征性相比，方案更注重内部的空间表现。在评审中，因为整个建筑物跨越了地区中心3号路，这是否违反了《建筑基准法》，对其现实性有所争论。矶崎新认为："道路上的空间和通路可以认为是半公共空间，这也是公共空间的一种发展趋势。为了表现整体性，他在道路上方采用了一体的结构形式，如果法规不允许，也可以改为一般的空中步道。"最后评委的意见是方案有其独特个性，但缺少现实性。

在2000年北京申办奥运会的筹备工作中，我们在1991年11月考察了巴塞罗那奥运会的设施，第一次见到矶崎新先生在海外的作品——圣·约迪体育馆。

这个工程从1985年起施工，于1990年完工，地下3层，地上8层，总建筑面积5.7万平方米，固定观众席1.3万个，最大可容纳2万人。其屋盖结构为128米×106米，总重950吨，矶崎新与结构工程师川口卫合作，采用顶升的穹顶结构，在施工上很有特点。另外一个特色就是室外广场有许多混凝土圆柱，上面有不锈钢的细钢条，彼此摇曳摆动，这是矶崎新先生的夫人、雕塑艺术家宫崎爱子的抽象作品，夫妇合作，一时成为美谈（爱子夫人已于2014年去世）。体育馆的建成在当地得到好评，被称为"奥林匹克中心的宝石"。当时，矶崎新先生还参加过奥林匹克中心的总体规划和主体育场的设计竞赛，但其方案未被选中。此外我在1993年去美国洛杉矶考察时，还曾在市中心看到他设计的洛杉矶现代艺术博物馆，没有进入内部参观，在外立面上看到了他常用的拱顶、金字塔形采光顶和印度产的红砂岩。相距不远处还可以看到施工久未完工的盖里的迪斯尼音乐厅。评论认为展馆的特色是各种比例、形状、采光手法（包括人工和自然采光）的集合，把日

东京都厅舍竞赛方案

巴塞罗那圣·约迪体育馆室内

巴塞罗那圣·约迪体育馆

洛杉矶现代艺术博物馆

本的空间观念引入西方世界，这两个工程都是矶崎新开始走向世界的设计作品。虽然与丹下、黑川相比，他走出国门的时间稍迟，但其活跃的创作活动与多变的手法，很快引起各国的注意，进一步确立了他在国际建筑界的地位。但总的说来，他在国外的作品我看到的不多。而且20世纪末，他也进入了中国的设计市场，参加了一系列的设计投标工作，同时也开始了与中国建筑界的交往活动。

我第一次见到矶崎新先生是在1997年4月30日的中日建筑师学术交流会上。当时日本建筑家协会对于国庆十大工程之一的人民大会堂工程十分感兴趣，对于能在这样短的时间内完成如此巨大的工程，十分好奇。于是日本建筑家协会和人民大会堂的原设计单位北京市建筑设计院一起举办了此活动。北京院参加的除人民大会堂设计的当事人张镈和赵冬日二位老总外，还有刘开济、朱家相等参加过此工程的人员，以及由赵景昭副院长、何玉如总率领的一大批设计人员，还有建设部的窦以德，清华大学的吕舟、赖德霖、贾东东，中国建筑设计研究院的崔愷等人。日方的人员除负责执行委员会的建筑史学家村松伸、建筑师古市彻雄外，还有矶崎新先生和夫人宫崎爱子，建筑师石山修武，建筑评论家三宅理一等人。

4月30日上午，开幕式在人大会堂三楼的广西厅召开，主要是由赵冬日总（由朱家相代替）和张镈总介绍人民大会堂的整体建设情况，之后日方也提了不少问题，他们准备得十分充分，资料收集得很到位，记得还有人民大会堂的施工图纸和当时图签上签字的照片（不知是怎么收集到的）。中午在内蒙古厅用午餐之后参观人大会堂内部，下午是窦以德和日方松原作报告，晚上在澳门厅由日方宴请，北京市张百发副市长出席。第二天继续开会，先是我以"展望和思考"为题讲了对20世纪的反思和对21世纪的展望。之后是矶崎新先生作报告，题目不记得了，只记得他对建筑与社会及制度的关系十分重视，看得出他对毛主席的著作也有一定研究，还提了一些对纪念堂的看法，主要还是继续向二位老总提出问题，如十大建筑的建设，包括华揽洪先生的情况等。当时还有一个内容就是因为赵冬日总是1941年于日本早稻田大学毕业的，所以早大毕业的古市彻雄代表早大校友会，也就是"稻门建筑会"向赵总颁发荣誉证书，之后就是大家在一起合照留影，留下了26年前的记忆。

1998年10月23日，我与矶崎新先生于一年之后见面。我先到国际艺苑酒

矶崎新与张镈、赵冬日总（1997年4月）　　　作者与矶崎新夫妇（1997年）

矶崎新与中方人员合影（1997年5月）

店与矶崎新先生还有结构工程师等四人见面，交谈了一会儿后一起去北京饭店二楼的日本料理吃饭。这次谈的主要是要和北京院合作深圳文化中心项目，就如何一起配合交换意见，一直谈到21：30以后才结束。这是他在1977年参加深圳市文化中心国际竞赛中标之后与北京市设计院的再次合作。文化中心位于深圳市中心市民广场的西侧，由音乐厅和图书馆两部分组成。音乐厅内由1800座的大厅和400座的小厅组成，图书馆5层，馆藏300万册图书和100万册相当的电子文献，整个中心的两侧是高40米，长300米的黑色花岗石墙面，室内是树状的结构体系，两处分别在结构上饰以金色和银色。但我没有机会去参观。

在这一段时间，矶崎新先生还参加了国内许多重要的设计竞赛，我也曾作为评委参加了一些评标项目，因此对他的创作方法和设计成果也留下深刻的印象。当时影响最大的应是国家大剧院的方案评选。当时的国际竞赛，共有国内外36家单位提供了44个方案。此前矶崎新先生刚刚参加了有关人民大会堂的学术交流，对于天安门广场及其周围环境也较熟悉，所以提出的方案还是很受关注的。按矶崎新先生自己的话说："从评审员的口中得知，我的方案得到很高的评价，即以报告书而言，其他方案都被指出了其中的缺点，而我的方案一条也没有，但这个设计在天安门广场这样重要的场所是否合适，还有待判定。"由于各种原因，矶崎新先生没有参加以后几轮的方案竞赛，他说："和十几年的东京都厅竞赛一样，只留下了方案，我决定就这样退场了。""最近听说最后方案已经决定了，竞赛时的基本条件也都改变了。"但是参加这一竞赛的挫折并没有减退矶崎新先生参与中国设计的热情。但也不是那么幸运，根据我参加评审的一些项目来看，矶崎新先生的方案常常可以进入前三，但是最后中选的不多，人们现在统计矶崎新先生在中国已建成的工程有9栋，这与另外一些大型外国事务所的业绩是无法相比的。

2002年11月在上海举办的以"都市营造"为主题的双年展，在学术论坛上矶崎新先生曾直率地批评上海是建筑造型上的"胆小鬼"，记者就此专门采访了他，矶崎新说："上海的城市发展非常迅速而有实力，表面看确实上海市各种建

作者与矶崎先生（1997）

国家大剧院方案

筑风格，各个时期的建筑风格都有，但我注重的不是表象，而是建筑的本质，看有没有创新的东西。假如把建筑比作人体，建筑结构是人的躯体，而样式是衣服。比如芭比娃娃穿很多衣服就会有很多的变化，但她还是芭比娃娃。目前上海不少建筑缺少艺术感染力，仅有外形而少内涵。"记者同时也问了他对上海世博会的看法，因为他早年参加过大阪国际博览会的规划，后来又做过爱知国际博览会的策展人。矶崎新回答："对于上海世博会，我的想法是在规划和建筑方面一定要有上海自己的东西。如果只想着'世界水平'来搞，一定会是失败的。世界各国举办过不少次世博会，许多都是所谓的'世界水平'，但其实我认为他们并未成功。"他特别强调，他所认为的"世界水平"，就是"有自己独特思想的、有自己独特风格的，而不是所谓的越大越好"。这也是矶崎新先生直言不讳的评论。

2004年6月23日在中央美术学院的报告厅，我又有一次与矶崎新先生面对面交谈的机会。那是矶崎新先生在中标中央美院美术馆工程以后，在美院举办矶崎新建筑艺术展开幕的第二天。我们的对谈从早上9：30到11：30，持续了整整两个小时，会议由美院范迪安副院长主持，与会人员还有美院设计学院的理论家许平先生，翻译为胡倩和丁元。原来准备谈三个方面的问题，最后因为时间关系，只说了前两个：一是双方对于建筑和建筑师的感受；二是谈建筑和城市建设的关系。总的来说大家谈得比较随意，也很放松，只是我觉得矶崎新先生有一点拘谨客气，没有太多直率的批评。关于谈话内容，网上曾有相关记录，我在这个基础上，把自己的部分稍加整理后，收集在我的一本论文集里了。

进入21世纪以后，矶崎新先生在中国的工作有了较大进展，局面逐步打开，也陆续在各地建成了一些作品，如深圳、上海、北京、南京、成都、哈尔滨、长沙等，但我只看过其中的两件作品。一是北京的中央美院美术馆，另一则是四川成都建川博物馆中的日本侵华罪行馆。

中央美院美术馆是个难度极大的作品，从2002年征集方案，2003年矶崎新先生的方案实施，到2007年底最后建成，用了很长时间。这也缘于美院的总体设计是由吴良镛先生亲自操刀，而对于建筑方案的艺术追求又有以潘公凯院长为首的一众艺术家组成的艺术委员会的苛刻要求，造价又十分紧张，所以在建设过程中我也曾参加过讨论。幸好业主方代表谢小凡教授是个有心人，事无巨细，亲

中央美院美术馆内景　　　　　中央美院美术馆内景

力亲为，既和建筑师一起为工程把关，同时也想了许多变通办法，对矶崎新先生的敬业和坚持也深有体会。他把整个美术馆的设计和建设过程，总结成一本专著《展览美术馆》，我读了之后，曾专门为此写了一篇书评登载在《建筑学报》上。美术馆地下 3 层，地上 4 层，地上总高 24 米，总建筑面积 1.48 万平方米。而第一次参观是在 2009 年 11 月，我利用去美院开会的机会参观了美术馆。对于馆内的空间处理、采光设计、室外立面工程的施工难度都有所了解。以后又多次造访参观展览，这是矶崎新经多年努力在北京建成的第一个项目，在北京几个新建美术馆中应属很有特色的上乘之作。

回想矶崎新先生在参加北京的重大工程投标，除国家大剧院外，我还参加过北京汽车博物馆、西城金融街等方案评审，看过他在北京为举办 2008 年奥运会体育中心设计的方案，除本身的技巧和构思之外，我印象特别深刻的就是他对北京整个规划控制性的认识，注重城市文脉以及新建项目与老城区的延续（哪怕项目距离老城已比较远），注重项目与紫禁城、与老城墙、与老城标志物的关系，考虑其在长度、宽度、尺度上的联系，这比我们国内许多设计单位研究得还要细致。另外，看得出矶崎新先生的投标方案做得十分认真，有独到的想法，不像有的国外事务所的方案，一看就是国内"枪手"的作品。

四川成都的建川博物馆中的日本侵华罪行馆是个十分特殊的工程。博物馆本身是个私人民间博物馆，工程在 2015 年 9 月 3 日正式揭幕以后，在专业的杂志

成都建川博物馆外景　　　　　　　　　　　　　成都建川博物馆内景

上从未正式介绍过，只在媒体上有过相关的报道。我在 2015 年 5 月时，曾由馆长樊建川先生陪同参观过现场，当时土建工程早已完工，为了 9 月 3 日开展，正在紧张布展，所以看得并不完整。2019 年 10 月因旅游又去参观一次，内部已经很完备了。这是一个敏感性很强的工程，也很为中国人所看重，矶崎新作为日本建筑师，承担这样的特殊工程，面临着来自日本和中国两方面的压力。他为此工程的设计曾先后六次到现场考察，出于他对中国历史的了解和对中国文化的热爱，出于他对中国近代史尤其是近代日中关系的理解，他希望通过罪行馆的设计来展示自己对历史事件的认识和态度，表现他作为有国际视野的建筑师的价值判断。在一份报道中他说："建筑的生命力有百年，我从设计之初就会考虑它的未来。在我们做这个项目的十年间，这个纪念馆的名字从'日军馆'变成了'日本侵华罪行馆'，日本媒体非常介意'侵华'这两个字，这当中是不是有政治的原因，我也觉得没关系，因为侵华也是事实嘛！"因为民营博物馆的资金十分有限，矶崎新说："在预算控制下做一个大的、持续百年的展览厅，从这个角度上说，应该还是完成了使命的。"因为自 2004 年以后我就没有再遇到过他，无法直接向他了解情况，只能引用相关的媒体报道了。

　　2019 年 3 月 5 日，已 88 岁的矶崎新先生被授予了普利兹克奖，评委会这样评价："他兼具对建筑历史和理论的深刻了解，勇于拥抱前卫，从不满足于重复现有；他对有意义的建筑的追求，也反映在他的设计作品中，直至今日仍然不拘一格、不断演进，其方式方法总有新奇之处。""提出了超越国际和时代的问题。"他是日本建筑界第八位获此荣誉的建筑师，按顺序分别是丹下健三、桢文彦、安藤忠雄、妹岛和世与西泽立卫、伊东丰雄、坂茂，相对来讲，这个奖对于矶崎新先生是晚了一些。谢小凡先生和潘公凯先生应邀出席了在凡尔赛宫举行的颁奖仪式，谢先生告诉我："他临时变卦，在讲台上用日语演讲，否认那些定义他的概念——后现代，仿佛自己给自己写评语。他如诗一般的存在，引领着我们对建筑存在意义的思考。"

平时经常有人问起，矶崎新师出丹下建三，这两个人到底有何异同？这两个人虽有师承关系，但是属于不同时代的。丹下先生是昭和时代的代表，而矶崎新先生则是昭和之后的时代的代表，虽然他很早就表现出了自己的潜力和影响力。记得1988年的《日经建筑》杂志曾做过一次民调，在代表昭和时代的日本建筑作品中，丹下的代代木国立综合体育馆名列第一，山下设计的霞关大厦名列第二，矶崎新的筑波中心大厦名列第三，安藤忠雄的住吉长屋名列第四。在对建筑观有影响的日本建筑家中，村野藤吾名列第一，矶崎新名列第二，丹下名列第三，桢文彦名列第四。问及对产生新的建筑潮流寄予希望的日本建筑家中，矶崎新名列第一，高松伸名列第二，安藤忠雄列第三，原广司名列第四。由此也可以看出当时刚57岁的矶崎新先生在日本建筑师心中的地位。

20世纪80年代，从耶鲁大学毕业的石井和纮曾写过一篇将丹下和矶崎新进行比较的论文——《矶崎新世界的导读》，在建筑意识上，丹下注重日本传统意识，尤其是强烈的男性意识，力图把地域主义和国际主义结合在一起。而矶崎新更多追求雕塑家、音乐家、艺术家的"个人"的表现，所以在作品中无法直接感受到日本的感觉，多利用文艺复兴的正方形和半圆形等纯几何学的模式，表现一种抽象的国际主义印象。丹下受柯布西耶的影响，如追求城市和建筑的联系，形态上的洗练表现等，但其在具体做法上，美观和有力并存，使建筑形式有秩序感。相形之下，矶崎新受到柯布西耶立体雕刻形态的影响，与丹下设计建筑元素相比，更多地表现出谐谑和幽默。以立体主义的形态为目标，与路德的主张相近，这是矶崎新与丹下最大的不同之处。矶崎新设计的空间不可解、不定型，其形象是多元混乱的，这点是丹下和其他新陈代谢主义者都不具备的。与丹下谦虚谨慎的言谈相比，矶崎新更愿意使用激烈的言辞，如反文化、反建筑、反回想之类。实际上矶崎新自己也说真正属于日本的东西是无形的，因为早年的日本样式都是中国的样式，而明治以后又都是西洋的样式，即如日本料理的材料都来自中国、欧洲，但是生鲜做法却是自己的。

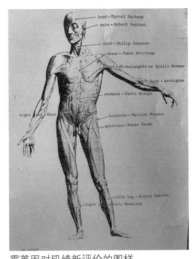

矶崎新是一位日本建筑师，但他不愿做"正规军"，宁可成为"游击队"（guerrilla）。相对于日本身份，他更愿强调自己的国际色彩。他说，"我希望成为一个国际性的人""我和日本的关系看上去并不清晰，我对她的弱点经常批判或攻击""对我来说有一种心理上的亡命者的感觉""有无家可归之感"。所以有一次他在接受美国 PA 杂志专访时，

霍莱因对矶崎新评价的图样

他回答："你就把我看作是 'architect for（in）anywhere' 好了，定位于 'anywhere' 的建筑师就够了。"他希望在 21 世纪仍是"亡命"的定位。其实早在 1978 年时日本的 SDM 杂志（空间设计）的一次对奥地利建筑师汉斯·霍莱因的访谈中，他就对那时矶崎新的表现——他的这种复杂的国际色彩和性格——给出了形象的比喻，霍莱茵以人体为例，指出他的头部是艺术家杜尚，耳朵是文丘里，脖子是菲利普·约翰逊，心脏是米开朗琪罗或朱利奥·罗马诺（拉斐尔的助手），胸部是斯特令，右手是汉斯·霍莱因，左手是阿基格莱姆，胃部是卡洛·斯卡帕（意大利理性主义建筑师代表），臀部是玛丽莲·梦露，生殖器是丹下健三，右腿是阿道夫·纳塔利尼（意大利"Superstudio"工作室创始人），左腿是莫里斯·拉皮多斯（装饰艺术大师）。这也从一个形象的比喻揭示了矶崎新先生复杂的艺术来源和背景。

矶崎新先生是一位有成就、有国际影响的建筑师和实践家，同时他也是一位思想家、艺术家、社会学家、人文学者。他和丹下一样，都非常注重理论以至哲学层面的探讨，但与丹下相比，他的创作力更旺盛，思想更活跃，专著更多，涉及的内容更广泛，研究的专业和学科也更复杂。他承认"文化大革命"使他从一个建筑师变为开始思考的人，开始关注由社会制度引起的体制上的问题，这和建筑上的问题是十分相似的。从文明进化的角度看，建筑有着物质性和文化性两个

方面，"我一直认为建筑文化作为一种力量，是把无用的价值追加到有用的价值上的力量""建筑的实际价值在几十年之后，作为一种资产返还就消失了，而文化价值却留存了下来，在构成城市方面起到重要的作用"。很多评论都把矶崎新纳入后现代的范畴，但他自己从来不这样认为，他说："虽然他和詹克斯是朋友，但他写的关于后现代的书却是引起建筑界所有混乱的根源，他为自己设计的住宅趣味低下，水平很差。""当我参加由他出任评审员的设计竞赛时，从来没有入选过，我想他不喜欢我的方案，但因为是设计竞赛，我必须表达出自己的看法。"

一代大师逝去。他的执着敬业、特立独行、不断变革、兼收并蓄、勇于探索的精神，对于从事建筑设计专业的人来说是十分重要的精神财富。记得他曾讲过，建筑实体可能会在多少年后不复存在，但是理念和思想将在历史之中留存。

2023 年 4 月 9 日一稿

2023 年 4 月 21 日修改

## 附记

2023 年 4 月 28 日下午，故宫博物院报告厅举行了梁思成建筑奖的颁奖典礼。第十一届梁思成建筑奖的获得者矶崎新先生，由亲属辛美沙女士代为出席，并领取了获奖证书和奖牌。

本次梁思成奖颁奖典礼组织得比过去几届更隆重，更有仪式感。典礼之前，我见到了矶崎新的亲属辛美沙女士和与矶崎长期合作设计的胡倩女士，也同时向辛美沙女士介绍了刚刚在公众号上发表的我写的纪念矶崎新先生的文章，并与她合影。

典礼用视频简要地回顾了矶崎新先生一生的创作历程，呈现了许多过去从未见过的珍贵镜头：在广岛废墟图像前的矶崎新；与美国艺术家、新波普艺术的代

---

注：本文首发于微信公众号"慧智观察"（2023 年 4 月 28 日）。

表艺术家贾斯帕·琼斯的合影；与日本建筑界前辈白井晟一合影；与意大利艺术家、表现主义大师弗朗西斯科·克莱门特及英国艺术家、彩色玻璃镶嵌艺术家布莱恩·克拉克的合影；与菲利普·约翰逊的合影；在普利茨克奖颁奖典礼上与法国总统马克龙的合影等。也有他在普利茨克奖颁奖仪式上的讲话，以及与辛美沙女士的合影。

颁奖典礼上，在众多国内外建筑师的见证下，住房和城乡建设部副部长秦海翔和国际建协主席 J. L. 卡尔特斯向矶崎新亲属颁了奖，辛美沙女士在会上致辞。

矶崎新领取普利茨克奖

矶崎新在广岛废墟图像前

矶崎新与克莱门特及克拉克

矶崎新与白井晟一

矶崎新与菲利普·约翰逊

矶崎新与贾斯珀·琼斯

矶崎新与辛美沙

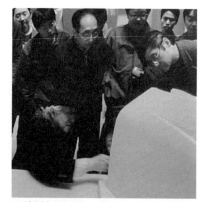
矶崎新与潘公凯、靳尚谊在中央美院美术馆模型前

矶崎新成为第一位在东方和西方之间建立了深刻而持久关系的日本建筑师。他拥有深厚的建筑历史和理论知识，并拥抱前卫，从不只是复制现状，而是挑战现状。在他追寻有意义的建筑的过程中，他创造出了一系列至今都类型独特的高质量的建筑作品，这反映了他不断创新，并且总是在手法上保持新颖。

在50多年的实践中，矶崎新通过他的作品、著作、展览、重要回忆的组织和参与竞赛评审，对世界建筑产生了巨大的影响。他支持世界各地许多年轻建筑师发挥他们的潜力。矶崎新亲自策划了南京四方建筑公园项目，邀请了国内外24名建筑师参与其中，最终获得巨大成功。

以上是中国建筑学会对获奖者介绍的部分摘录。

典礼之后照相时，辛美沙女士恰好在我身边，她向我介绍，矶崎新先生在最后的六年一直生活在冲绳，也就是琉球，因为那儿的气候更适合他，并且离中国也更近。她说矶崎新先生一直十分热爱中国文化，我也向她建议是否应筹备为矶崎新先生建设一座纪念馆，以保存他的作品资料和著作。

学术报告会上，胡倩女士代表矶崎新先生介绍了矶崎新先生在中国的一些作品，也有许多珍贵的影像记录，如在中央美术学院美术馆模型前与潘公凯院长、靳尚谊教授研究设计的照片等。

学术报告会期间，久旱的北京忽然乌云密布，雷电交加，迎来了难得的一场大雨。

2023 年 4 月 30 日

# 冯·格康和 GMP

冯·格康先生（2019 年 9 月）

冯·格康先生领取梁思成奖

2019 年 9 月 24 日中国建筑学会在中国科技会堂举行第九届梁思成建筑奖颁奖典礼，德国建筑师曼哈德·冯·格康作为第二位获得此项荣誉的外国建筑师，也是第一位获此荣誉的西方建筑师，领取了奖状和奖牌，并在会上发表了学术演讲，因时间不够了，他觉得意犹未尽。当时他的传记《寓变于一》的作者于尔根·蒂茨以"身在汉堡，心系中国，曼哈德·冯·格康——跨越两种文化的建筑师"为题写了关于冯·格康生平的简短介绍文字，文中提到："进入中国以来，他在德国和中国均取得了斐然的成绩。和冯·格康接触过的人都能够很快意识到，与中国的文化交流对他的成功有多么深远的影响，他又是多么尊崇中国传统文化。他对中国传统的珍视在中国最重要的建筑项目之一——紧邻北京天安门广场的中国国家博物馆改扩建工程中找到了最贴切的表达。"

那一年冯·格康先生 84 岁，他和他的儿子一起参加了典礼，之后因健康原因，他没有再到中国来过。不想刚刚过去三年，2022 年 11 月 30 日我便得知了他去

冯·格康先生领奖后的报告　　　　　　　　冯·格康先生与吴蔚交谈

世的消息，享年87岁。得知这一消息之后，我马上给 GMP 公司中国地区负责人吴蔚先生发去了唁文："惊悉冯·格康先生不幸去世，十分悲痛。冯·格康先生为中德建筑师交流，为中国建筑事业的发展贡献了自己的力量。他为中国建筑师所尊敬，他作为梁思成建筑奖的第二个国外获奖人就是明证。我也在多个场合遇到过他，他给我留下了深刻的印象。在悲痛的时刻，谨向贵公司致以慰问，并望向冯·格康先生的家属转致慰问。冯·格康先生千古！他的作品将留在我们的记忆之中。"并同时发去了若干张我拍摄的冯·格康先生的照片及吴总与冯·格康先生的合影。

　　不到一周之后，又看到了德国总统施泰因迈尔在12月2日给冯·格康先生家属的慰问信，总统在信中说："曼哈德·冯·格康是一位伟大的建筑师，他的建筑艺术在我国和世界许多国家都影响深远。""共建一个人们能够和平、幸福地共同生活的世界正是曼哈德·冯·格康一直以来的心愿。作为作者和大学授业者，他也一直强调建筑师对社会生活质量的责任。我们也可以在未来学习他对形式和空间的感悟。在气候变化和城市不断发展的今天，他对建筑以人为本的呼吁也许比以往任何时候都更重要。""（他）的创作精神在他的建筑中得以延续——在柏林和汉堡，以及河内、北京和上海。"德国的最高领导人对一位建筑师的关心、了解以及极高的评价让我们许多中国建筑师都为之感动。由此也想起我们在2002年7月曾去德国柏林参加国际建协第21届世界建筑师大会，在7月23日的开幕式上，时任德国总理施罗德来致开幕词，这些都可以看出德国对于建筑师这个职业和对建筑业的重视，加上开幕式前由建筑师表演的钢琴独奏等，都给我们留下了深刻的印象。

又过了一个多月，收到了吴蔚总寄赠的《寓变于一——冯·格康传》，这本在冯·格康生前就完成的传记，2012—2015 年，作者于尔根·蒂茨完成了这本既是传记又是口述史的巨著，书中详尽地反映和描写了冯·格康的家庭和生活、公司和创作、在中国的开拓，是我们进一步认识和理解冯·格康建筑生涯的重要导读。但可惜这本编排装帧十分精致的著作，字体小了一点，以至像我这般年纪的人阅读时都要借助放大镜。

但说起我对冯·格康先生和 GMP 事务所的了解，并不是从他们进入中国后才开始的，而是在 40 年前，我去日本研修时的 20 世纪 80 年代。我在丹下研究所的图书馆里看到一本 GMP 事务所的作品集，很感兴趣，后来我把这本近 300 页的集子全部复印下来一直保存至今。这是 GMP 事务所从 1965 年初创到 1978 年间的作品集，以德文为主，也有部分英文。回顾事务所这一阶段的主要工程，可以看出他们一开始主要是在德国开展业务，1975 年以后陆续参加国外工程的竞赛，诸如在莫斯科、阿尔及尔、阿布扎比、利雅得、德黑兰等地的工程。

作品集主要由八个部分组成，按照建筑类型分为机场、居住和旅馆、办公、教育建筑、体育建筑、动力附属建筑、城市规划和家具小品等设计。其中有建成作品，也有参加竞赛的方案，当时给我留下深刻印象的是机场建筑和体育建筑。

GMP 早年作品集封面

GMP 早年作品集中的
冯·格康和玛格

冯·格康（右）和福尔克温·玛格

机场部分用了较大篇幅介绍机场候机楼的形式探索，如柏林、汉堡、慕尼黑、汉诺威、莫斯科、阿尔及尔的机场。因为当时我还没有接触过机场建筑，所以只是觉得这些资料非常有用，值得保存。体育建筑的部分则是因为当时北京正筹办亚运会，北京院要求多收集这方面的资料，而 GMP 公司参加了 1967 年为举办第 20 届慕尼黑奥运会所举行的设计竞赛，他们拿出了布局形式很不相同的 A、B 两个方案，最后 B 方案获得了竞赛的二等奖。后来了解到，当事务所的主要负责人意见不一致时，就会分别拿出不同的方案。其答案和详情在传记中有说明。1966 年后冯·格康两次访日，除对非欧文化感兴趣外，丹下设计的代代木国立综合体育馆给了他们重要启发，最后冯·格康的 A 方案获得了入围奖，而安可和冯格的 B 方案获得了二等奖。最后实施方案的布局与 A 方案相近，那是贝尼施建筑事务所和工程师奥托合作的最后实施方案，但总体布局位置与竞赛时的方案还是有所区别。而 B 方案的特点则与东京的代代木国立综合体育馆的设计理念有相近之处，即强调设施中的主轴线作为人车分流的结构，而与各设施发生连接关系。这种理念的方案对我的影响还是很大的，所以在筹备亚运会过程中的历次方案都

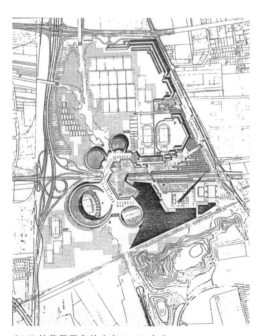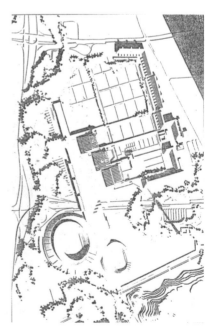

GMP 的慕尼黑奥体中心 A、B 方案

可以看出这种痕迹。后来我们做机场设计时也从中获益不少。

这本作品集的最后介绍了事务所的主要人物，除冯·格康外，还有与他终生合作的沃尔克温·冯格，以及另外主要技术骨干，其中除了有一位比冯·格康大9岁，其他人都比他小1~7岁。那时冯·格康先生刚刚43岁，展示了其年轻英俊、精力充沛、活力十足的形象。

后来再接触到GMP的作品是在1998年了。1995年时我曾发表了一篇首次向国内介绍有关点式连接的玻璃幕墙的工艺做法的文章，后来1998年文章又要在《世界建筑》上登载时，我又补充了新的内容。从德国Seele公司的介绍材料中，发现他们的施工案例中，有将此种做法又加以发展的新实例，那就是由GMP公司在1996年竣工的在国际竞赛中战胜了OMA、罗杰斯和本国的贝尼施之后的莱比锡展览中心项目。这是一个长250米，跨度80米，高30米的无柱空间，而屋顶采用了无框悬挂点式透明玻璃屋面，其构件尺寸为3105毫米×1524毫米，共5526块，采用双层8毫米，中间夹层为0.76毫米的夹胶玻璃，每块面积为4.7平方米，重190千克，所以采用长脚"X"形连接元件，又称为"蛙掌"，在玻璃上穿孔的位置距玻璃边缘分别为320毫米和660毫米，并用特制的硅胶来解决横竖缝的防水问题，把点式连接法的技术推向了新的高度。

我从其他有关资料中也对GMP的业绩有所了解。1999年购得一本日本出版的《欧洲建筑导游》，书中的德国部分，介绍了分布在德国78个城市中243个古代和近现代的建筑实例，GMP事务所收入2例，就是莱比锡会展中心和汉堡机场，而收入实例在3例以上的德国事务所有10家，其中收入9例的是贝尼施事务所（Behnisch & Partner），收入5例的有夏隆建筑事务所（Sharon Architects），收入4例的有威尔逊建筑设计事务所（Wilson & Associates）等4家事务所，收入3例的有G.佩奇等8家，收入2例的有冯·格康所在的GMP建筑事务所等11家。而与之相比较的是国外的事务所中收入5例的是建筑师H.扬，收入4例的为建筑师霍莱因（Hans Hollein），收入3例的是福斯特工作室（Foster + Partners）、盖里建筑事务所（Gehry Partners）、建筑师斯特林（James Sterling）、理查德·迈耶建筑事务所（Richard Meier & Partners）、建筑师摩尔，收入2例的有伦佐·皮阿诺建筑工作室（Renzo Piano Building Workshop）、黑

德累斯顿银行　　　　　　　柏林新娱乐中心

腓特烈大街 108 号　　　　　柏林瑞士酒店

川纪章建筑都市设计事务所、里伯斯金建筑事务所（Studio Libeskind with Davis Partnership）、罗西建筑事务所（RP Architetti Associati）。由这个数字可以看出，欧洲建筑市场的竞争还是十分激烈的。

　　另一份资料是 2002 年在柏林召开国际建协大会时，东道主印刷了一本介绍柏林建筑的导游书《柏林导游：开放之城，展览之城》。书中安排了九条在柏林各区可供游览的路线，介绍了沿途的近现代建筑共 297 座。而相对应的建筑师中收入 13 例作品的是 J·克莱尼斯，收入 11 例的是海尔默 + 沙特勒，收入 9 例的是冯·格康所在的 GMP 事务所，收入 7~8 例的有 3 家，收入 6 例的有 6 家，收入 5 例的有 8 家。而冯·格康事务所的 9 例工程中有柏林中央火车站、娱乐中心、腓特烈大街的中庭及若干改造项目，按时间统计，1992—1998 年竣工的作品有 3 例，2001—2005 年间竣工的有 6 例。显示在 21 世纪以后，冯·格康事务所的业绩有所上升。而 1999 年的调查中，高居 13 例的贝尼施事务所在柏林仅收入 1 例，说明每个建筑师作品的分布地区也有所不同。

同样在 2002 年出版的另一本《柏林新建筑：1989—2002 年新建筑导读》中，收录了在柏林的 121 所建筑事务所设计的 187 栋建筑物中，GMP 事务所以 7 项建筑入选，名列第二。名列第一的是克雷胡恩斯事务所（Kleihues & Schuwerk），入选 8 项，其余入选 5 项的有建筑师 H. 扬、伦佐·皮阿诺建筑工作室、科尔霍夫建筑事务所（Kollhof Architekten）等，而贝尼施事务所、扎哈·哈迪德建筑事务所（Zaha Hadid Architects）、福斯特工作室、建筑师 M. 扬等入选 2 项，还有罗西、贝聿铭、矶崎新、盖里、KPF 建筑事务所、霍莱因、里伯斯金、努维尔等的作品入选 1 项。也说明在 21 世纪前后 GMP 的业绩有明显的提升。

在世界建筑市场激烈竞争的形势下，建筑师到本国市场之外寻找新的国外市场的竞争随即出现。根据 1985—1986 年的统计，在海外业绩突出的有美国的 DMJM 事务所、SOM 事务所、CRS 事务所，日本有丹下健三、日建设计等事务所，德国有威德尔普兰咨询事务所（Wedleplan Consultant），当时他们在 20 个国家（其中包括 1 个北美国家、1 个南美国家、3 个欧洲国家、5 个中东国家、1 个亚洲国家、4 个北非国家、5 个非洲国家）有设计业务。记得在北京筹办 1990 年亚运会期间，他们也曾到中国来过。随着亚洲经济的发展，尤其是中国的改革开放和经济飞速成长，建筑市场引起了许多国家的注意。以北京为例，在对外旅游宾馆设计上，先后有日本、美国、加拿大等国的建筑师参与设计，欧洲相对晚些。如前所述，冯·格康从 1975 年起开始参加国外的设计竞赛，如莫斯科、阿布扎比、阿尔及尔、利雅得和德黑兰等地。之后他于 1995 年来到越南，1998 年 1 月才第一次来到中国，并于 2000 年在北京设立办事处，2001 年吴蔚成为其北京办事处的首席代表。

应该说冯·格康把他的注意力转移到东亚这一战略性的决定，是他能够在此后二十年在商业运作上取得成功的最关键的决定，尤其是在中国取得的成功。

据不完全统计，我曾参加过有 GMP 公司参加的方案评审有如下几项（还有一些没有公布参加单位就不好计入了）。

2001 年 2 月深圳会展中心

2001 年 6 月上海铁路南站

2002 年 7 月南京仙林大学城中心地块城市设计

2002 年 9 月北京中海油总公司

2002 年 12 月北京航空航天大学东南校区

2003 年 3 月苏州会展中心

2003 年 9 月新视野国际博览中心

2003 年 9 月佛山世纪莲体育中心

2004 年 11 月北京商务部办公楼改造

2005 年 1 月国家开发银行

2005 年 10 月上海虹桥综合交通枢纽

2006 年 2 月华为南京软件公司

2006 年 4 月晋江博览广场

2006 年 6 月广州市广播电视台

2006 年 10 月华为北京环保科技园

2008 年 2 月杭州东站

2011 年 1 月宁夏国际会议中心

2012 年 3 月中国非物质文化遗产展示馆

2013 年 9 月天津滨海新区文化艺术中心

2022 年 4 月中国水文博物馆

......

上海东方体育中心

天津滨海文化艺术中心长廊

这些虽然只是十年中的部分评审作品，但已经可以看出："中国不仅意味着要处理全新维度的项目以及最终取得国际突破，与中国的相遇，也为GMP开启了一系列在此之前难以想象的'形式光谱'。"评审结果有得有失，但是对于GMP来说，在二十多年的辛苦开拓中，已经在中国建成了一百五十余项项目，的确是十分惊人的成果。这些项目中，我真正仔细地考察过的项目只有很有限的几个，如国家博物馆、天津滨海新区文化艺术中心、上海东方体育中心等，京津沪各有一个。而大多数的就只是远远望过，如深圳会展中心、重庆大剧院以及北京的亚投行总部和中国工艺美术馆等工程。

国家博物馆（简称"国博"）从2004年设计招标，到2008年工程竣工，中间还是有不少曲折的，自2004年GMP和建科院方案中标以后，曾经多次修改和反复论证。尤其项目位于天安门广场上，又是曾经的"国庆十大建筑"之一的改扩建，还是十分慎重的，因为这个涉及现代建筑文化遗产的保护和发展的大问题，国博的案例对全国来说是重要的示范，因此需要反复论证。GMP主张用对比的方式处理新旧建筑之间的关系，而不是"修新如旧"。我曾于2006年6—10月期间，三次就国博可研报告和设计方案参加过评估，并为了慎重起见，写了很长的一份意见书（内容详见拙作《建筑求索论稿》176~189页），当时GMP提出了三个修改方案，我推荐双庭院的方案一，建设方式是"落架再恢复重建"。而

GMP 的国博方案一

GMP 的国博方案二

经讨论后，大部分专家支持"新旧并存"的方案二，即保留原建筑的南、北、西三面，但我明确表示坚决反对新建部分的檐口处理完全抄袭老的国博，可以有所发展与创新。GMP 和建科院的最后方案建成后，人们普遍对建成效果表示满意，设计对新旧部分的连接和不同处理看上去也很协调。《寓变于一》书中也提到："GMP 做出保证，建筑的外观将以尊重毛主席纪念堂、人民大会堂和紫禁城的方式进行设计，并采用中国传统的屋顶风格，但在博物馆内部，一些与传统完全不同的新事物将被创造出来。"也如冯·格康所说："新建部分应与保留建筑协调一致，与此同时新旧建筑形象一目了然，从而展现建筑本身在历史进程中的发展演变。"建成后经几次实地观察，发现在讨论中曾提出的南北大厅面积过大的问题还是存在，虽然设计者很想创造一个吸引人的长达 260 米的宏伟大殿。

2015 年 5 月，利用体育建筑专业委员会在上海开会的机会，我参观了浦东东方体育中心，方案由 GMP 在 2009 年设计，34.75 公顷的用地中修建了游泳馆、体育馆、跳水池等 4 项工程。虽说在 21 世纪初越南河内国家体育场的项目竞赛中，上海现代集团曾胜过了 GMP，但十多年之后，GMP 以其"拥有足够强的专业能力，高素质的员工，和处理新型项目的丰富经验"在计划工期内在上海完成了这一工程。到现场参观后对建筑的印象是整体十分协调统一，色彩简单朴素，有体育建筑的特征，只是个别构件略显粗大。当时我的感觉是这是一项"首长心血来潮"的工程，是为了 2011 年我国首次在上海举办国际泳联世界锦标赛而急急忙忙修建的，虽然在 2019 年这里还举办过国际篮联世界杯比赛，但其赛后平时使用情

天津滨海文化艺术中心美术馆　　　　　　　　中国工艺美术馆

况就不得而知了，这也和 GMP 没有什么关系了。

　　2013 年 9 月我参加过有 GMP 参加的天津滨海新区文化艺术中心的评标，2017 年工程建成后于 2019 年 4 月专程去参观一次，这是天津市建筑设计研究院和众多国际著名建筑师的合作项目。其中科技馆与美国建筑师屈米合作，图书馆与荷兰 MVRDV 建筑事务所合作，演艺中心与加拿大 BTA 建筑事务所合作，GMP 则承担了美术馆和文化长廊的设计。尤其是 340 米长的文化长廊是把几个馆聚合串联在一起，作为交通空间的同时成为整个滨海文化艺术中心的核心空间，其中中央大厅尺寸为 120 米 × 60 米 × 30 米（高），展现其文化特色，伞形金属柱赋予该空间以独特的形象。"冯·格康'多样统一性'的设计哲学在天津滨海新区文化艺术中心得到了充分体现。"

　　我看过的这三个工程都是具有相当影响力的公共项目，并分别取得了很好的社会效益，也为 GMP 在中国业务的开展留下了成功的案例。GMP 和冯·格康先生在中国取得的成就，固然有天时、地利、人和之便，但细细思忖，还是有其与众不同的特色。

　　冯·格康提出的设计准则是：（1）简洁性，（2）多样统一性；（3）条理分明的秩序；（4）独特性。它描述出了一个框架，一种建筑设计态度。的确如此，在 GMP 较早提出的方案中，可以清楚地感受到理性的逻辑，严密的秩序，清晰的结构（不是指建筑结构）。而这些恰恰是资源贫乏、人口众多的中国需要认真考虑的问题。但那时的有关主管关心的是"二十年不落后""让人眼前一亮"，所以对 GMP 的认识需要时间和实践的检验。中国客户在德国建筑师身上体验到了德国汽车在世界市场上如此成功的原因。GMP 也正是在不断的竞争中确立了自己的地位。

中国的经济发展和城市化的热潮为许多建筑师提供了展示才华的舞台，在基本上已是"建无可建"的欧洲国家，几乎不存在如此规模的项目。这给冯·格康的事业带来了很好的机遇。加上当时中国存在"外来的和尚好念经"的倾向，所以也为国外的建筑师进入中国建筑市场提供了从潜意识到制度上的方便。"通过聘请西方明星建筑师，中国客户可以有把握地获得国际共鸣。""中国客户就是希望得到一个独一无二的设计，最好在任何其他地方都没有出现过。"主管方面除迷信"外国的比中国的好"之外，也有那种"我已经找了国外最好的建筑师，还要我们怎样"的推卸责任的思想。所以中国建筑师至今还不能平等地参与竞争。

GMP进入中国，自身也做了相当大的调整，"如果想在中国取得商业成功，必须要对中德的文化差异有所觉悟"。许多地方也要"入乡随俗"，例如要适应"吃饭是谈判过程中的一个重要环节"。遇到纠纷，尤其遇到法律上的纠纷，宁可通过中间调节人找到双方可以接受的折中办法，而不是专注于司法解释那种"抽象的文字游戏"。也要学会与中方事务所合作，保证自己的设计得到正确地执行。

当然在冯·格康与GMP在中国的商业成功过程中，作为中方负责人的吴蔚先生功不可没。对于事务所与业主的沟通，他在中方与德方的沟通中起了十分重要的桥梁作用。这也是吴蔚先生在2001年加入GMP后任北京和上海办公室的首席代表，到2004年任项目合伙人，2009年成为中国区合伙人，2021年最后成为合伙人兼执行总裁的原因，展示了他的技术潜力和公关技巧。我和吴蔚先生接触不多，但从项目评标、日常接触中，感觉他是一位十分灵活、亲和的人，与国内业主方和合作方都有很好的关系，树立了较好的口碑。此前也看到他写的一篇题为"妥协并不意味着放弃"的文章，特别强调"话语权是经过无数次妥协和不妥协后积累出来的，也是在妥协时坚守住自己的底线，不妥协时据理力争才练就出来的"。文章体现了他的原则性和灵活性。

冯·格康先生认为："一件建筑作品总是在建筑师的智力和现实可能性的对抗之间产生。""建筑需要被赋予目的和形式不可分割的统一性。建筑物的功用不仅是组织行动与流程，其首要是成为生活空间。"冯·格康先生去世后，GMP在中国也面临着新的挑战，希望仍能继续保持德国建筑师的初心，在其秩序、结构和逻辑性上进一步发挥。在"入乡随俗"上也不必过分屈从业主的不正当要求，以至在"风水""龙凤""8、发"等方面花费太多的精力。

冯·格康先生在中国的成就和作品应该成为中国建筑师认真学习的一笔财富。

2023 年 5 月 3 日夜一稿

## 附：GMP 事务所吴蔚撰文

2022 年 11 月 30 日晚，就在我乘坐的航班离开法兰克福，飞过云端不久，冯·格康的灵魂升上了天国。很多人获悉他去世的消息后的第一反应是，尽管他童年不幸，但之后的人生都非常精彩。

马国馨院士在得知冯老去世的消息后，第一时间在院士群里通知了大家，并向我发出了唁文。在深深的感动之外，还有一些意外，因为马老和冯老虽然在一些场合遇到过，如广州电视塔方案评审以及国博改扩建专家会，但两位老先生没有过多的私交。2023 年 9 月份和马老互致中秋问候之时，他提及自己写了一篇关于 GMP 和冯·格康的文字，但还没有录入。前不久，我们在内部讨论以什么方式纪念冯老去世一周年时，我突然想起了这件事，于是向马老求稿。马老欣然应允，并在凌晨做了修改。阅读这篇文章后，我心中的那个"意外"也终于找到了答案。马老从 20 世纪 80 年代就注意到了 GMP，并作为建筑师、评审专家在一定距离外一直观察着冯老，而这种观察和分析也正因为二人没有过多私交而更具客观性。马老文中的很多视角是我之前不知道的，这令我对已经服役超过 23 年的 GMP 有了更深的了解。

在冯老去世一周年忌日时，马老的文章是对他一种具有专业角度和历史维度的纪念，谢谢马老!

---

注：本文首发于微信公众号"慧智观察"（2023 年 11 月 26 日），后转载于微信公众号"GMP 建筑师事务所"（2023 年 11 月 30 日），并增加了插图。

# 高三·三班和郭师

1956—1959 年，我在北京六十五中高三·三班学习。六十五中所在的东城区骑河楼是原育英中学的三院，育英中学前身是清同治年间私立教会学校"男蒙馆"，1918 年成立育英学校，1952 年又更名为第 25 中学。后来在三院建了新教学楼，随即于 1955 年成立了北京市第一所只有高中部（每个年级 6 个班）的 65 中，原育英中学（第 25 中学）的许多教学老师也留在了 65 中。虽然学校规模不大，成立得也较晚，但在那时还是出过一阵风头的。由于当时和东德的关系密切，有一个班以东德总统威廉·皮克命名，东德的领导人也访问过该校。再试举一例，1959 年我们高考时，清华大学共招生 2 079 名。清华大学在北京地区招了 433 名学生，在北京市中学考取清华人数排行榜中，这个成立了只有四年、只有高中部的 65 中，在全市的中学里，以 18 名学生被录取，排名第七。录取人数排在前面的六所学校分别是男四中（51 名），男八中（32 名），101 中（26 名），女一中（21 名），实验中学（20 名），26 中（19 名）。

高三·三班共 44 名同学，班主任是教化学的郭保章老师（1926—2018），郭老师是安徽阜南人，1950 年毕业于北京大学化学系，因病到育英中学教书之后又到 65 中，1954 年加入中国共产党。1960 年后任红旗学校（半工半读试点）副校长，1969 年去延安带知识青年，1973 年回京，到北京师范学院（现首都师范大学）化学系任教，1978 年评为副教授，1990 年以教授职退休。

记忆中的高三·三班还是印象非常深刻。班上各种人才都有，文艺上有民乐高手吴增杰，舞蹈有陈自育，唱歌有师浩琦；体育上有体操李纪，举重有李德鑫，速度滑冰有王复东，班上的篮球队所向披靡，韩长庚、曹英、张凤桐、梁宝玮、于华、李士言；文学有段若川、刘心武；化学上有邓培之；数学上有王朝权……几乎人人身怀绝技。我虽然从山东过来，偶尔露出的山东口音还被同学讥笑过，

高三·三班毕业合影（第三排左三为作者）

高三·三班毕业后第一次聚会（1980年）（后排右三为作者）

但最后和大家关系还都可以。每年班上要排座位，我都力争排在最后一排最靠近门的座位，为的是中午下课时跑得快，可以乘3路或8路汽车赶回家吃饭。在平时乘车时经常遇到在东单上车的同班的徐毓娴，还有比我们低一班的女同学，那时从来没讲过话。多少年后遇到她，我一眼就认出来了，她叫张爱霖，已是我们清华某位同学的夫人了，真是太巧了。

在学校时和郭老师没有什么单独的交集，只记得郭老师讲课中气十足，嗓门很大，同学中经常流传他的一些轶事。毕业时他是我们的班主任，刚刚33岁。我那时也少不更事，放学之后不是急忙回家，就是到东安市场书摊上去站着看书，政治上也不太关注，高中毕业时连共青团员也不是。虽然化学课成绩还可以，但并不喜欢，所以后来大学选建筑系，也有将来这个专业不学化学的原因在内。虽然我们在中学时也经过"大鸣大放""反右"等运动，但高中学生不划"右派"的规定，使我们的政治体会还不那么深刻，但在高考之前的毕业鉴定材料中却已体现出来。毕业之后我们各奔东西，各自走各自的道路，同学老师间也很少联系，直到毕业20年之后，1980年10月，分别多年的老师和同学才第一次在北京30中聚会。（高中同学李纪在这儿当副校长，提供了场地的便利条件。）那天除郭老师外，还来了16位同学，最后我们还走到前门"新大北"照相馆去拍了一张合影。在交谈中我才对大家毕业之后的情况有所了解：一些同学考上了自己心仪的学校，如北大、清华、哈军工、八大学院，但是也有相当的同学很不如意，最后听说还有十位同学竟被取消了考试资格，或是因家庭或是因其他，可见那时学校主管政工的领导审查鉴定十分严格。当时六十五中的"反右"结果是延安来的老校长张迅如成了"右派"，教导主任中有四个人成了"右派"，因此在学生中如此关键的毕业鉴定意见就成了决定大家考试前途的重要依据。郭老师后来也承认："我那时也是承受着极大的压力呐！"

邓培之是我们班上的化学奇才，这点化学老师郭保章、孙鹏都非常认可。他的化学可以免考，甚至可以代替老师来批阅我们的考卷。他那时住在丁香胡同，离我们家不太远。他毕业时的志愿是北京大学化学系，当时傅鹰先生在那儿执教，傅先生曾留学美国又是中国科学院学部委员，被培之视为导师和偶像，一心要拜到他的门下。但结果事与愿违，最后分配到管庄的北京建材学院硅酸盐专业。我们分析可能因为他父亲曾是"右派"，而邓本人平时又口无遮拦，常讲一些出格的话。但后来他弟弟邓培镛三年之后考上了清华建系，所以我至今也不清楚到底是什么原因，也许是后来形势有了变化。

刘心武在学校时就喜欢文学，我们经常去看展览，或交流在中苏友协有什么新电影上映。他的处女作《评论苏联影片〈第四十一〉》在《读书》杂志上发表后，还特地在杂志上签了名赠我。他的目标是北京大学中文系，但最后分到了一个两年制的师专，落差也太大了，他很久才能接受，从后来他的一些小说中也可以看出来。他自认是因为在班上称赞了当时是"右派"的吴祖光的《风雪夜归人》而引起的，并对班主任的做法一度很不满意，以致郭老师也曾对我们讲过"写过'班主任'的作者不能原谅他的班主任"，并向班长李希菲和我多次讲过当时的情况并非如心武所讲，而是另一件事，但是郭老师当时并未直接和心武讲明。而后他希望我们能向心武转达，但我们至今都没有做这件事。

还有就是 30 中的副校长李纪，在校时他的体操水平很高，而且爱好极广，例如钢琴、围棋、滑冰、天文，并准备报考生物物理专业，但考试结束他最后一个收到了录取通知书，上了他并不爱好的北京师范学院中文系。

没有机会上大学的同学，虽然遇到了这些讲不清楚的对待，但是生活还要继续下去。我们班的学习委员就是其中一个，她的功课很好却落榜，最后坚持自学成才，取得了高级职称，最后在中国科学院的一个研究所工作。有的同学只能自谋出路，同样也取得了很好的成绩，还有的就更曲折、更有戏剧性了。

也有一位当年在校的老师曾给我来信，说他曾看到过郭老师正在给有的同学写不利于录取的评语，我相信这是真的，我也相信郭老师说的，他也承受着极大的政治压力。又过了一年郭老师离开了 65 中，同样也遇到了许多坎坷。但我一直还是感激郭老师的，因为我那时并不是那么进步，政治上也不积极，但是并没有影响我考大学。从后来郭老师在延安带知青时，知青们对他的反映，看得出郭老师还是关心年轻人的成长的。此后几十年和郭老师的交往中，我也感到他对班上每个同学的关注，希望他的学生们能够更好。有的同学可能心里一直没有谅解郭老师，只能说是时代的悲剧。

此后的同学聚会慢慢多起来，记得 1984 年前后，因李士言由武汉来京，我

部分同学聚会（1984年）

部分同学与郭老师

部分同学聚会（1995年）

们九、十位同学在李德鑫家聚会一次，地方虽然狭窄，但大家都为久别重逢而高兴。

　　1985年是65中建校30周年，10月13日我们在学校原来的教室里，孟娟雯、冯兰禁、刘心武、于华、李纪、李德鑫和我一起聊了许久，也拍了照片。对刘心武的触动也比较大，第二天就写了一篇文章"蘑菇池"，后来登在1986年第一期《报告文学》上，文中主要谈到他和李纪的友谊和李的遭遇，也涉及我们别的同学，包括我。"六个人，便有六种不尽相同的命运，每个人的身后，都有自己独特的一串脚印……回味起来各自后来的命运，确有那时已埋伏下的契机，然而，更有连自己也不曾料到的。"心武和李纪在初中就是同学，到了高中还是同学，所以

334

李士言和赵小玲

左起：李德鑫、李纪、李士言

段若川与武丽明

同学聚会（1998 年）

郭老师寄来聚会照片

彼此十分了解。李纪父亲是基督教的牧师，后来被定为"坏分子"，送去"劳动教养"。李纪从小受到基督教的教育，后来他也努力关心时事政治，向团组织靠拢，渴求取得政治上的信任。但在考大学时，"后来弄清楚了，李纪的考分并不低，只是评语很差，他的家庭出身又有问题，所以一开始是不被录取的，后来由于师范学院中文系不能满额，便从被筛选掉的考生中再找补出一些来，李纪便是找补来的一个"。李纪自己后来也解释："我一开始也不甘心，刚上大学的时候，我有点自暴自弃。我和几个情绪差不多的同学，常常在宿舍里胡闹……后来我渐渐转变了。人总得为社会服务，为人民服务。人不能总想着满足自己的兴趣，自己的愿望。我为什么就不能学中文、教语文呢？"

心武在文章的最后说："六个学友聚在一起兴奋地谈论着，突然马国馨说，'说来说去，咱们班的人如今都是业务干部，好像一个政工干部也没有……'大

335

家正议论纷纷，忽听李纪沉沉稳稳地说，'怎么没有搞政工的？我现在就是。'大家一怔。一想，李纪眼下是分管学生思想教育的副校长，可不是正经八百的政工干部？一时间大家都哑然。"的确，在交谈中知道，李纪、心武和我现在都是中共党员。

心武最后感叹："学友们建议我把当年同班同学们二十几年的经历都摸一遍，然后写成一部长篇小说。那固然是个好主意，但是冷静一想，鸟瞰每一个人留下的脚印不难，透视每一个人的心灵轨迹却绝非易事。"

和郭老师联系上以后，每年我都寄去贺卡。两年以后的1987年1月14日，郭老师给我寄来一封短信，信中说："见到你主持设计的亚运会项目体育中心模型，很是欣慰，这不是一份化学作业，而是另一份优秀论文的答卷。我虽然老了，但是你们已经成长起来了，我满意了。春节到了，值此全民欢度佳节之际，我遥祝你在新年中取得更大的胜利。"看来他对于同学们的每一个进步都十分关注。

1990年我国成功举办了第11届亚洲运动会，我们承担的国家奥林匹克体育中心和亚运村工程一起，获得了国内外许多奖励。1992年，郭老师在得知我们的工程获得了国家科技进步奖二等奖后，专门在12月26日发来一信说："祝贺你荣获国家科技进步奖……对于你所取得的成就，我由衷地感到高兴。我今已退休，但仍笔耕不辍，正与别人合作撰写一本书。1992年我出版了一本书，老而有用。差堪自慰。"郭老师老骥伏枥的精神，对我们更是极大的鞭策。1990年10月在校庆时有一次聚会。

1994年春节前，郭老师来信，除表示收到我的新年贺卡外，还特意鼓励我。

"你每次来信都给我很大的欢乐。……我有一位亲戚经常在《建筑学报》上读到你的文章，对你很敬佩，我也感到很光彩。"

"我现在退休了，退休以后在家从事写作。多年来，政治运动层出不穷，到退休后才能有一张'平静'的书桌，已出版了一本专著。现在正为某出版社写第二本，有活干，精神有所寄托，亦颇不寂寞。"

"今天是阴历腊月三十日，我收拾完书稿，我要执笔写信了，首先想到了你。'装点此关山，今朝更好看。'"

看得出郭老师在学术上一直是有所追求的，北大的学习基础和不断地钻研使

同学聚会上的郭老师 武丽明献花（1998 年）
（1998 年）

郭老师（2016 年）

他能够在科技史学方面取得许多成就。

1995 年 4 月 16 日，高三·三班同学共 15 人在中国林科院老班长李希菲家聚会，参加的有李德鑫、刘心武、李纪、武丽明、王琦、师洁琦、于华、朴廷彝、孟娟雯、段若川、马淑贤、李士言、赵小玲、李希菲和我。那次刘心武带了许多他的作品来分赠大家。1995 年 10 月 40 周年校庆聚会，我没有参加，郭老师还特地寄我一张大家的合影，有 11 位同学参加。

没想到过了两年，李纪因肝病住在北京市第二医院。6 月 24 日，我去看他时，就发现他情况不好，时昏睡时清醒，他醒来看到我当时戴一顶帽子，手执折扇，十分有力地握住我的手，嘴上说："羽扇纶巾。"我说中学的课文你还记得哪，他说中学学的内容让我受用不尽。他的弟弟当时也在场，一起还聊了好久。不想第二天一早就接到李希菲电话，说李纪已于凌晨 2 时去世，不想昨日一见便成永别。当时凑了 8 句努力概括李纪的一生，同时也表示自己的悲痛心情。

之一：荒漠甘泉曾修身，坎坷曲折历艰辛。

咬定青山成正果，丝尽春蚕示后人。

之二：骑河楼上同窗谊，京华咫尺四十春。

"羽扇纶巾"重逢日，执手握别竟送君。

28 日，李德鑫、于华、邵小琴和我参加了在八宝山的告别会。李纪的同事、教英文的杨老师也去了，她是我们北京院刘开济总建筑师的夫人。事先我通知了心武，他顾忌八宝山的阴气太重，所以一般都不去参加。我们四人还一起在西单吃了饭后才分手。记得李纪曾告诉我，在他最苦闷的时候，我曾送他一副花样刀冰鞋，那是我父亲留在北京的一副英国"僧帽牌"花样刀。后来一个同学借去滑时刀断了，焊上以后我就不记得了，不想李纪还清楚地记得这件事。

1998年2月2日，年初六，马淑贤联系好在北图的东坡酒店二楼，我到那里时，郭老师已经先到了。郭老师因为我在去年年底被评选为中国工程院院士，特地签名赠我一册他的著作《中国现代化学史论》，并签署"热烈祝贺国馨同志当选中国工程院院士"。那天去的同学有李希菲、段若川、马淑贤、邵小琴、徐毓娴、赵俊磊、师洁琦、武丽明、孟娟雯、王琦、石茂、冯兰禁、李士言、朴廷彝、于华和我，共16人。大家向郭老师献了花，相继发言，还有三重唱等活动。同时大家也对我表示祝贺，我则为聚会买单。

后来65中经常举办各种校庆活动，同学们和郭老师遇到的机会就更多些。2000年10月6日是65中建校45周年活动，我班去了七个同学，虽然活动很丰富，但我们一直在下面讲话，还到三楼我们原来的教室，后来郭老师也来了，我们一起聊天照了相，同学们还一起到学校附近的东北菜馆去吃了饭。出席的有于华、

同学聚会（2000年）

同学聚会（段若川、冯兰禁、郭老师）

同学聚会（2016年）

同学聚会（2019年）

武丽明、冯兰禁、段若川，石茂、朴廷彝和我。

2005 年 10 月 6 日是 65 中的 50 周年校庆，去了会场之后发现高三·三班无一人前来，临时打电话，邵小琴、李希菲都有事无法前来，最后来的有刘心武、朴廷彝、武丽明和我。后来郭老师也来了，我们在一楼原来的教室中交流许久，还观看了当年毕业合影的录像，看完之后众人感慨不已。晚上我也凑成 8 句。

早年同窗会新秋，雁催重聚尽白头。

前朝负笈男蒙馆，今日育英骑河楼。

聚散南北悲欢叙，得失你我议恩仇。

相逢一笑俱往事，身外浮华任悠悠。

2005 年 9 月给郭老师去电话祝贺教师节之后，郭老师随即赐赠新作《中国化学史》，后来在 2008 年 3 月得知，此书获国家出版政府奖提名奖，相当于国家科学二等奖（全国只有 120 项）。这是对郭老师多年科研成果的肯定。对于郭老师在专业上的研究成果，因为专业性太强我无法评论，但是对郭老师的研究历程和研究方法还是有深刻印象。

郭老师自 1995 年起，长期担任《化学通报》和《化学教育》的编委，在《化学教育》中负责"化学史项目"，开辟了他科学研究的新领域，并担任中国科技史学会化学史专业委员会委员，化学史专业硕士生导师。前后出版了《世界化学史》（1992），《中国化学教育史话》（1993），《中国现代化学史略》（1995），《20 世纪化学史》（1998），《中国化学史》（2006）。参加《中国大百科全书》（化学卷）（1986）有关条目、《科学家大辞典》（2000）的编写。

《中国现代化学史略》一书系统阐述从 20 世纪初到 90 年代中国现代化学的建立和发展的历史，广西教育出版社出版，全书 33 万字，1995 年第一版。这是我国第一部以中国化学教育家为主线的史学著作，从早期化学的启蒙者徐寿（1818—1884）起，最后到 1946 年出生的分子光谱学和分子物理学家朱清时，1958 年出生的香港无机化学家支志明共 181 人。在当时的条件下，收集这些材料还是十分困难的，但本书在对我国化学各分支概况介绍的同时，还对此领域的代表性化学家做了介绍，做到了人事结合、史传结合。所以不但中国化学会理事长徐光宪院士专门为之作序，中国科学院院长卢嘉锡老还为本书题词："回顾化学火种传入，毋忘前辈创业维艰；如今学科百花齐放，还应寄望我中青年。"

《中国化学史》一书成书于 2003 年，2006 年由江西教育出版社出版，全书 50 万字。这是一本历述自远古到 20 世纪末中国化学发展的一部通史，全书十五章，前十二章为古代化学史，后三章为近代化学史，在书后还附有 1901—2000 诺贝尔化学奖获奖者简况，中国近现代化学大事记和世界化学大事记。因为中国古代化学和西方近代化学隶属两种不同的思想体系，其宇宙观是截然不同的，因此在一部通史中加以表述是具有相当难度的。郭老师在卢嘉锡老的鼓励下。本拟共同完成这一工作，但因卢老患病于 2001 年 6 月去世，最后郭老师一人完成。但卢老赠郭老师的书法"劲草独傲疾风，险峰只迎闯将"却是对郭老师的莫大鼓励和肯定。

得知郭老师《中国化学史》获提名奖后，我也拟了四句，并书写为贺。

五行化书溯发端，盛世修史因投缘。

纵横东西析学术，老骥华年勇登攀。

正如化学家傅鹰先生所言："科学给人以知识，科学史给人以智慧。"郭老师的治史工作为科学史的研究增添了新的成果。

2009 年 9 月 10 日的教师节，武丽明、孟娟雯、师洁琦、石茂、于华、朴廷彝、冯兰禁，王琦和我到龙潭北里郭老师家，然后在龙潭公园照相，又去崇外便宜坊，另外有徐毓娴、邵小琴、李希菲、赵俊磊、刘弼汉、马淑贤已先期到达，师生相聚分外高兴。冯兰禁还清唱了"霸王别姬"唱段助兴，最后大家尽兴而归。

再次见到郭老师已是 2016 年的 11 月 16 日了。因为王复东从澳大利亚回国，于是大家和郭老师聚会一次，那年郭老师已经 91 岁了。我老伴因为此前多次在电话中与郭老师长谈，有时还就时政交换意见，但一直没有见过面，所以也利用这次机会参加了聚会。除我们二人外，还有冯兰禁、邵小琴、武丽明、师洁琦、马淑贤、李希菲和王复东。郭老师看上去苍老多了。

2018 年收到郭老师寄来的信件，但内容十分简单："国馨、滨蓉，不忘初心，日月同光。保章 92 篇于百岁进军途中。"字迹是十分苍劲，但日期却注成了 1988 年 2 月 8 日，看来也是有一点糊涂了。这也是郭老师给我的最后一封来信。

天不遂人愿，5 月 2 日就收到郭老师儿子的电话，郭老师因心脏病发作，于1日中午在协和医院去世。我随即告诉了武丽明，让他在微信上发布这一消息。7日在协和医院举行告别仪式，武丽明和我，还有高我们一级的李珊大姐一起参加了，郭老师的二子、三子和儿媳接待了大家。当时还有几位中年

作者和郭老师（1998年）

妇女也在场，交谈中才知道她们都是当年在延安插队的知青，是郭老师在她们就业和返京等方面给予了大力的支持，对她们十分关心，所以她们也都来告别了。

当年郭老师只担任了我们班短短几年的班主任，但是却和我们结下了一生的友情，留下了难以忘怀的记忆。

我们的高三·三班同学在岁月的流逝中，也陆续"凋零"，除前面提到的李纪以外，吴增杰是最早因病去世的。增杰在班上是因"同桌的你"而和马淑贤结为夫妻的，另一对是李士言和赵小玲。在清华时吴增杰是民乐队的骨干队员，他是笙、管、笛、箫、唢呐样样精通，以笛子最为拿手。我们同住在清华学生文工团员的集中宿舍里，住斜对门儿。他的隔壁就是舞蹈队员胡锦涛的宿舍。毕业后吴在北京理工大学的一份光学杂志任编辑，有两个儿子。他因肝病去世，那时我们都不知道。

2003年10月6日，由李希菲处得知，段若川教授于10月1日去世。此前班上的活动，段几乎每次都参加。她在北大西语系西班牙语专业毕业后留校任教。除教学外，还翻译了许多拉丁美洲魔幻现实主义作家的作品，致力于中国和拉丁美洲的文化交流。她因在教学上的全心投入，曾被评为北京大学十佳优秀教师之一。2003年春节，中央电视台转播北大教师代表新春撞钟的场合，其中就有段若川教授。她曾先后给我来过几封信，看得出在教学上十分努力，工作也十分要强。1994年1月收到我贺卡后回信说：1991年在西班牙格兰纳达待了九个月，由于忙于教学翻译，结果1993年职称评定，差6票没当上正教授。1994年在系里排

名第一，估计问题就不大了。在信中还寄了一张格兰纳达著名庭院阿尔罕伯拉的明信片。当年她已接到作为高级访问学者去智利的半年签证，研究题目是"拉丁美洲魔幻现实主义"，估计住在南极考察站在圣地亚哥的留守处。并告诉我已经分到了燕北园三居室住宅，但搬去时她已赴南美了。1998年底她从西班牙回来，写信告诉我，她又一次去看了高迪的建筑，并已当上了博导。她丈夫也刚获得西班牙国王颁发的"伊莎贝尔女王骑士十字勋章"。2001年来信就讲到过去的一年"充实而艰难"，主要是身体不好，每周都要花一两段时间去看病。信中写道："教师的三项任务一点儿不能少。教学，我主持的《西班牙语精读》连续第三年被评为全校37门优秀基础课，获丰厚奖金。我当班主任获优秀班主任奖，又获优秀教学奖。科研方面获著作出版奖（我快成获奖专业的了）最有意思的是刚被评为最受欢迎的十佳教师，全校十名，文理科各5名。这完全是由学生评出来的，我倒比较看重这一奖项……"同时还在积极准备再次去台湾讲学，准备在2002年讲一学期，将给研究生开三门课：文学翻译、魔幻现实主义和拉美女性文学。看来甚是在教学事业上的"拼命三郎"。2003年春节在中央电视台转播北大教师新春撞钟的场面，其中就有段若川的身影。不想就在这一年的国庆假期突然发病，经多方抢救无效，年仅花甲就离开了我们。另外，此前我在海南省海口市曾遇到过她的二姐段若安，是我的学长。为此，我也曾集成八句。

庆日惊闻噩耗传，鹤别燕园正英年。

东城运笔显文采，西语解惑释名篇。

广聚青蓝心似火，博涉中外情若川。

报春钟声遗音在，孰料暮秋蜡泪干。

我也曾建议她的亲人将段若川的译作及论文等结集出版，后来也没有下文了。

2013年，我正在美国探亲时，元旦那天，武丽明告诉我，李德鑫和朴廷彝去世了。李德鑫当年考上了哈军工，后分在部队工作，他曾与班上一女同学十分要好，但因政审不通过而作罢。他复员后所在西城房管局，与我多有交集。后患癌症，他坚持用自己的方法来对付病症，虽然也拖了一些时间，但最后看来仍不治。朴廷彝在班上多年和我同桌，是满族，高考时考上新成立不久的中国科技大学射电天文专业，恰与我在北京的邻居李崇山同班。后他们又同时分配到中国科学院，所以等于是熟上加熟。不想身体很好的二人却先后离去了。

2020 年 11 月听到刘弼汉和王琦去世的消息，这二人当年都没有考上大学。我和王琦交谈很少，不太了解他的情况。刘弼汉在校时坐在我的前一排，是个活泼又英俊的青年。毕业后多年，在青年艺术剧院看裘盛戎主演的现代戏《海港》，剧间休息时无意中遇到他，才知道他先在部队，复员后在北京京剧团操琴。又一次北京饭店春节慰问演出，又遇到他，后来才知道，他的爱人就是著名的京昆演员洪雪飞，在外地一次演出中因车祸去世。此前，清华与我同年的一同学热爱京剧，曾谈起他们准备为洪雪飞写一个新的本子，但也未能实现。刘弼汉还有一个女儿，2009 年 9 月同学聚会时，刘弼汉来了，但已经变得认不出来了。

2023 年元旦那天晚上近午夜，我收到高中同学武丽明发来的微信："转告老马，邓培之走了，就在今天晚上 6：30，详情未可知。"我马上追问：谁告诉你的？他的回答是："他老伴在他走后一个小时左右微信给我说的。""转给你原文。今天是元旦，下午六点半邓培之走了。"同时把截图也发给了我。次日又得到消息："非常时期因病毒入侵无医可治，走得平静的，后事均由子女办理。"

印象中培之后来分配到江苏省建材研究院，由于分处两地，所以来往就很少了，在京同学聚会也没法参加。但最近翻捡旧信，找到一封培之在 1998 年 5 月给我的来信，上面的地址是南京玻璃纤维研究设计院二室，看来是我将北京同学聚会时的照片寄给他后给我的回信，其感受是"许多女同学也认不出来了，看来大家都老了"。他于当年春节出差，住西三旗北新集团有两个月，但一直没与大家联系。

他在来信中也提到了弟弟培镛："他现在山西省晋城市（属晋东南）建委任职，可能是副主任。身为公务员多年来未能解决高级职称问题，也不知注册建筑建筑师到手没有。只是前些年担任甲方总代表，抓抓工程质量。近年阳城修电厂，他们市总也打不进去，该市发展尚可，兄台如有机会可赴晋指导……"（那时培之知道我刚当选中国工程院院士。）当然更重要的是为了他的女儿。"小女邓欣南已毕业于中央工艺美术学院史论系。几经周折，现供职于西琉璃厂（私立）观复古典艺术博物馆任馆长助理。据悉该馆主藏明清建筑构件、家具等，老板是马未都，可能你也认得。但我总觉得小女才疏学浅，仅校中所学和当前专业尚可投缘。但囿于私立博物馆藏品之局限，前途渺渺。如兄台能在工休日莅临该馆，给小女指点一二，不胜感激（小女休周六）。"我并不认得马未都（后来曾一起开过会，但并未交谈过），可是琉璃厂还是经常会去的。记得过了一段时间，去琉璃厂找到观复博物馆，一问工作人员，说是培之的女儿已经离开了这里，至于去了哪里他们也不知道。

后来听说他女儿可能出国了，所以这次培之去世时我也问了一下，他老伴回答："小女去巴黎十多年了，现还在等签证。遇到非常时期，邓培之的弟妹们都不能来送他，希望他好人一路走好。"

毕业这么多年，有的同学始终没有露过面，也有同学尝试各种查询办法，但都无果而终。例如一次查询陈自育，知道她在广州，退休以后回到北京，再后面就查不到了。有的联系过后若干年，后又联系不上了，也是高三·三班历史上的一大遗憾。

班上建了一个"高中时代"微信群，经常露面的有孟娟雯、马淑贤，都在安度晚年，互道早安。冯兰禁从新西兰回国，住燕达养老院，精心研究梅派京剧，并时时彩扮。于华在马来西亚陪孙子读书，也回不了国。武丽明毕业于天津大学建筑系，和我是同行，身体最好，一直热心各种公益，又是旅游达人。王复东原本身体极好，后来几次脑梗，每况愈下，现在只能坐轮椅偶尔发声了。李士言夫妇在武汉，士言兄89岁了，还能清唱大段京剧，钻研马派，精神抖擞，字正腔圆。赵俊磊因长期野外地质工作，影响了她的终身大事，她对宝石鉴定很有心得，退休以后还一直从事编辑工作，曾寄给我多册她编辑的专业书籍，大部分我都看不懂。班长李希菲因老伴唐守正院士身体不好，也忙于伺候老伴了。邵小琴和王存诚夫妇两人共用微信号。王教授毕业于北航，执教于清华，对诗词研究很有成就，除对聂绀弩、汪鸾翔等名人诗词文集的出版进行整理考据外，还于清华百年校庆时编印了反映百年来清华学人古诗词作品的《韵藻清华》一书上下册，选入493位清华人的诗词作品，后来成了我经常求教的老师。

特立独行的刘心武没有加入高中同学的微信群，但仍活跃在文坛，时有新作赠我。最近3月5日还在中国国家图书馆报告厅有一次新作《也曾隔窗窥新月》

的对谈直播，听众甚多。2022年10月在《中国作家》文学版第十期发表了他的四幕话剧"大海"，尝试续写曹禺《雷雨》的后部，以鲁大海为主角，还增加了其同母异父妹妹三凤的角色，不知能否公演。也是去年11月18日，在保利剧院首演由他的作品《钟鼓楼》改编的话剧，他

刘心武在《钟鼓楼》（2022年）

曾邀我前往观看，但因当时情况特殊，我们不敢去公共场合，结果那场演出是首演，也是终演，因为之后东城所有的演出场所都关闭了。我有一个朋友去现场看了，还给我发来一张心武在台上的照片。

刘心武有一篇作品中涉及师洁琦，嘱我将此文转赠，师洁琦收到后曾回信感叹："六十五中高中三年，乃是我在校读书的最后三年，确实难忘……有时回想就如同看电影，似乎还能嗅到当时的气息，看到当时他们的举手投足，听到他们的言言语语……活灵活现。无奈那时我们太年轻了，更事者几何？但这些人虽个性不同，行事各异，但都是心地纯真的青年，是一群好人。"原来几乎班上每次活动她都来参加的，但近年来据武丽明说却怎么也联系不上了。

高中的三年是多么单纯而青涩的三年。不想却影响了，甚至决定了此后每个人的一生，那又是谁能想到的呢！

2023年5月8日一稿

# 后记

在 2015 年，我曾出版了一册《长系师友情》，其中收录了 31 篇回忆师长、亲友的文章。这次又将 28 篇文章结集出版，因内容与上一册有连续性，所以起名为《再忆师友情》。

书中收集了 2016 年到 2023 年的文章，尤其是 2020 年至今，许多相识多年的老前辈、老友相继去世，为了纪念他们的工作、学识和精神，所以陆续写了一批回忆文章。一个人能力有大小，贡献有大小，名气有大小，但只要为国家做过一些事情，我们就不应该忘记他们为此所做的努力。这些回忆的片段和其他人的记忆结合起来，将使这些前辈和友人的形象更为生动、饱满和有说服力。

本书中有八篇文章已经在其他集子中发表过，但因为和本书的题材十分相近，加之有的文章在原作基础上又扩充了新的内容或进行了修改，或增加了一些插图，所以本次也收录其中，特此记明。

书中还收录了几位目前还健在的学界人物的文章，想通过自己的介绍和评价，加深社会对于他们的了解。

书中还收录了很多的插图和照片，力争做到图文并茂，其中绝大部分照片都是自己拍摄的，也有一些是因内容所需翻拍或借用的，特此说明。

书中涉及的内容，可能有的不甚准确，还望了解情况的各位及时指出以便改正。书比人长寿。每一个人都有三个"寿命"，一是一个人的生理寿命，二是一个人在所有认识他和记得他的人记忆中的寿命，三是一个人的思想和作品流传后世的寿命。本书的出版也想为书中的前辈和亲友们可以流传后世起一点儿记录的作用。

　　本书的出版还要感谢《中国建筑文化遗产》《建筑评论》两刊编辑部的大力协助，感谢天津大学出版社的大力支持，感谢北京市建筑设计研究院有限公司各级领导的关心和支持，感谢苗淼、袁飞等人的精心录入。最后还要感谢我的大学同窗、高级建筑师林桔洲为本书题写了书名。